Praktikantenausbildung
für Maschinenbau und Elektrotechnik

Ein Hilfsbuch für die Werkstattausbildung
zum Ingenieur

von

Dipl.-Ing. F. zur Nedden

Dritte Auflage des Buches
» Das praktische Jahr «

Auf Veranlassung und unter Mitwirkung des
Deutschen Ausschusses für Technisches Schulwesen
neu bearbeitet von
Herwarth von Renesse

Berlin
Verlag von Julius Springer
1930

ISBN-13: 978-3-642-98120-3   e-ISBN-13: 978-3-642-98931-5
DOI: 10.1007/978-3-642-98931-5

Vorwort

Dieses Buch ist jetzt 22 Jahre alt. Für unsere, besonders auf dem technischen Gebiet, so schnell voranschreitende Zeit ist das ein stattliches Alter. Auch auf dem Gebiet der Praktikantenausbildung sind große Fortschritte gemacht worden.

In dem Vorwort zur ersten Auflage war gesagt: „Die segensreiche, unentbehrliche Einrichtung des ‚Praktischen Jahrs‘ vor dem Studium krankt an einem schweren Fehler, der ihre Wirkung durchschnittlich erheblich beeinträchtigt, bisweilen nahezu gleich Null setzt: das ist der Mangel an Erläuterung neben der Anschauung."

Dieser Mangel veranlaßte damals den Verfasser dazu, dies Buch für die Vorbereitung zum Studium auf den Hochschulen und den Mittleren und Höheren Technischen Lehranstalten zu schreiben, — nicht als wissenschaftliches Werk, auch nicht als eine allgemeine „populäre" Plauderei, sondern mit dem Ziel, dem Praktikanten einen Begleiter mitzugeben, der ihm etwa die ständige Unterhaltung mit einem am Ende seiner Studien stehenden älteren Kameraden ersetzt.

Heute stehen wir vor wesentlich anderen Verhältnissen. Eine stattliche Reihe führender Werke des Maschinenbaues haben regelrechte Praktikantenausbildung eingeführt und „Praktikantenpfleger", zum Teil hauptamtlich, angestellt. Praktikantenämter und -Treuhandstellen an den Hochschulen, bei mehreren Mittleren und Höheren Technischen Lehranstalten und in verschiedenen Industriezentren sind bei der Zuweisung von Praktikanten an geeignete Fabriken behilflich und stellen eine geregelte Fühlung zwischen den Stätten der technischen Ausbildung und der Industrie her. Aber gerade dieses verstärkte Interesse an der Praktikantenausbildung scheint der Verbreitung dieses Buches entgegenzukommen. Jahr für Jahr hat es Hunderte von Praktikanten auf ihrem Lehrgang durch die Werkstätten begleitet. Der ersten Auflage waren im Weltkriege als Notauflagen zwei Neudrucke gefolgt, im Jahre 1921 erschien es in zweiter, umgearbeiteter Auflage, und nunmehr ist die Verlagsbuchhandlung an den Verfasser mit der Aufforderung zur Herausgabe dieser dritten Auflage herangetreten.

Noch erfreulicher für den Verfasser ist das Interesse, das der um die Entwicklung des Praktikantenwesens so hochverdiente „Deutsche Ausschuß für technisches Schulwesen" dem Buche schon bei seiner 2. Auflage und in verstärktem Maße bei der gegenwärtigen Neuauflage bezeigt hat. Er hat bei dieser Neugeburt in freundlichster Weise „Gevatter gestanden" und den Verfasser und den Bearbeiter nach jeder Richtung hin auf das Wirksamste unterstützt. Hier ist der Ort, dem Deutschen Ausschuß für technisches Schulwesen, und vor allem seinem Geschäftsführer Herrn Dr.-Ing. H a r m, auch im Interesse aller Leser wärmsten Dank zu sagen.

Die Unterstützung war nötig. Der Verfasser ist seit 15 Jahren aus dem praktischen Maschinenbau ausgeschieden und beginnt doch allmählich den hier behandelten Gegenständen etwas ferner zu stehen. Vor allem ist er dazu, dem Praktikanten die „Unterhaltung mit einem am Ende seiner Studien stehenden älteren Kameraden zu ersetzen", doch allmählich ein etwas „bemoostes Haupt" geworden. Da fügte es ein günstiger Zufall, daß er gelegentlich eines Vortrags vor dem Akademischen Verein „Hütte" in dessen Vorsitzendem, Herrn cand. ing. H e r w a r t h v o n R e n e s s e, gerade den richtigen jüngeren Fachgenossen kennenlernte, der zur Fortführung des Werkes seiner Nachstudienjahre Wissen, Gewandtheit und vor allem Lust und Liebe besaß. Ihm wurde deshalb unter Zustimmung aller freundlichen Berater und des Verlags die Aufgabe übertragen, die dritte Auflage im alten jungen Geist neu erstehen zu lassen. Der ursprüngliche Verfasser möchte ihm für seine erfolgreiche Mühe hier herzlich danken.

Nicht unerhebliche Abänderungen und Ergänzungen sind wiederum nötig geworden, um der Entwicklung des Maschinenbaus und den neuzeitlichsten Hilfsmitteln und Verfahren Rechnung zu tragen. Vieles durfte auch fortbleiben, so daß der Umfang des Buches sogar verkleinert werden konnte; dafür wurde besonders Gewicht darauf gelegt, den Führer durch das zweckdienliche Schrifttum, am Schlusse des Buches, auszubauen und im ganzen Verlaufe des Buchtextes durch die in Klammern gesetzten Vermerke „L . . ." immer wieder auf die ausführlicheren Hilfsmittel zu verweisen, die das Literaturverzeichnis unter der dem „L" jeweils beigefügten Ziffer angibt.

Dem Herrn Bearbeiter standen auf Veranlassung des Deutschen Ausschusses für technisches Schulwesen die folgenden Herren und Firmen mit ihrem Rate, mit Lieferung von Unterlagen und durch Überprüfung des Textes in der freundlichsten Weise zur Seite: Oberingenieur R. Bolt, Siemens-Schuckert-Werke A.-G., Nürnberg, Dr. Büscher, Junkerswerke A.-G., Dessau, Dipl.-Ing. D a i b e r, Werkschulleiter der Dortmunder Union,

Dortmund, Prof. Hanner, Technische Hochschule, Berlin, Dr.-Ing. Heilandt, AEG, Ausbildungswesen, Berlin, Oberingenieur Reich, Werkschulleiter, A. Borsig G. m. b. H., Berlin-Tegel, Oberingenieur Schob, Werkschule Siemens-Schuckertwerke A.-G., Berlin-Siemensstadt, Prof. Dr.-Ing. e. h. Thiele, Praktikantenamt der T. H. Dortmund, Fa. Robert Bosch, A.-G., Stuttgart, Fa. Friedrich-Krupp-Gruson-Werk A.-G., Magdeburg-Buckau.

Allen diesen Herren und Firmen sei an dieser Stelle für ihre sorgsame und wertvolle Mitwirkung verbindlichst gedankt.

Das Buch geht auch diesmal wieder im wesentlichen ohne Abbildungen hinaus. Die Werkstätten, durch die es den Praktikanten begleiten will, sind ja die beste Illustration. Was er dort nicht sieht, wird er beim Studium noch immer rechtzeitig kennenlernen. Des Buches Ziel ist nicht ein Ersatz irgendeines Teiles des Studiums auf der Mittleren oder Höheren Technischen Lehranstalt oder auf der Technischen Hochschule. Es will bei der Vorbereitung zu diesem Studium helfen und zum Nachdenken anregen. Möchte es auch in dieser Neubearbeitung für unseren technischen Nachwuchs von Nutzen sein und daran mithelfen, daß unser Volk erlangt, was es zu seiner Selbstbehauptung nicht entbehren kann: Ingenieure, Männer, Führer!

Berlin, im Dezember 1929

zur Nedden

Inhaltsverzeichnis

I. Allgemeines über praktische Ausbildung

II. Grundlagen zum Verständnis der Fertigung in Maschinen- und Elektromaschinenfabriken

I. Allgemeines über die praktische Ausbildung

1. Einleitung

Vom Berufe des Ingenieurs. Viele, die dieses Buch in die Hand bekommen, werden bereits Aufsätze oder gelegentliche Mitteilungen über die Statistik des Ingenieurberufs gelesen haben. Sie werden vermutlich gefunden haben, daß, wie in vielen anderen Berufen, so auch bei diesem in Deutschland Überfüllung herrscht. Die heute an den technischen Hochschulen studierenden Ingenieure vermag die Industrie bei weitem nicht alle ohne weiteres aufzunehmen. Auch wandern viele unserer hoffnungsvollsten jungen Kräfte aus. Anderseits wird gewiß von allen Seiten dem jungen Mann, der Ingenieur werden will, liebenswürdig versichert, er habe „da noch die größten Aussichten". Weder möge ihn die erste Erkenntnis einschüchtern noch die zweite Redensart allzu hochgemut stimmen. Es ist eben bei uns wie überall: der Tüchtige kommt vorwärts, vielleicht, wenn er Glück hat, recht schnell — und der Stümper bleibt unten.

Berufsfreude. Die Ausbildung zum Ingenieur ist eine der schwersten, die es überhaupt gibt. Aber sie ist, besonders nach Überwindung der ersten Jahre, auch sehr anregend und wendet sich an den ganzen Menschen. Die Grundlagen unseres Berufes sehen recht reizlos aus: Die nüchtern zu erwägende Zweckmäßigkeit, die krasse Wirtschaftlichkeit als allein maßgebendes Moment stoßen häufig die Jünger unserer Kunst ab, wenn sie mit allzu ästhetischen, wohl gar poetischen Hoffnungen an die Sache herangehen. Ja gewiß, der Ingenieur als solcher freut sich in seinen freien Augenblicken an den schönen Maschinen, an dem Bewußtsein der Herrschaft über Kräfte und Massen — aber solange er arbeitet und schafft, ist er nur darauf bedacht, möglichst preiswerte Maschinen zu bauen. Sein Maßstab soll nicht „Schönheit" und „technische Vollkommenheit" sein, sondern sich lediglich in Mark und Pfennig ausdrücken. Er muß sich stets bewußt bleiben, daß bei zwei dem gleichen Zweck dienenden Maschinen nicht die technisch vollkommenere, sondern die bei gleicher Leistung billigere gekauft wird, und das ist allein maßgebend. Völlig in den Hintergrund tritt das Streben nach theoretisch größter Vollkommenheit, das in den reinen Wissenschaften mit Recht obwaltet.

zur Nedden und v. Renesse, Praktikantenausbildung, 3. Aufl.1

Aber in all der scheinbaren Nüchternheit steckt doch ein Reiz, und all dem scheinbaren Materialismus entspringt dennoch ein ideales Ergebnis. Denn es ist ein altes Grundgesetz, daß höchste Zweckmäßigkeit stets auch schön ist — ganz ungewollt. Und so ist es gekommen, daß die neuzeitlichen Fabrikgebäude, bei deren Erbauung man sich zunächst bewußt von allem Streben nach architektonischer Verzierung abwandte, und die nur aus Zweckfolgerungen sich sozusagen auskristallisierten, plötzlich einen neuen Baustil, ein auch ästhetisch befriedigendes Gesamtbild zeigen. So schuf das Bedürfnis nach billigster Krafterzeugung jene Maschinen, um deren Ebenmaß uns mancher Kunstgewerbler beneidet. Aber es ist mit diesem ästhetischen Erfolg wie mit Rübezahl im Märchen: er erscheint nur freiwillig. Wer nur schön konstruieren will, geht sicher falsch. Wer richtig und zweckmäßig konstruiert, schafft meist auch Schönes.

Dazu kommt, daß auch die zum Grundsatz erhobene Wirtschaftlichkeit etwas Befriedigendes in sich birgt. Es ist wie ein Wettlauf um den Preis der vollkommensten Verbindung von höchster Leistung und größter Preiswürdigkeit. Das Erreichen des Ziels befriedigt an sich.

Veranlagung. So viel von der rein konstruktiven Seite des Ingenieurberufs. Es ist zu beachten, daß solche Ingenieure, die eine rein konstruktive Tätigkeit haben, keineswegs die Mehrheit sind. Organisatorische, volkswirtschaftliche, kaufmännische, verwaltungstechnische Fähigkeiten können sie und müssen sie häufig entfalten, mitunter vorwiegend. In dieser Vielseitigkeit des Berufs, in der Möglichkeit, die verschiedensten Fähigkeiten zu verwerten, liegt eigentlich die Möglichkeit des Aufstiegs für den gebildeten Ingenieur. Darum sollen sich die jungen Leute bei der Berufswahl nicht von der Wahl des technischen Berufs dadurch abschrecken lassen, daß sie die eine oder die andere Fähigkeit nicht besitzen, die gemeinhin als Vorbedingung dafür gilt: etwa ausgeprägte Veranlagung für Mathematik, zeichnerische Begabung oder den „praktischen Blick“. Alles das ist im allgemeinen schulbar; nur eins muß Anlage sein: offener Sinn für zweckmäßiges Handeln und die Erkenntnis, daß Zweckmäßigkeit allein oberstes Gesetz des technischen Schaffens ist. Daneben ist ein gewisser Unternehmungsgeist, ein natürlicher Mut neuen Aufgaben gegenüber und schließlich noch die Fähigkeit wichtig, sich räumlich Dinge vorzustellen: das Raumvorstellungsvermögen, das unerläßliche „dreidimensionale Denken“.

Konstruieren. Eine der wichtigsten und jedenfalls für seine Berufsausbildung und -betätigung unentbehrlichen Aufgaben des Ingenieurs ist das Konstruieren, ein Wort, unter dem sich der Laie gar nichts oder meist etwas ganz Verkehrtes vorstellt. Konstruieren bedeutet in den allerseltensten Fällen: etwas ganz neu, aus dem Nichts heraus schaffen. Stets arbeitet der Konstrukteur in Anlehnung an bereits Vorhandenes, das er nur entweder einem neuen Zwecke anpaßt oder für den bisherigen Zweck tauglicher macht. Dies ist aber nicht dahin zu verstehen, daß wir etwa nach Vorbildern abzeichnen oder nachahmen. Dies wäre ebenso stumpfsinnig wie unklug. Denn die Zwecke, die erreicht werden sollen, wechseln ständig, und die Werkzeugmaschinen, die die Stücke herstellen, ihre Arbeitsweise und ihre Genauigkeit sind in steter Entwicklung begriffen. Außerdem haben wir auch vielfach Irrtümer der Vergangenheit gutzumachen. Der Vorgang beim Schaffen des modernen Ingenieurs ist — um ein Bild zu gebrauchen — nicht unähnlich dem künstlerischen Schaffen im modernen Kunstgewerbe: Gegeben ist das Problem des Stuhles oder Löffels oder Beleuchtungskörpers. Dieses Problem ist bisher schon unzählige Male gelöst. Aber der eine löste es ohne Rücksicht auf den bildnerischen Stoff, der andere ohne Rücksicht auf die Herstellung, ein dritter endlich wollte nur „stilgerecht" schaffen: nichts davon ist ganz falsch, jedes allein aber unzweckmäßig, unwirtschaftlich, unvollkommen. Der moderne Meister des Kunstgewerbes schafft daher, ohne nach rechts oder links zu blicken, rein aus den drei Grundrücksichten — Zweck, Material, Herstellung — heraus ein neues Möbel oder Gerät, das mehr oder weniger von den bisherigen abweicht, aber sie alle bei gleichzeitiger Erfüllung dieser drei Grundforderungen übertrifft. Ziehen wir von diesem Schaffen die rein künstlerische Seite ab, die der Künstler schon triebhaft mitberücksichtigt: die Rücksicht auf den ästhetischen Eindruck, so erhalten wir eine ziemlich genaue Parallele zum Schaffen des wirklich hochstehenden Ingenieurs, und es ist klar, daß in solchem Schaffen stets dieselbe, geradezu künstlerische Befriedigung liegen kann, die der Meister des Kunstgewerbes empfindet.

Natürlich sind die Grenzen für solche sozusagen reformatorische Tätigkeit beim Ingenieur sehr viel enger gezogen als beim Kunstgewerbler. Im allgemeinen stellt der größte Teil unserer guten Maschinenfabrikate eine Summe von Erfahrungen und Rücksichten auf die Grundforderungen dar, die durch stets neues Ur-Entwickeln der Formen seitens eines Einzelnen niemals übertroffen werden kann. Außerdem würde eben ein steter Wechsel in der Formgebung gerade dem Grundsatz billigster Herstellung widersprechen. Denn jede neue Form wird kostspielig durch die Notwendigkeit für die Werkstatt, sich umzustellen, neue Vorrichtungen und Arbeitsmethoden zu ersinnen und auszuprobieren. Nur ganz selten wird es einem wahrhaft genialen Ingenieur vergönnt sein, zusammen mit einem Stabe mitschaffender Konstrukteure solche neuen Typen aufzustellen und zu vervollkommnen. Aber selbst in den engen Grenzen, die der hastende Betrieb unserer Großbetriebe somit zieht, wird sich der wahre Ingenieur vom Techniker schlechtweg darin unterscheiden, daß er ständig die vorhandenen Teile neu durchdenkt, so daß sie die Grundforderungen noch vollkommener erfüllen als bisher. Und hierin liegt der stete Reiz unserer Arbeit.

Projektieren. Vom Konstruieren zu unterscheiden ist das Projektieren oder Planen, ebenfalls eine Haupttätigkeit des Ingenieurs. Es besteht im Zusammenstellen vorhandener Maschinenarten für einen bestimmten Zweck, bisweilen auch im genauen Aufstellen der Forderungen, die eine neue, eigens für ihre Erfüllung zu bauende Maschine oder Anlage verwirklichen muß. Hier steht im Vordergrund das scharfe Abwägen zwischen der Kostspieligkeit verschiedener Lösungen derselben technischen Aufgabe, z. B. Kanalisation einer Stadt, Bau einer elektrischen Bahn oder Hafenanlage usw. In der immer wechselnden Form der Anforderungen und ihrer jeweils besten Befriedigung, sowie in der freieren Verfügung liegt hier der besondere Reiz. Aber ebensowenig können alle Ingenieure diese Tätigkeit ausüben, wie alle kunstgewerblich Schaffenden Innenausstattungen ganzer Räume und Gebäude ausführen können.

Forschen. Ebensowenig kann in der Regel mit der Tätigkeit des praktischen Ingenieurs die technische Forschertätigkeit verbunden werden. Dank unserer gründlichen Vorbildung geht vor allem in Deutschland beides häufig Hand in Hand: Forschen und Bauen. Unzweifelhaft ist das die bei weitem fruchtbarste Form der Ingenieurtätigkeit. Nur wenigen ist ihre Ausübung vergönnt. Die vorgeschrittene Form unserer technischen Errungenschaften macht heute einen wirklichen Fortschritt nur noch möglich, wenn ein Teil der Ingenieure sich ausschließlich der wissenschaftlichen Forschung widmet. Deren Tätigkeit kommt dann der eines Physikers, Chemikers oder Mathematikers nahe. Umfassendste Kenntnisse wissenschaftlicher Natur sind Grundlage. Hier ist mathematische Begabung, Forscherblick, Beherrschung der wissenschaftlichen Methodik unerläßlich. Vom reinen Physiker, Chemiker und Mathematiker unterscheidet den forschenden Ingenieur jedoch stets ein Etwas: er arbeitet in stetem Hinblick, in ununterbrochener Berührung mit der Praxis; sein Auge ist stets auf die wirtschaftliche Ausnutzung der von ihm gewonnenen Erkenntnis gerichtet. Und darum braucht er, der durch die Stille seiner Studierstube, durch die Abgeschiedenheit seines Laboratoriums so leicht dazu verführt werden könnte, die Werkstattbedingungen zu vernachlässigen, erst recht die eigene Werkstattpraxis. Und je weniger Aussicht vorhanden ist, daß der beginnende Ingenieur später in der Werkstätte seine Heimat sehen wird, desto lebhafter präge er sich alle Erkenntnisse während der praktischen Arbeit ein. Was für die Praktiker eine Vorschule bedeutet, ist für den Theoretiker eine nie wiederkehrende und darum doppelt und dreifach eifrig zu benutGelegenheit, Wissen zu erwerben. Und ein Ingenieur ohne Kenntnis der Werkstattvorgänge ist kein Ingenieur.

Erfinden. Ebenso bleibt ein Erfinder, der nicht in strengster Anlehnung an wirtschaftliche und werkstatttechnische Ausführbarkeit erfindet, stets ein Ikaride. Die heutigen großen technischen Erfindungen sind nicht geniale Eingebungen, sondern das Ergebnis mühevoller, oft jahrzehntelanger Arbeit auf wissenschaftlichem, konstruktivem und vor allem wirtschaftlichem Gebiete.

Welchen Weg daher der angehende Ingenieur späterhin auch einschlagen mag, immer steht vor ihm unabweisbar das Erfordernis der gründlichen Durchbildung als Konstrukteur. Hierzu ist unbedingt nötig: Die genaueste, eingehendste Kenntnis aller Kräfte, die beim normalen Arbeiten und bei der Herstellung und Montage des zu entwerfenden Teils auf diesen wirken. Ferner die vertrauteste Bekanntschaft mit der Fähigkeit diesen Materials, diese Kräfte aufzunehmen und zweckdienlich weiterzuleiten. Diese Wissenschaft lehrt die Hochschule. Dazu kommt aber als größte Hauptsache ein Drittes.

Notwendigkeit praktischer Werkstatterfahrung. Das Schwergewicht der Kosten eines Maschinenteils liegt meist nicht in dem Preise des in ihm steckenden Baustoffs, sondern in den Kosten seiner Bearbeitung, d. h. der Summe von Arbeiten, denen der Rohstoff unterworfen werden muß, bis er verwendungsfertig ist. Bearbeitung sparen heißt Geld sparen. Der Konstrukteur wird aber nur dann hierzu imstande sein, wenn er genau über alle Zwischenzustände und Bearbeitungen unterrichtet ist, die dazu gehören, aus dem rohen Metallklotz die gewollte Form zu schaffen. Er wird um so billiger und zweckmäßiger konstruieren, je genauer er mit allen Kniffen und Pfiffen der Werkstatt, mit den Kunstgriffen der Handwerker, mit dem Arbeitsverfahren der Bearbeitungsmaschinen und ihrer Leistungsfähigkeit vertraut ist. Auch im negativen Sinne ist häufig praktische Erfahrung unerläßlich: um nämlich ermessen zu können, wie weit man mit der Vereinfachung gehen kann, ohne die Güte der Ausführung zu gefährden.

Diese Erfahrung zu geben, kann nicht Sache der Vorlesungen in der Hochschule sein. Es ist ohne weiteres klar, daß nur die eigene Arbeit in der Werkstatt selbst hierzu imstande ist. Denn mit dem bloßen Wissen, wie es gemacht wird, ist es häufig nicht einmal getan. Der Ingenieur muß es aus seiner Erfahrung heraus im Gefühl haben, was werkstättentechnisch möglich und zweckmäßig ist und was nicht.

Betriebswissenschaft. Dies ist immer notwendiger heute, wo schärfster Wettbewerb zu sorgsamster Arbeitsteilung und Vervollkommnung der Herstellungsverfahren, zur Reihen- und Massenfertigung, zur Normung und Typisierung geführt hat, wo die zunehmende Kostspieligkeit der Menschenkraft ausgeklügelte, zur Wissenschaft gewordene Betriebsführung erzwingt. Nicht mehr die Güte der Konstruktion allein: die Vollkommenheit der

Betriebsführung ist ein ebenso maßgebender Faktor für die Lebensfähigkeit der Betriebe geworden. Somit tritt die Vertrautheit mit den Einzelheiten der wissenschaftlichen Betriebsführung: der Kunst, Arbeit, also Geld zu sparen, als gleich wichtiges, ja wichtigeres Gebiet des technischen Könnens an die Seite der konstruktiven Ausbildung.

Diese Gründe zeigen die Notwendigkeit praktischer Belehrung vor dem Studium. Daß diese praktische Tätigkeit eine gewisse Mindestdauer hat (siehe Abschnitt 2), liegt einesteils an der außerordentlichen Größe und Neuheit des zu überschauenden Stoffes, andernteils aber auch daran, daß nicht nur dies eine Ziel, sondern noch eine Anzahl anderer Zwecke durch das praktische Jahr erreicht werden müssen.

Aufgabe und Inhalt der praktischen Ausbildung. Fast jeder Ingenieur kommt mehr oder minder häufig in die Lage, bei der Montage einer Maschine, d. h. bei ihrer endgültigen Aufstellung an Ort und Stelle, nach vorhergehender probeweiser Zusammenstellung der einzelnen Teile in der Fabrik, selbständig und leitend mitwirken zu müssen. Es ist ganz unerläßlich, daß er hierbei mit dem Schlosserhandwerk durchaus vertraut ist, schon um die nötigen Anordnungen in sachlich richtiger Weise treffen und ihre Ausführung nachprüfen zu können. Häufig jedoch ist es notwendig und zweckmäßig, selbst mit Hand anzulegen. Und in diesen Fällen gilt es, abgesehen davon, daß man einen Monteur geradezu ersetzen muß, auch vor den Untergebenen sich keine Blöße zu geben, besonders da gerade hierauf die Leute sehr sehen und danach den Grad der dem Ingenieur entgegenzubringenden Achtung zu bemessen pflegen. Für viele Arbeiten erschließt eigenhändige Ausführung überhaupt erst das Verständnis. Aus diesen Gründen ist ein gewisses Maß rein handwerksmäßiger Fertigkeit ein unentbehrlicher Bestandteil der Ingenieurausbildung. Ganz besonders gilt dies für spätere Betriebsleiter; für diese genügt die vorgeschriebene Dauer der praktischen Arbeit überhaupt nicht.

Abgesehen aber von den zu sammelnden reinen Kenntnissen und Fertigkeiten, ist auch eine Vertiefung in die Grundlagen, auf denen sich unsere Maschinenindustrie aufbaut, unerläßlich. Sie sind verschiedene: technische, wirtschaftliche und nicht zuletzt soziale.

Aus eigener Anschauung muß der Anfänger den Unterschied zwischen Maschinenarbeit und Menschenarbeit kennenlernen, so daß er in den Stand gesetzt wird, in jedem einzelnen Fall Vor- und Nachteile der einen oder andern abzuwägen. Er muß sich über das Wesen der Arbeitsteilung und über ihre Wirkungen und Grenzen unterrichten. Er muß es am eigenen Leibe erfahren, welche Arbeit schwer, welche leicht ist, wieviel Geschicklichkeit oder Körperkraft oder Kopfarbeit jede Hantierung erfordert, wie weit Ar-

beiten durch geschickte Anordnung und Vorbereitung der damit verbundenen Nebenarbeiten vereinfacht, beschleunigt und verbilligt werden
können, ohne zu vermehrter Anspannung des Arbeitenden zu führen.
Der Einfluß der Arbeitsbedingungen auf den Menschen und auf die Qualität
der Arbeit, die durch das Zusammenarbeiten Vieler eintretenden Wirkungen
können nur durch Selbsterleben und Selbstempfinden klar werden. Was
dem einzelnen zugemutet werden kann und muß, wie Nachtarbeit oder
Überstunden Beschaffenheit und Menge der Arbeit beeinflussen, welchen
Maßstab man an die Arbeit jedes einzelnen legen muß, das sind Empfindungssachen, die unmöglich durch reines Lehren vermittelt werden können.
Daneben ist unerläßlich eine Übersicht über die Kosten der einzelnen
Materialien und der Verfahren zu ihrer Verarbeitung, über die Rücksichten
auf Wärme- und Energiewirtschaft in der Fabrik, ein Einblick in Lohnkosten und Maschinenspesen, in die Arten der Entlohnung und in die Möglichkeit der Vorkalkulation. Es ist ferner wünschenswert, daß der Praktikant in der Fabrik ein Auge für die spezifisch technische Formgebung,
so wie sie aus den konstruktiven Grundsätzen entspringt, sowie für ihre
zeichnerische Darstellung gewinnt. Und schließlich ist von gewisser
Wichtigkeit das Einleben in die Anschauungswelt der Arbeiter, in ihre
soziale Lage. Denn es ist von großem Einfluß auf das Gedeihen eines jeden
industriellen Unternehmens, ob sich Arbeitgeber und Arbeitnehmer, Beamte und Arbeiter auch über das Gebiet des rein Technischen hinaus sozial
verstehen und achten.

So sind die Aufgaben, die des Praktikanten in der Fabrik zunächst
harren, mannigfaltig und keineswegs leicht. Sie fordern Verständnis,
offenen Blick, eigenes Denken, Geschicklichkeit und nicht zum
wenigsten Taktgefühl. Aber wie sie den ganzen Menschen in Anspruch
nehmen, so bilden sie auch den ganzen Menschen, und für die meisten
Ingenieure bedeutet ihre Praktikantentätigkeit eine große Veränderung
in Wesen und Weltanschauung. Die praktische Ausbildung ist hart, aber
auch interessant, und demjenigen wird sie am meisten bieten und am
leichtesten fallen, der mit Lust und Liebe dabei ist.

2. Winke zur Vorbereitung der praktischen Ausbildung

Berufsberatung. Wenn sich ein junger Mann entschließt, die technische
Laufbahn einzuschlagen, so sollte dieser Weg mit Rücksicht auf die starke
Überfüllung der Berufszweige, die für Ingenieure in Frage kommen, doppelt
vorsichtig gewählt werden. Es ist wahrlich nicht leicht zu entscheiden,
ob ein Besucher unserer höheren Schulen die für die technischen Berufe

nötigen Voraussetzungen besitzt. Lediglich ein Interesse für den mathematischen oder physikalischen Unterricht und die modernen Schöpfungen der Industrie ist noch kein Beweis einer vollkommenen Eignung. Es ist deshalb sehr zu empfehlen, daß Schüler wie Eltern sich rechtzeitig vergewissern, wie es jeweils mit den Anforderungen steht, die an Ingenieure auf den verschiedenen Gebieten gestellt werden. Befindet sich auch die Berufsberatung auf den höheren Schulen noch nicht überall in einem Zustand bester Vollkommenheit, so dürfte doch stets die Möglichkeit gegeben sein, sich von einer Persönlichkeit, die den Schüler schon länger kennt und selbst genug Erfahrung besitzt, Rats zu erholen, ob genügende Eignung zum technischen Beruf vorliegt. Wichtig ist dabei, daß die Auskunft über die verschiedenen Berufe rechtzeitig, d. h. 1 bis 2 Jahre vor dem Abitur eingeholt wird (L 1; 7).

Die technischen Berufe. Es ist zu unterscheiden zwischen Technikern und Ingenieuren, die ein Technikum oder eine Maschinenbauschule besucht haben, und Diplom-Ingenieuren, die von den Technischen Hochschulen stammen. Für die erstgenannten ist bei den meisten Maschinenbauschulen Obersekundareife, für die letztgenannten das Abitur erforderlich. An sich haben Ingenieure beider Arten die Möglichkeit, durch Tüchtigkeit und Fleiß zu den leitenden Stellen eines Betriebes aufzurücken, wobei aber der Titel allein keine Berechtigung des Vorwärtskommens in sich schließt. Es muß jedoch hier zugegeben werden, daß häufig bei Bewerbungen derjenige den Vorzug erhält, der die gründlichere und längere Ausbildung nachweisen kann, also in diesem Falle der Diplom-Ingenieur mit Abitur. Grundsätzlich verschieden von der Ingenieurausbildung ist die der Lehrlinge, aus denen meist die Vorarbeiter, Meister und mitunter Techniker oder Revisoren hervorgehen. Beim Ingenieur steht die allgemeine technische Bildung und das Erfassen der Vorgänge, Zusammenhänge und ihrer Begründung im Vordergrund. Beim „gelernten Arbeiter“, der seine vierjährige Lehrzeit durchmacht, ist die Entwicklung der handwerksmäßigen Fähigkeiten die Hauptsache. Er lernt gewiß ebenfalls eine bestimmte Menge technischen Wissens, aber nur als Ergänzung seiner manuellen Betätigung. Noch krasser ist der Vergleich mit dem „ungelernten“ Arbeiter, der nur einfache Verrichtungen nach Anweisung ausführt (z. B. Transport- oder Erdarbeiter), und mit dem „angelernten“, der eine bestimmte, immer wiederkehrende Arbeit in kurzer Zeit ohne mehrjährige Lehre gelernt hat.

Mittel- und Hochschulpraktikanten. Jeder Ingenieur muß im Rahmen seiner Ausbildung eine gewisse Zeit in Fabrikwerkstätten gearbeitet haben und die Kenntnis aller Fertigungsverfahren nachweisen können. Die Besucher von Maschinenbauschulen usw., der „technischen Mittelschulen“, heißen während ihrer praktischen Arbeit Mittelschulpraktikanten, die Studierenden der Hochschulen Hochschulpraktikanten.

Die Einzelheiten über die verlangte praktische Ausbildung sind genau festgelegt (L 2).

Dauer der praktischen Ausbildung. Für Mittelschulpraktikanten ist das Mindestmaß der praktischen Ausbildung 2 Jahre, doch wird teilweise bereits eine längere Betätigung in Werkstätten (bis zu 3 Jahren) verlangt.

Nach der Diplomprüfungsordnung ist Bedingung für die Zulassung zur Vorprüfung (nach 4 Studiensemestern) der Nachweis, daß „die vorgeschriebene praktische Arbeitszeit ununterbrochen mindestens zur Hälfte erledigt worden ist", zur Hauptprüfung (nach 8 Studiensemestern) der Nachweis für die Fakultäten Maschinenwirtschaft und Stoffwirtschaft (Chemie ausgenommen), daß die praktische Ausbildung mindestens ein Jahr gedauert hat. Der Nachweis muß die Bescheinigung enthalten, in welchen Betriebsabteilungen und wieviel Wochen im einzelnen der Praktikant unterwiesen wurde, daß er sich der Arbeitsordnung ohne Ausnahme unterworfen hat und wie sein Ausbildungseifer, seine Geschicklichkeit und seine Pünktlichkeit beurteilt wird; außerdem sind die Fehltage während der bescheinigten Zeitdauer und deren Gründe anzugeben.

Ausbildung vor dem Fachstudium. Von der praktischen Ausbildung müssen mindestens 6 Monate zusammenhängend vor Beginn des eigentlichen Studiums erledigt werden (Jungpraktikanten). Die weitere Betätigung in Werkstätten, namentlich in Sonderfächern, wird zweckmäßig nach der Vorprüfung erfolgen, da dann das inzwischen betriebene Fachstudium das Verständnis für Gestaltung, Herstellungsverfahren, Fabrikeinrichtungen und Erzeugnisse wesentlich unterstützt (Altpraktikanten). Dies ist demnach eine Änderung des früher vielfach gepflegten Zustandes, wo die gesamte Ausbildung in Werkstätten vor dem Studium erfolgte. Es ist jedoch mit der genannten Dauer von einem Jahr keineswegs genug getan, um den erforderlichen gründlichen Einblick in die Fabrikation zu gewinnen. Es wird deshalb auch von Industrie und Hochschulen nachdrücklichst empfohlen, darüber hinaus je nach Fachrichtung bei Maschinen- und Apparate-Aufstellungen, bei Hochspannungsmontagen, in Kraft- und Umspannwerken, auf Lokomotiven oder Schiffen, in Fernmeldezentralen, auf Flugplätzen, auf Prüfständen, in Laboratorien sowie in Betriebs- und Konstruktionsbüros praktisch zu arbeiten. Vielfach arbeiten Studenten in den Ferien in Fabriken, um sich die Kosten ihres Studiums zum Teil oder ganz selbst zu verdienen. Da diese Art der Betätigung, von Natur mehr auf Gelderwerb eingestellt, meist ohne die erforderliche Anleitung bei der Ausbildung ist, bleibt es in jedem Falle fraglich, ob die Arbeit als ausreichend bewertet wird. In diesem Falle ist daher rechtzeitig eine Rücksprache in der Hochschule am Platze. Viele Fabriken nehmen Studierende als bezahlte Werkstudenten überhaupt nur auf, wenn diese die Mindestdauer praktischer Ausbildung bereits erledigt haben. Immer soll die Betätigung aber zusammenhängend zu 2 oder 3 Monaten erfolgen; eine Arbeit von wenigen, etwa nur 3 Wochen (Osterferien) kann nicht auf das geforderte Mindestmaß angerechnet werden.

Praktikantenämter. An den Technischen Hochschulen bestehen „Praktikantenämter", die für alle Fragen der praktischen Ausbildung zuständig sind und vor allem den Studierenden beratend helfen wollen. Die zum technischen Studium entschlossenen Oberprimaner sollen sich deshalb frühzeitig bei dem Praktikantenamt der von ihnen in Aussicht genommenen Hochschule oder in dessen Bezirk sie praktisch arbeiten wollen, anmelden und Aufschluß erbitten. Sie sind dadurch keinesfalls für ihr späteres Studium an eine bestimmte Hochschule gebunden. Vor allem sei ihnen empfohlen, sich die dort erhältlichen „Ausführungsbestimmungen für die praktische Ausbildung" durchzulesen.

Anschriften der Praktikantenämter:

Berlin: Charlottenburg 2, Berliner Str. 172.
Dortmund (für die T. H. Aachen und Hannover): Brandenburger Str. 1.
Braunschweig: Technische Hochschule, Braunschweig.
Breslau: Technische Hochschule, Breslau 16.
Darmstadt: Technische Hochschule, Darmstadt.
Dresden: Praktikantenstelle der Mechan. Abt. Techn. Hochschule, Dresden, Helmholtzstr. 5.
Karlsruhe: Abt. für Maschinenwesen und für Elektrotechnik, Technische Hochschule, Karlsruhe.
München: Praktikantenvermittlungsamt der Techn. Hochschule, München.
Stuttgart: Praktikantenauskunftstelle Stuttgart, Sekretariat der Technischen Hochschule, Stuttgart.

Bezahlung. Früher war es vielfach üblich, an die Werke, die eine Beschäftigung in ihren Werkstätten als Praktikant gestatteten, eine bestimmte Summe als Entgelt zu entrichten. Von diesem Brauch ist man fast völlig abgekommen, im Gegenteil zahlen viele Firmen den Praktikanten heute eine kleine Aufwandsbeihilfe, die weder eine Entlohnung der geleisteten Arbeit darstellt noch die Bestreitung sämtlicher Unkosten, die mit der Beschäftigung in der Fabrik zusammenhängen, gestattet. Allein durch die regelmäßige wöchentliche Auszahlung dieser Stundenlohnbeträge wird die Freude an der immer fortschreitenden Ausbildung gehoben, und der Praktikant unterscheidet sich auch hinsichtlich der Art der Lohnauszahlung nicht von den Arbeitern.

Werkarbeitsbuch. Über das wirklich Geleistete, über das Verständnis für das Wesentliche an den Vorgängen und den Arbeitsverfahren legt der Praktikant in dem Werkarbeitsbuch regelmäßig Rechenschaft ab. Mit wenigen Ausnahmen lassen die Werke hierfür das vom Datsch[1] geschaffene Tagebuch verwenden (L 4).

Im Werkarbeitsbuch sind für jeden Tag die ausgeführten Arbeiten anzugeben, nicht in allgemeinen Ausdrücken ohne Einzelheiten, sondern klarverständlich unter Beifügung von gemachten Beobachtungen, Fehlern, Überlegungen und sonstigem, was zur Vertiefung des Gelernten beiträgt. Deshalb sind auch freihändige Skizzen der angefertigten Werkstücke mit Maßen, Werkstoff-, Gewichts- und Zeitangaben besonders wertvoll. Im Arbeitsbuch des Datsch ist in Beispielen gezeigt, wie fruchtbar im einzelnen die Darstellung werden sollte.

Für die Skizzen und das Beschriften sind die Normen zu beachten (L 5).

Werkstattberichte. Über Werkstätten im allgemeinen sowie über besonders interessante Arbeiten soll der Praktikant gelegentlich ausführlichere Berichte abfassen, die ebenfalls in das Werkarbeitsbuch eingetragen werden können. In Abständen von 3 ... 4 Wochen ist das Buch der Firma (Betriebsingenieur oder Praktikantenpfleger) zur Bescheinigung vorzulegen. Bei den Prüfungen auf der Hochschule ist es zusammen mit dem Zeugnis einzureichen.

Auswahl des Werkes. Das erforderliche Maß handwerksmäßiger Kenntnisse ist für die verschiedenen Arten der Ingenieure verschieden. Der Betriebs-Ingenieur braucht als unmittelbarer Werkstattleiter ein erheblich größeres Maß rein handwerksmäßiger Kenntnisse, ja Fertigkeiten als der Konstruktionsingenieur. Da es aber in den seltensten Fällen möglich und niemals zweckmäßig ist, von vornherein eine bestimmte Sonderlaufbahn ins Auge zu fassen, so folgt daraus die Notwendigkeit, dem angehenden Ingenieur eine möglichst vielseitige, aber nicht einseitig handwerksmäßige Bildung zu geben. Diese kann im Bedarfsfall später immer noch erfolgen.

Für den Erwerb der Kenntnisse, der Handfertigkeit und für das soziale Einfühlen kommen nur Betriebe der Privat- und Gemeinwirtschaft in Frage. Werkstätten, die eine Beobachtung der modernen Fertigung nicht ermöglichen, wie Handwerksbetriebe, Installationsgeschäfte, kleine Reparaturwerkstätten kommen für die praktische Ausbildung, die Ingenieure nötig haben, nicht in Betracht. Demnach bietet sich im allgemeinen bei mittelgroßen und großen Werken die beste Ausbildung, zumal wenn die Firma hierfür eine eigene Lehrwerkstätte unterhält oder einen hierzu

---

[1] Deutscher Ausschuß für Technisches Schulwesen, Berlin W 35, Potsdamer Str. 119b.

geeigneten Ingenieur ihres Betriebes mit der Fürsorge für die Praktikantenausbildung beauftragt. Ausgesprochene Kleinbetriebe sind meist nicht zur Ausbildung geeignet. Neben den bekannten Firmen des Maschinenbaues und der Elektrotechnik sind auch manche Reichsbahnausbesserungswerke empfehlenswert. Die Praktikantenämter haben zur Einsichtnahme für die Studierenden Listen über die zur Ingenieurausbildung geeigneten Betriebe ihres Bezirks aufgestellt.

Einfluß der Erzeugnisse. Bis zu einem gewissen Grade ist es ziemlich gleichgültig, ob die Firma sich mit dem sogenannten allgemeinen Maschinenbau (Dampf- und Gasmaschinen, Arbeitsmaschinen, d. h. Pumpen, Gebläse usw.) oder mit Spezialitäten befaßt, wie Zerkleinerungs-, Druck-, Textilmaschinen usw. Selbst solche Unternehmungen, die nur Maschinenteile (Zahnräder, Kupplungen, Transmissionen usw.) als Sondererzeugnisse herstellen, sind, wenn einigermaßen in neuzeitlichem Sinne geleitet, durchaus geeignet. Denn der Praktikant soll ja nicht Maschinen bauen lernen, sondern eine Kenntnis der Arbeitsverfahren und der Werkstattbedingungen erlangen; dabei spielt das eigentliche Fabrikationsziel des Werkes eine untergeordnete Rolle.

Werkstättenreihenfolge. Es ist gut, die Einteilung der praktischen Ausbildung etwa so vorzunehmen, daß mit den mehr handwerksmäßigen, aber grundlegenden Arbeiten (Formerei, Modelltischlerei, Schmiede, Schlosserei) begonnen wird, woran sich dann die maschinelle Bearbeitung (Dreherei, Fräserei, Bohrerei, Schleiferei usw.) anschließt. Dann käme die Montage von Apparaten und Maschinen, schließlich Betrieb und Prüfstand. Besonders zu Beginn, in den ersten 6 Monaten, wird vor Spezialisierung gewarnt; auch zukünftige Hochspannungstechniker oder Feinmechaniker brauchen dieselben Grundlagen der Fertigung wie die reinen Maschinenbauer. Erst im weiteren Verlauf der praktischen Ausbildung können Werkstätten des bevorzugten Fachgebietes aufgesucht werden. Hierfür sind Ratschläge (Ausbildungspläne) zusammengestellt (L 2); immer wird sich allerdings eine Einhaltung dieser Richtlinien nicht ermöglichen lassen, doch sollte wenigstens für das erste Halbjahr der angegebene Weg beschritten werden.

Praktikantenunterricht. Damit der Jungpraktikant die notwendigsten Grundlagen, vor allem das Zeichnen und das Verstehen technischer Zeichnungen lernt, soll er Teilnahme an einfachem technischen Unterricht suchen. Hierzu geben Großbetriebe in ihren Werkschulen Gelegenheit; an einzelnen Höheren Maschinenbauschulen und Hochschulen findet ein besonderer Praktikantenkursus statt.

Ausrüstung des Praktikanten. Die Ausrüstung der Praktikanten zu ihrer Tätigkeit verursacht keine übermäßigen Kosten.

Sie besteht aus zwei „Monteuranzügen" aus blauer Leinwand, gegebenenfalls für die Zeit in der Schmiede noch Holz-„Pantinen" oder dicke Lederstiefeln. Gerade in der Schmiede und Formerei genügt sogar ein bloßes blaues Überhemd nebst „alten" Hosen als Arbeitsbekleidung. Die Ausrüstung wird vervollständigt durch Metermaß oder Bandmaß, einen Bleistift und Notizblock, endlich durch Kleiderbürste, Seife und Handtuch. Von Seifen sind besonders solche mit frottierender Wirkung und Schmierseifen sehr empfehlenswert und oft allein imstande, das Öl und den Sand oder Lehm von Händen und Gesicht auch nur einigermaßen zu entfernen. Schließlich ist noch vor dem Tragen von Fingerringen zu warnen.

3. Rechte und Pflichten des Praktikanten

Es scheint vielleicht überflüssig, einem wohl erzogenen jungen Mann von seinen Rechten und Pflichten in einer zivilisierten Umgebung erzählen zu wollen. Immerhin ist es notwendig, einige Worte darüber zu sagen, da es sich leider oft genug zeigt, daß in den Köpfen mancher junger Leute eine ganz eigenartige Auffassung über ihre Stellung in der Fabrik herrscht.

Arbeitsordnung. Zunächst unterwirft sich der Praktikant durch den Ausbildungsvertrag oder durch Unterschrift im Aufnahmebuch schriftlich der Arbeitsordnung[1] der Fabrik. Hieraus folgt, daß sich seine Stellung äußerlich in nichts von der eines gewöhnlichen Arbeiters unterscheidet: er ist an die Arbeitszeit streng gebunden, hat sich bei seinem Meister zu melden, wenn er die Fabrik außer der Zeit verlassen will, und wird nur auf dessen „Passierschein" hin herausgelassen. Er ist den Anordnungen der Meister und Betriebsingenieure unbedingt zu folgen verpflichtet.

Dabei geben ihm die Rücksicht auf seine Bildung und die Pflichten seiner späteren Lebensstellung tatsächlich eine besondere Stellung, ohne daß dies besonders ausgesprochen wäre. Dies kommt aber nicht zum Ausdruck in der Möglichkeit, gegebenen Anordnungen nicht Folge zu leisten, sondern nur in dem Recht auf Belehrung zu jeder Zeit, es sei denn, daß seine Frage gerade besonders störte. Hier ist eine durch den persönlichen Takt herauszufühlende Grenze zu bewahren.

Bewegungsfreiheit. Häufig jedoch wird seitens der Vorgesetzten dieses Recht nicht genügend berücksichtigt. Abgesehen davon, daß Meister und Betriebsingenieure in manchen Fabriken infolge ihrer Arbeitslast für

---

[1] Die Arbeitsordnung ist eine Vereinbarung zwischen Arbeitgeber und Betriebsrat. Sie beruht auf den Bestimmungen der Gewerbeordnung und des Betriebsrätegesetzes. Die Einzelheiten des Arbeitsverhältnisses werden in ihr geregelt: Einstellung, Ausweiskarte, Krankenkasse, Kündigung, Arbeitszeit, Lohntag, Lohnabzüge und Ordnungsvorschriften.

Praktikanten kaum zu sprechen sind, bestehen auch große Meinungsverschiedenheiten bezüglich des Rechtes des Praktikanten, evtl. auch einmal den ihm zugewiesenen Arbeitsplatz, Schraubstock oder Hobelbank usw. vorübergehend zu verlassen, wenn an irgendeiner Stelle der Fabrik eine lehrreiche, nicht häufig wiederkehrende Arbeit ausgeführt wird.

Selbstverständlich ist es nicht angängig, daß die Praktikanten nach Belieben in der Fabrik spazieren gehen, denn — abgesehen von disziplinarischen Gründen — ist der Meister für sie bis zu einem gewissen Grade verantwortlich, und er muß imstande ein, bei Anfragen stets anzugeben, wo der Praktikant steckt. Auch ist es dem Praktikanten selbst anzuempfehlen, daß er mit Festigkeit sich selbst ztwingt, wochenlang auf seinem Platze zu arbeiten, um sich ganz vollkommen in das Gefühl der Arbeiter hineinversetzen zu können. Solche Erfahrungen sind später dem Betriebsleiter oder Fabrikorganisator von großem Vorteil: denn er kennt dann die Grenzen der Durchführbarkeit von Disziplinmaßregeln. Aber von diesen Einschränkungen abgesehen, muß dem Praktikanten das Recht zustehen, sich zu bestimmter Zeit im Werk umzusehen. Seine Pflicht ist es natürlich, dem Werkmeister hiervon in jedem einzelnen Falle Mitteilung zu machen. Es ist anzunehmen, daß er meist bei richtiger, auch dem Unterbeamten gegenüber bescheidener Form der Bitte Entgegenkommen finden wird. Nötigenfalls müßte der Praktikant diesen selbstverständlichen Wunsch mit dem Praktikantenpfleger oder dem Betriebsingenieur in geziemender Form besprechen.

Besichtigungen. Nicht nur in seiner eigenen Werkstatt, in der eigenen Fabrik kann der Praktikant viel lernen, zahlreiche Anregungen gibt ihm auch der gelegentliche Besuch anderer Werke. Von verschiedenen Stellen werden laufend Besichtigungen sehenswerter Anlagen und Werkstätten veranstaltet, an denen man meist bei rechtzeitiger Anmeldung teilnehmen kann. Während die Arbeit in der eigenen Fabrik in erster Linie mit den Einzelheiten der Fertigung vertraut macht, ist es bei Besichtigungen leicht, die Zusammenhänge zwischen den einzelnen Betrieben, die Organisation des Werkes und derartige Dinge zu erfassen, wozu der Praktikant unter Umständen im Gleichmaß seiner Tätigkeit nicht Gelegenheit hätte. Wo solche Führungen veranstaltet werden, kann deshalb die Teilnahme nur empfohlen werden. Ganzen Wert haben sie allerdings erst dann, wenn die Teilnehmer (zumal wenn die Leitung der Besichtigung nicht ganz erstklassig ist) ihre Augen auf alles richten, sich bei Neuigkeiten nach dem Grunde fragen und durch Vergleiche mit dem schon Bekannten kritische Schlußfolgerungen ziehen.

Oft wird der Sinn einer Darlegung besonders klar, wenn an Beispielen gezeigt wird, wie man es nicht machen soll. Schreibt da ein Praktikant, ob ihm ein Teil seiner Pflichtzeit erlassen würde, weil er täglich nicht 8, sondern 9 Stunden arbeite! Ein anderer will dasselbe, weil er einen so weiten Weg zur Arbeitsstätte habe! Der Geist, der dieser Auffassung der praktischen Ausbildung zugrunde liegt, ist auf jeden Fall zu verurteilen; nicht gezwungen und gleichgültig soll die verhältnismäßig so kurze Zeit in der Werkstatt verbracht werden, sondern im Bewußtsein der hohen damit verbundenen Werte für den späteren Beruf und mit einer gewissen Freude und Stolz an dem persönlichen Schaffen, wenn es auch oft geringfügig zu sein scheint, und dem immer weiteren Eindringen in die Geheimnisse des industriellen Wirkens.

Hier seien einige ausgezeichnete Worte zitiert[1], die, aus dem Werkstattbetrieb einer Großmaschinenfabrik stammend, für Arbeiter wie für Praktikanten gleich beherzigenswert sind:

Praktikant und Arbeiter. Der Arbeiter sieht ein, daß er den Ingenieur als Führer braucht. Aber er verlangt von einem Führer, daß er ihn achten und daß er ihm Vertrauen schenken kann. Achtung und Vertrauen genießt nur der, der in seinem Fache tüchtig und außerdem ein Mann von Charakter ist.

Dem jungen Ingenieur verleiht Tüchtigkeit das, was ihm an Kenntnissen die Schule und an Erfahrungen die Praxis geben. Zum Charakter, zur Persönlichkeit kann den Menschen aber das Studium auf den Schulen allein nicht erziehen. Dazu muß ihn das Leben, muß er sich selbst erziehen.

Darum wird der Praktikant so früh wie möglich hineingestellt in das Leben der Arbeit. Darum also liegt noch vor dem Studium ein Teil der praktischen Arbeit in der Fabrik. Viel größer als der Wert der Handfertigkeit, die der Praktikant in diesem Jahr erreichen kann, ist die menschliche Bedeutung des Verhältnisses, in das er hier eintritt.

Mitten in den Betrieb unter die Arbeiter gestellt, soll er hier erkennen lernen, daß es in der Fabrik außer den technischen Aufgaben noch ganz andere Dinge gibt, die unter Umständen viel wichtiger sind; daß die Fabrik ein Staat im kleinen ist mit eigenen Gesetzen, die alle Vorgänge und alle Handlungen der Menschen, die in ihr arbeiten, regeln. Das kann er nur, wenn er selbst die Stelle eines Arbeiters einnimmt, die Arbeitsordnung kennenlernt, sich allen ihren Forderungen und Beschränkungen fügen, pünktlich kommen, bis zur letzten Minute arbeiten muß.

Das alles könnte, wenn man nur an der Hochschule davon gehört hat und später darüber verfügen soll, gering erscheinen. Es bekommt aber ein

---

[1] Aus „Werkstatts-Praktikanten" von Prof. Dr.-Ing. R i e b e n s a h m, Daimler Werkzeitung 1920, Nr. 10.

anderes Gesicht, wenn man es selbst erfüllen muß und dabei erfährt, wie solche Pflichterfüllung tut.

Unter diesen Verhältnissen soll er ferner alles das einmal selbst ausführen, was er später anzuordnen haben wird. Er wird eine Anschauung davon bekommen, wie weit oft der Weg vom Befehl bis zur Durchführung, vom Plan bis zum Gelingen ist, wieviel Nebenumstände in anscheinend einfache Vorgänge hineinspielen, welche Schwierigkeiten häufig die persönlichen Verhältnisse von Arbeitern und Beamten der Ausführung eines einfachen technischen Gedankens entgegenstellen.

Dabei wird er auch erkennen, wie Gehorchen tut, und an sich selbst lernen, wie ein Befehl „unten" wirkt und empfunden wird. Wer einmal befehlen soll, muß gehorchen gelernt haben. Und nur wer gelernt hat, zu fühlen, wie ein Befehl sein sollte, damit er durchgeführt werden kann, und wie sehr oft die Durchführung eines Befehls nur daran scheitert, daß er nicht falsch, aber ungeschickt und unfreundlich gegeben wurde, der wird später selbst und mit mehr Glück befehlen können.

Es soll nun hiermit nicht gesagt sein, daß der Praktikant all diese Erkenntnisse wirklich schon bewußt aufnimmt. Das würde doch wohl über die Reife des Verstandes, die man ihm in diesem Alter zutrauen darf, hinausgehen. Aber auch unbewußt empfangene Eindrücke und dem Bewußtsein wieder verloren gegangene Beobachtungen werden in ihm weiterleben. So mancher Handgriff, manche Belehrung, manches Gespräch mit einem Meister und Arbeiter werden erst später wieder aus der Tiefe seines Gedächtnisses, aus dem Unterbewußtsein auftauchen, dann für ihn ihren vollen Sinn erlangen und ihn vielleicht bei einem Entschluß entscheidend beeinflussen.

Unvermeidlich hat der Praktikant bei den Erfahrungen, die er neben dem Arbeiter stehend als Arbeiter macht, das Ziel vor Augen, einst als Vorgesetzter über dem Arbeiter zu stehen. Er sollte aber darum nicht in den Fehler der Anmaßung oder Gleichgültigkeit gegen die Person des Arbeiters verfallen.

In dem Praktikanten können sich die beiden Schichten der Arbeiter und Arbeitsleiter am unmittelbarsten und unbefangensten berühren. Wie sich Arbeiter und Praktikant zueinander stellen, wirkt in weitere soziale Zusammenhänge hinein.

Erhält die Arbeiterschaft von den Praktikanten den Eindruck, daß es eine Schar von gleichgültigen oder überheblichen Anwärtern auf einen ihnen durch Geburt zugesprochenen Führerposten ist, dann kann der Spalt der Klassengegensätze an dieser Stelle weiter klaffen. Schon das Verhalten einer geringen Minderheit kann auf diese Weise eine die Allgemeinheit schädigende Folge haben. Und selbst wenn der einzelne Praktikant aus dem Proletariat stammt, wird solches Verhalten von der Arbeiterschaft unliebsam empfunden. Denn als Praktikant ist er ohne weiteres in die höhere Schicht übergetreten.

Zeigen sich dagegen die Praktikanten als die ernsten, angehenden Ingenieure, die sich der ganzen Tragweite ihrer Stellung und der Größe ihrer späteren Aufgabe im sozialen Leben bewußt sind, so kann hier in der praktischen Ausbildung der Grund für eine Gemeinsamkeit der Welten und der Anschauungen von Führerschicht und Arbeiterschaft gelegt werden. In dem Verkehr während dieser Zeit können Arbeiter und Ingenieur jeder von dem anderen lernen, daß er derselbe Mensch mit denselben Sorgen und Hoffnungen ist und auf dieselbe Weise denkt und handelt.

Darum soll nun auch der junge Ingenieur, der in die Welt des Arbeiters einzudringen versucht hat, ihm die seinige öffnen. Er soll diese Gelegenheit nicht vorübergehen lassen, unbefangen dem Arbeiter zu zeigen, wie er über alle die Fragen der Arbeit und des täglichen Lebens, gerade auch im Hinblick auf seine spätere Stellung, denkt. Die größten Mißverständnisse kommen nicht daher, daß die Menschen die Dinge falsch sehen, sondern daß die Menschen nichts dafür getan haben, von den anderen richtig gesehen und verstanden zu werden.

Darauf, daß das Studium eine erhöhte Anwartschaft auf die Führerstellen gewährt, kann nicht verzichtet werden. Um so wichtiger ist es, daß der Arbeiter den Studierenden als seinesgleichen anerkennen kann, als Arbeiter unter Arbeitern. Dann wird der Ingenieur nicht allein Rechte aus seinem Studium erwerben, sondern ihm wird dazu das freie Geschenk des Vertrauens der Arbeiterschaft dargebracht werden. Ohne dies Geschenk aber wird er seine Führerstellung nicht ausfüllen können.

Praktikant und Vorgesetzter. Auch zu seinem Betriebsvorgesetzten muß der Praktikant die richtige Einstellung suchen. Bei aller persönlichen Bescheidenheit muß er sich bewußt sein, daß er auf dieselbe gesellschaftliche Stufe gehört wie die Betriebsleiter und Direktoren, und er muß sich diesen Herren gegenüber demgemäß einstellen. Der Praktikant ist dem Fahnenjunker zu vergleichen, der wohl vom Unteroffizier auf dem Kasernenhof gedrillt wird, aber außerhalb des Dienstes von den Offizieren bis zum Kommandeur schon als jüngster Kamerad behandelt wird, sofern er die gesellschaftlichen Qualitäten hierfür zeigt. So ist es angebracht, daß sich der Praktikant bald nach seinem Eintritt im frisch gewaschenen Arbeitsanzug dem Betriebsleiter, dem Abteilungsvorstand und möglichst auch dem Direktor, am besten in deren Büro oder bei deren Gang durchs Werk vorstellt, sie mit der nötigen Zurückhaltung begrüßt und ihnen nicht etwa von weitem aus dem Wege geht. Ebenso soll er sich bei Beendigung seiner Ausbildung von ihnen verabschieden und der Firma für ihre Mühewaltung danken. Dann werden ihn auch diese Herren beachten, und er wird bei ihnen ein williges Ohr für etwaige Ausbildungswünsche finden.

II. Grundlagen zum Verständnis der Fertigung in Maschinen- und Elektromaschinenfabriken

4. Übersicht über die Entstehung einer Maschine

Es ist eigentlich merkwürdig und sicherlich eine Lücke in der „allgemeinen" Bildung, daß wir von verhältnismäßig wenigen landläufigen Fertigfabrikaten ihre Entstehungsgeschichte kennen. Ganz besonders peinlich empfindet dies der junge Mann, der vom humanistischen oder Realgymnasium kommt und zum erstenmal in eine Maschinenwerkstatt tritt. Er hat seinen Beruf im allgemeinen nach Gesichtspunkten gewählt, die ihm bei diesem Schritt plötzlich als ganz abstrakt bewußt werden. Es fehlt zunächst die gedankliche Verbindung zwischen dem scheinbar zusammenhanglosen Schaffen rings um ihn und dem fertigen Ganzen, das er immer vor Augen hatte, wenn er an seine künftige Lebensaufgabe dachte.

Diese Verbindung herzustellen soll im folgenden versucht werden. Leider zwingt die Rücksicht auf die Verschiedenartigkeit der Fabrikate, welche die Gesamtheit der Leser dieses Buches vor sich jeweils entstehen sieht, hier von Maschinen und Maschinenteilen ganz im allgemeinen zu sprechen. Sollten Unklarheiten im Einzelfalle bestehen, so hat hoffentlich diese allgemeine Darstellung wenigstens den Erfolg, daß sie eine richtige Fragestellung an die Betriebsleiter ermöglicht.

Kraftmaschinen, Arbeitsmaschinen, Kraftübertragung. Ganz allgemein ist eine Maschine eine Vereinigung beweglicher und festgehaltener Teile zur Umwandlung mechanischer Arbeit. Je nachdem in der Maschine die Naturkraft, von der wir stets die Arbeit entnehmen, in Gestalt von Wasser, Dampf, Gas usw. selbst wirkt oder die Maschine zur Leistung ihrer Arbeit erst von einer anderen Maschine angetrieben werden muß, scheiden sich die Maschinen allgemein in Kraft- und in Arbeitsmaschinen. Das Zwischenglied, die Verbindung, durch die die Arbeitsmaschinen von den Kraftmaschinen ihren Antrieb erhalten, heißt Transmission oder (Kraft-) Übertragung.

Verluste. Bei beiden Arten von Maschinen ist das Auge des Ingenieurs stets mit besonderem Interesse auf einen Punkt gerichtet: Die Kraftmaschine, zu der auch der Krafterzeuger (z. B. Dampfkessel) hinzugehört, erhält Naturkraft zugeführt und leistet nutzbare Antriebsarbeit, die Arbeitsmaschine erhält Antriebsarbeit zugeführt und leistet damit die Nutzarbeit, für deren Verrichtung sie bestimmt ist. Auf diesem Wege soll möglichst wenig von der kostbaren, in Mark und Pfennig eingekauften Naturkraft

(Wasserkraft, Elektrizität, Kohle, Treiböl usw.) verloren gehen. Verluste an sich sind unvermeidlich: sie rühren her von unvollkommener Dichtigkeit, unerwünschter Kondensation, von der Reibung der Teile aneinander, dem Luftwiderstand, Erschütterungen, Formänderungen usw.

Überwachung. In der größtmöglichen Verringerung der Verluste liegt eines der Hauptziele des Maschinenbaues. Daher beobachtet sie der Ingenieur ständig. Er mißt bei jeder Maschine die veränderlichen Größen, vor allem die geleistete Nutzarbeit und die hineingesteckte Arbeit und setzt beide dadurch in Beziehung, daß er einen Bruch schreibt, dessen Zähler die Nutzarbeit, dessen Nenner die eingeleitete Arbeit ist. Wären beide gleich groß, also die Maschine ideal, so hätte dieser Bruch seinen Höchstwert 1. So aber ist stets der Zähler kleiner als der Nenner, folglich der Bruch kleiner als 1.

Wirkungsgrad. Man bezeichnet den Bruch mit dem griechischen Buchstaben η (eta) und nennt ihn „Wirkungsgrad“ oder auch Gütegrad, da er ja einen unmittelbaren Maßstab der Güte der Maschine in bezug auf ihre arbeitumwandelnde Tätigkeit bildet. η hat im ganz rohen Durchschnitt bei Dampfkesseln einen in der Gegend von 0,6 bis 0,8, bei Kraftmaschinen einen bei 0,8 bis 0,9 liegenden Wert, steigt jedoch unter günstigen Umständen bis in die Gegend von 0,9. Bei größeren elektrischen Maschinen liegt der Wirkungsgrad über 0,9.

Bei Maschinen, die nicht voll belastet sind, verschlingen die Widerstände, die immer vorhanden sind, natürlich einen größeren Prozentsatz der in die Maschine gesandten Naturkraft; der Wirkungsgrad ist also geringer als bei Vollast. Bei Überlastung einer Maschine wiederum vergrößern sich infolge der übermäßigen Anstrengung aller Teile die Widerstände unverhältnismäßig, so daß der Wirkungsgrad dann ebenfalls geringer ist. Jede Maschine hat also bei der Last, für die sie gebaut ist, den besten Wirkungsgrad.

Ebenso wie man vom Wirkungsgrad einer Maschine spricht, kann man auch vom Wirkungsgrad einer Vielheit von Maschinen, dem „wirtschaftlichen Wirkungsgrad einer Anlage“ sprechen. Guter wirtschaftlicher Wirkungsgrad einer Anlage ist natürlich letzten Endes wichtiger als der Wirkungsgrad der einzelnen Maschine. Die Ermittlung desselben ist schwierig und umständlich, z. B. auf statistischem Wege oder bei elektrischem Betriebe mit Hilfe von Elektrizitätszählern zu erreichen. Er wird wesentlich beeinflußt durch die richtige Wahl der Antriebsmaschinen und deren Zusammenfassung zu voll ausgenutzten Betriebseinheiten. Die Sorge, diesen Wirkungsgrad möglichst hoch zu bringen, ist eine wesentliche Aufgabe des Betriebsingenieurs.

Schließlich kann man von Wirkungsgraden ganzer Werke, ja Industrien und Volkswirtschaften sprechen. Immer ist der Gesamtwirkungsgrad am höchsten, wenn — ein nie erreichbarer Idealfall! — alle Teilwirkungsgrade gleichzeitig ihren Höchstwert haben. Der Blick darf daher nie nur an dem Einzelwirkungsgrad haften, sondern muß stets auf den Wirkungsgrad des Ganzen gerichtet bleiben, ohne deshalb den Einzelwirkungsgrad zu vernachlässigen, geradeso wie der einzelne Mensch, so wichtig es ist, daß er tüchtig sei, doch letzten Endes erst in seiner Funktion als Mitglied der Gesamtheit gewertet wird.

Drei Entstehungsabschnitte. Um eine Anlage zur Aufnahme des Rohstoffes „Naturkraft" und Wandlung desselben in das Fertigfabrikat „Nutzarbeit" zu schaffen, bedarf es dreier Tätigkeiten: 1. des Konstruierens, 2. der Fertigung und 3. der Aufstellung oder, bei beweglichen Maschinen, des Transports an den Lieferort.

Konstruieren. Das Konstruieren ist Sache des Konstruktionsingenieurs. Er beginnt, falls es sich um die Neukonstruktion einer in dieser Gestalt von der betr. Fabrik bisher noch nicht hergestellten Maschine handelt, mit der Zusammenstellung der zu der Anlage erforderlichen Teile in ihrer Grundgestalt. Auf diese „Disposition" folgt die Berechnung, welche übrigens von nun ab ständig, auch neben und in den weiteren Tätigkeiten, auftritt. Aus den zunächst rein geometrischen Grundlagen der Disposition werden mittels der sich aus ihr ergebenden Maße und der dem Ingenieur bekannten Eigenschaften der eingeführten Kraft die in dem ganzen System und in jedem einzelnen seiner Teile herrschenden mechanischen Kräfte genau berechnet und untersucht. Hierauf erfolgt die Wahl der für Aufnahme und Fortleitung dieser Kräfte geeignetsten oder durch die Fertigung und die Wichtigkeit des Maschinenteils bedingten Baustoffe oder Werkstoffe.

Der Entwurf der Teile ist auf Grund dieser Daten ermöglicht. Er besteht vor allem in der Festlegung der Querschnitte der Teile nach Maßgabe der auf sie entfallenden Beanspruchung durch die mechanischen Kräfte und des dem gewählten Baustoff zuzumutenden Widerstands gegenüber diesen Beanspruchungen.

Durchkonstruieren. Die Arbeit des Konstruktionsingenieurs wird beendet durch das „Durchkonstruieren" der entworfenen Teile, eine Tätigkeit, die häufig das gesamte Leben eines industriellen Werkes darstellt. Worin sie besteht, ist schon an anderer Stelle besprochen worden: in der immer vollendeteren Anpassung der Abmessungen und der Form der Teile an ihren Zweck und ihre Herstellung. Die fertig konstruierten Teile verlassen die Hand des Konstrukteurs in Gestalt von genauen Zeichnungen, welche sämtliche zur Fertigung des dargestellten Gegenstandes erforderlichen Maßzahlen enthalten und alle an dem Stück vorzunehmenden Arbeiten, die „Bearbeitungen", genau ersichtlich machen müssen. Diese „Werkzeichnungen" sind an sich ein Fertigfabrikat und lösen sich als solches von Erzeuger und Erzeugungsstätte, dem Konstruktionsbüro, zu selbständigem Dasein ab.

Sie bilden die Grundlage der Fertigung, früher Fabrikation genannt.

Die Fertigung ist Angelegenheit der Betriebsingenieure. Sie stehen an der Spitze der Betriebe, die nötig sind, um die Teile aus den vorgeschriebenen verschiedenen Baustoffen herzustellen.

Werkstoffe. Die im Maschinenbau verwendeten Materialien müssen sämtlich die Eigenschaft besitzen, die Kräfte, deren Träger sie werden, ohne merkbare Änderung ihrer Form fortzuleiten. Aus diesem Grunde ist innerhalb der eigentlichen Maschinen kein Teil aus Holz. Es herrschen ausschließlich die starren Metalle: Eisen und Stahl, Kupfer, Bronze, Aluminium, Zink und deren Legierungen. Bei Spezialmaschinen kommen allerdings oft noch weitere Werkstoffe in Betracht, z. B. bei landwirtschaftlichen Maschinen Holz.

Die Auswahl der Metalle für jeden einzelnen Teil geschieht auf Grund folgender Rücksichten: 1. Festigkeit, 2. Herstellungsmöglichkeit, 3. Preis, 4. Bearbeitbarkeit und Montage, 5. bei manchen Maschinenteilen Abnutzung infolge ihres ständigen Aufeinanderreibens. Im Hinblick auf diese Forderungen verhalten sich alle Werkstoffe verschieden. In den meisten Fällen erfüllt kein Werkstoff die Summe der gerade vorliegenden Forderungen gleichzeitig. Je nach dem Zweck und dem Vorherrschen einer Forderung vor vielen, oft sich widerstreitenden Forderungen erscheint ein bestimmter Baustoff am geeignetsten. Dieser wird dann gewählt. Die Rücksicht auf das Aussehen der Teile spielt im allgemeinen keine Rolle. Um ein Urteil über die Güte der zur Verwendung kommenden Werkstoffe zu bekommen, untersucht man Proben davon auf ihre Eigenschaften und ihr Verhalten, die Materialprüfung (s. S. 47).

Für die Anfertigung verwickelt geformter Gegenstände wählt man zweckmäßig den Guß, wenn nicht zur Zusammensetzung aus einzelnen Teilen durchaus gegriffen werden muß. Denn diese ist, soll sie zuverlässig sein, meist teurer. Als Werkstoff dient meistens Gußeisen oder bei höherer Beanspruchung Stahlguß. Von geschmiedetem Material unterscheidet sie der Ingenieur äußerlich durch die für das geschulte Auge kenntliche besondere Formgebung. Außerdem unterscheiden sich Schmiede- und Gußeisen durch Glanz, Gefüge und Farbe der Oberfläche und des Bruchs. Kleine Gußwaren, vor allem die nicht Kraft leitenden Maschinenteile (,,Armaturen'') werden auch aus Kupferlegierungen (Bronze, Rotguß, Messing) hergestellt, da sich für das Gießen kleiner Stücke das Gußeisen wegen seiner Zähflüssigkeit weniger eignet. Dieser Gelbguß aber verbietet sich für größere Stücke durch seine Kostspieligkeit. Seit dem Kriege haben sich eine ganze Reihe von Metallen und Legierungen eingebürgert, von denen einige, vor allem wohl die Aluminiumlegierungen, dauernde Bedeutung behalten dürften.

Der Guß verlangt eine Form, zu deren Herstellung in der Regel ein Modell benutzt wird. Es besitzt die Gestalt des zu gießenden Gegenstandes, wird aus Holz hergestellt und in bildsamen Sand eingesenkt. Nach Herausnahme des Modells behält die Formmasse den ,,Abdruck'' bei, der dann mit flüssigem Metall ausgefüllt wird. Der erhebliche Preis des Modells verteuert den auszuführenden Gegenstand wesentlich. Dieser Kostenzuschlag wird nur durch mehrfache Verwendung desselben Modells auf einen geringen Betrag gebracht. Benutzung vorhandener Modelle spielt deshalb in der Praxis eine große Rolle.

Gußeisen ist ein nicht ganz zuverlässiges Material; wichtige Teile fertigt man deshalb aus Stahl an. Schmiedestücke müssen in der Form einfach gehalten werden, damit sie möglichst schnell geschmiedet werden können. Andernfalls erkalten sie während des Schmiedens und müssen von neuem warm gemacht werden, um weitergeschmiedet werden zu können. Jedes Warmmachen erzeugt ,,Abbrand'' (d. h. ein Teil des Stahls verbrennt, oxydiert im Feuer), und seine häufige Wiederholung macht das Material weniger fest, verschlechtert es.

Gießerei, Schmiede. Die Schmiede und die Gießerei mit der ihr zur Seite stehenden Modelltischlerei sind somit die Erzeugungsstätten der rohen Maschinenteile. Die roh angefertigten Gegenstände bedürfen der weiteren Bearbeitung auf Werkzeugmaschinen oder durch Handarbeit. Diese soll möglichst eingeschränkt werden, weil sie teurer und ungenauer ist als die Maschinenarbeit. Größere Berührungsflächen der zu verbindenden Teile bearbeitet (glättet und ebnet) man nicht in der ganzen Erstreckung, sondern man beschränkt die Bearbeitung auf einzelne vorstehende Flächenteile, sogenannte ,,Arbeitsleisten''. Der Leser braucht sich nur in der Werkstatt umzusehen, um solche in großer Menge zu finden.

Schlosserei, mechanische Werkstätten. Die Bearbeitung der Rohteile geht nun, wenn nur ,,von Hand'' möglich, in der Schlosserei vor sich. Die Bearbeitung durch Maschinen findet in den sogenannten ,,mechanischen Werkstätten'' statt. Außerdem gehören zur Fabrikation noch eine Anzahl kleinerer, meist irgendeinem der vorerwähnten Betriebe mit angegliedert, wie Kupferschmiede für Rohrverbindungen, Klempnerei für Lötungen und Blecharbeiten, Härterei für Veredelung besonders in Anspruch genommener Oberflächen u.s.f. Je nach der Art der gebauten Maschinen finden sich ferner noch Spezialschmieden: Träger-Nietabteilung, Kesselschmiede u. a.

Montage. Alle diese Abteilungen oder Betriebe liefern die fertig hergerichteten Teile in die zentrale Montage, in der nunmehr die Teile zusammengepaßt und miteinander verbunden werden.

Zur Verbindung der einzelnen Maschinenteile untereinander bedient sich der Maschinenbau vor allem der Schrauben. Diese sieht man deshalb in ihren verschiedenen Formen (Stiftschrauben, Schaftschrauben, Kopfschrauben u. ä.) und Größen überall in der Montagehalle. Ferner sind

Verbindungsmittel der einfache zylindrische Bolzen, der vor dem Herausfallen durch einen quer durch sein Ende gestecktes Stück Draht, einen sogenannten „Splint", geschützt wird — dann der Keil, den wohl auch jeder Laie als einen solchen erkennt, und die „Feder", d. i. ein rein prismatischer dünner Stab zur Befestigung von Scheiben oder Rädern auf ihren Achsen. Von diesen Verbindungen allen, den sogenannten lösbaren, unterscheidet sich als „unlösbare" die Nietverbindung. Der Niet ist zunächst nichts weiter als ein kräftiger Nagel, der durch eine Reihe von durchlochten Blechen oder Scheiben gesteckt wird und dessen Herausfallen durch Breitschlagen des spitzen Endes in sachgemäßer Form verhindert wird. Wird er glühend heiß „eingezogen" und durch Breitschlagen des freien Endes mit einem zweiten Kopf versehen, so preßt er durch sein Streben nach Verkürzung beim Erkalten die zwischen beiden Köpfen liegenden Teile mit außerordentlich großer Kraft zusammen. Ein Niet kann natürlich aus seinem Loche nur gewaltsam, durch Abtrennen eines Kopfes mit dem Meißel, entfernt werden. Infolgedessen ist er für normale Verhältnisse unlösbar.

Bewegliche Maschinen, wie Lokomotiven, Lokomobilen und Automobile sowie kleinere Maschinen, die fertig montiert die für das verfügbare Transportmittel (Eisenbahn, Schiff, Lastwagen) zulässigen Gewichte und Abmessungen nicht überschreiten und die ohne besondere Kunstgriffe aufgestellt werden können, werden vollkommen fix und fertig zusammengestellt und entweder als Ganzes oder in wenige Hauptteile mit daran hängenden Nebenteilen zertrennt verfrachtet. Diese Art Maschinen wird im allgemeinen ab „Werk" geliefert, d. h. die Arbeit der Maschinenfabrik ist beendet mit dem Augenblick, wo das Fabrikat die Fabriktore verläßt.

Auswärts-Montage. Anders bei größeren Maschinen, deren Transport völlige Zerlegung, deren Aufbau am Bestimmungsort sorgfältige Fundamentierung erfordert. Zwar werden auch diese in der Montagehalle in allen Metallteilen sorgfältigst zusammengepaßt, sie werden jedoch, nach sorgfältiger Numerierung aller Einzelteile, wieder ganz auseinandergenommen und von den Monteuren der Fabrik erst am Lieferungsorte betriebsfertig gemacht, der bisweilen Tausende von Kilometer entfernt, ja jenseits von Ozeanen liegt. Die Fabrik läßt sich trotz aller derartiger Schwierigkeiten, deren Kosten ja auch der Abnehmer trägt, die Montage an Ort und Stelle gar nicht gern abnehmen, da von der sachgemäßen Einbettung in das (aus Beton und Eisen hergestellte) Fundament und der sachgemäßen Aufstellung und Zusammenfügung aller Teile das tadellose Arbeiten der Maschine sehr wesentlich abhängt. Auch kann die „Inbetriebsetzung" großer maschineller Einheiten nur von besonders erfahrenen, eingearbeiteten Leuten vorgenommen werden.

Erst bei eintretendem tadellosen Betrieb werden solche Maschinen vom

Besteller „abgenommen", und damit erst schließt der Werdegang der Maschine ab.

Dies war kurz die Entstehung der Erzeugnisse in Fabriken des reinen Maschinenbaues. Auf Sonderheiten anderer Werke sowie auf Einzelheiten aus dem Entstehungsprozeß hinzuweisen, wird Aufgabe späterer Abschnitte sein.

5. Vom Maschinenbau zur modernen Fertigung

Arbeitsteilung. Von Anfang an trug die gewerbsmäßige Herstellung der Maschinen Keim und Drang zur Arbeitsteilung in sich, d. h. zur Verteilung der einzelnen Arbeitsabschnitte unter gesonderte Gruppen von Menschen (Konstruktionsbüro, Rohstoff- und Bearbeitungswerkstätten und Montage), und innerhalb dieser wiederum unter Gruppen (Kolonnen) und schließlich einzelne Köpfe und Hände.

Mit der Erschaffung dieser Arbeitsgruppen und ihrer weiteren Unterteilung tat man den entscheidenden Schritt vom Handwerk zur Fabrik. Durch die sofort erforderlichen großen Maschinen wurden zahlreiche Arbeiter nötig, und der Bau von Maschinen bildete sich gleich von Anfang an fabrikmäßig aus.

Ein weiterer Antrieb zur fabrikationsweisen Herstellung von Maschinenteilen lag von Anfang an in der Arbeitsteilung auch der einzelnen Werke untereinander. Newcomen, einer der ersten Dampfmaschinen-Ingenieure, schuf und baute sich die Bohrmaschine zur Ausbohrung des Dampfzylinders noch selber, aber schon die nächsten Nachfolger hätten dies, wollten sie selbst, nicht gedurft, denn die Zylinderbohrmaschine wurde Newcomen patentiert. Er baute sie nun für die anderen. So schieden sich von Anfang an Dampfmaschinen- und Werkzeugmaschinenfabriken. Als später Fulton das erste Dampfschiff, Stephenson die erste Lokomotive erbaute, wurden aus der Herstellung von Lokomotiven und Schiffsmaschinen ebenfalls neue Sondergebiete; Fowler, der Erfinder des Dampfpfluges, betrieb dessen Herstellung als ausschließliche Spezialität; und so teilten sich die einzelnen Fabriken ganz von selbst in die Gesamtarbeit des Maschinenbaues.

Bald erkannte man die großen Vorteile, die solche anfangs zwangsweise Arbeitsteilung mit sich brachte: da nämlich erfahrungsgemäß jede Arbeit von dem am besten und schnellsten ausgeführt wird, der sie am häufigsten, ja womöglich ausschließlich und ununterbrochen ausführt, so lag darin der Antrieb, die von einer Fabrik übernommene Spezialität nun auch wiederum in eine Summe von Einzelspezialitäten aufzulösen, deren Herstellung einzelnen Arbeitsgruppen ausschließlich anheimfiel.

Organisation. Mit der zunehmenden Gliederung der Betriebe wuchs die Notwendigkeit und Verantwortlichkeit ihrer einheitlichen Oberleitung, und immer mehr wurden die Konstruktions- und die Betriebsingenieure, anfangs die Organisatoren, Leiter und häufig auch Besitzer der Fabriken, aus

dieser Stellung verdrängt und durch kaufmännisch und ausdrücklich orga-
nisatorisch geschulte Kräfte ersetzt, sofern sie nicht selbst aus ihrer rein
technischen in diese administrative Rolle hineinwuchsen.

Wettbewerb erzwingt Wirtschaftlichkeit. Die Grundsätze, die sich am
allerfrühesten als oberste Leitsätze der planmäßigen Fertigung heraus-
gebildet hatten, erwuchsen aus dem Zwange des Wettbewerbs. Nur unmittelbar nach einer Neukonstruktion treten für ein paar Monate die Kosten
der Maschine hinter der Frage ihrer technischen Vervollkommnung zurück.
Kaum aber ist das Stadium der ersten Kinderkrankheiten überwunden,
so hat sich auch die „Konkurrenz" bereits der Idee bemächtigt und setzt
ihrerseits eine ähnliche, natürlich billigere Maschine in die Welt. Und
„Patente sind nur dazu da, daß sie umgangen werden"! Dem ersten
Fabrikanten hilft es auch nicht viel, daß wirklich vielleicht seine Maschinen
technisch vollkommener sind als die Nachahmungen, wenn sie nicht auch
ebenso billig oder billiger sind.

Die Billigkeit einer Maschine ergibt sich nun glücklicherweise in den weitaus meisten
Fällen und in den Augen der meisten Abnehmer nicht allein durch ihren Anschaffungspreis, sondern auch durch ihre Betriebskosten. Kostet die von der einen Maschine
nutzbar abgegebene Pferdestärke z. B. pro Stunde 1 Pf. weniger als bei einer anderen,
so wird sie, selbst bei höherem Anschaffungspreis, oft dieser vorgezogen werden.
Denn bei 100 Pferdestärken und 300 Arbeitstagen zu je 8 Stunden braucht die „teurere"
Maschine um $100 \cdot 300 \cdot 8 = 240000$ Pf. $= 2400$ RM. jährlich weniger zur Erzeugung
derselben Leistung als die „billige". Da nun mehr oder weniger sparsames Erzeugen
der gewünschten Leistung abhängt von dem Wirkungsgrad der Maschine und dieser
wiederum ein Maß für ihre technische Vollkommenheit bildet, so kommt auf diesem
Umweg auch aus wirtschaftlichen Gründen die Notwendigkeit zur Geltung, die Maschine nicht nur so billig, sondern auch so vollkommen, wie bei diesem Preise eben
möglich, zu erbauen.

Grundsatz der Wirtschaftlichkeit. Der oberste Grundsatz der technischen
Fertigung ist demnach das Streben nach dem Ideal: „Bau vollkommenster
und doch billigster Maschinen" oder, abstrakter ausgedrückt, Erstrebung
des maximalen Effekts mit minimalem Aufwand!

Dieser Leitgedanke geht durch alle Anordnungen in unseren Fabriken
hindurch: er ist der unsichtbare, aber überall fühlbare Beherrscher aller
unserer höchst entwickelten Betriebe. Nur an ein paar willkürlich heraus-
gegriffenen Beispielen sei sein Einfluß gezeigt.

Senkung der Selbstkosten. Vor allem führte dieser Leitgedanke zur
höchsten Vervollkommnung der anfangs bereits erwähnten Arbeitsteilung.
Das rohe, unbearbeitete Stück, aus dem ein Maschinenteil hergestellt
werden soll, koste der Fabrik eine bestimmte Summe. Die gesamten Kosten
des fertigen Stücks, meist ein Vielfaches dieser Summe, kommen heraus,
wenn man zu ihr die Kosten der Bearbeitung durch Maschinen oder Men-

schen addiert. Diesen beträchtlichsten Teil der „Selbstkosten" oder „Produktionskosten" des Stücks zu verringern, ist nun der Hauptvorteil der Arbeitsteilung. Stellt beispielsweise ein mit 10 RM. täglich entlohnter Arbeiter am Tage fünf Stück von dem in Frage stehenden Teil fertig, so betragen die Lohnkosten pro Stück 2 RM. Ist er aber durch tägliche, ja jahrelange Wiederholung derselben Arbeit an demselben Stück dahin gelangt, ohne größere Anstrengung die tägliche Stückzahl auf 10 zu erhöhen, so kostet das Stück nur noch 1 RM. Derartige Leistungssteigerungen werden nun durch die verfeinerte Arbeitsteilung tatsächlich erreicht, und ihr Nutzen wird daraus klar.

Spezialisierung. Auch die zweite Art der Arbeitsteilung trägt zur Annäherung an das Ideal des maximalen Effekts mit minimalen Kosten bei: die Spezialisierung der Fabrikation auf bestimmte Sorten von Maschinen, ja auf eine einzige Sorte, auf einen einzigen Typ derselben, schließlich sogar nur auf bestimmte Maschinenteile. Es ist von vornherein klar, daß ein Werk umso weniger Konstrukteure zum Entwerfen braucht, je geringer die Mannigfaltigkeit der erzeugten Stücke ist. Hierdurch verringern sich die Kosten des Konstruktionsbüros wesentlich, ja sie fallen bisweilen, wie z. B. in Schrauben- und Mutternfabriken, ganz fort. Eine Fabrik, die ein Sondererzeugnis ausschließlich fabriziert und mit allen ihren Einrichtungen durch Jahre hindurch ohne Veränderung fortarbeitet, wird offenbar Fabrikate von derselben Güte bedeutend billiger herstellen als eine vielleicht an sich viel besser eingerichtete und geleitete Fabrik, die zur Herstellung dieses gleichen Gegenstandes erst alle Einrichtungen entsprechend abändern oder gar neu schaffen muß, um sie nach kurzer Zeit für andere Fabrikate wiederum umzuändern oder ganz zu verwerfen. Aber es sinkt nicht allein der Preis bei gleicher Güte, nein, es steigt sogar noch obendrein die Güte des Spezialfabrikates gegenüber dem gelegentlich verfertigten. Bei unausgesetztem Nachdenken über die günstigste Herstellung eines Teils, bei jahrelanger Erfahrung steigt natürlich die Wahrscheinlichkeit, daß wirklich die höchste Zweckmäßigkeit und Dauerhaftigkeit erreicht wird.

Verringerung der Abschreibungen. Durch Arbeitsteilung wie durch Spezialisierung ergibt sich aber noch ein weiterer Vorteil zugunsten billiger Fertigung: Maschinen, Gebäude, Fabrikgelände usw. bedürfen der ständigen Unterhaltung, das in ihnen steckende Kapital muß verzinst und getilgt werden, kurz, die Fabrik als Ganzes bedarf zu ihrer bloßen Erhaltung einer Reihe von Geldausgaben, die natürlich ebenfalls zu den Selbstkosten der Fabrikate zugeschlagen werden müssen, ehe man an ein Verdienen denken kann. Diese laufenden Unkosten stellen eine ziemlich gleichbleibende

Größe dar, gleichgültig, ob die Fabrik weniger oder mehr erzeugt. Dividiert man nun die Unkosten durch die Anzahl der jährlich erzeugten Fabrikate, so erhält man den „Unkostenzuschlag" pro Stück. Dieser Zuschlag wird um so kleiner, je mehr Stücke pro Jahr hinausgehen, d. h. je schneller das einzelne fabriziert wird. Somit tragen Arbeitsteilung und Spezialisierung auch durch die aus ihnen folgende größere Schnelligkeit der Herstellung zur Verminderung der Selbstkosten bei.

Kleine Lager. Aus demselben Grunde dürfen die Einzelteile von Maschinen sowie die Rohstoffe und Halbfabrikate nicht länger als nötig in der Fabrik bleiben. Die Lager oder Magazine, wo sie gestapelt werden, muß man also möglichst klein halten, um brachliegendes Kapital zu sparen. Bei kontinuierlichen Arbeiten an einem Erzeugnis in fließender Fertigung gelingt es sogar, die Lager teilweise zu entbehren. Bei diesem Verfahren, der fließenden Fertigung, müssen dafür häufig beträchtliche Summen in die Bearbeitungs- und Meßwerkzeuge gesteckt werden, so daß die Ersparnisse durch Fortfall der Lager oft wieder durch andere Unkosten verschlungen werden.

Maschinenarbeit. Eine weitere Verminderung der Selbstkosten erfolgt durch die Bearbeitungsmaschinen. Manche Arbeiten können ja nur durch Maschinen geleistet werden, da der Mensch zu ihrer Verrichtung zu schwach ist. Aber heute werden der Maschine auch täglich neue Arbeiten übertragen, die früher durch Handarbeit verrichtet wurden. Sie ersetzen zum Teil mehrere Arbeiter und erfordern zu ihrer Bedienung nur eine Person, laufen teilweise ganz automatisch. Dadurch ersparen sie direkt Arbeitslohn. Aber selbst wenn sie die Arbeit nur eines Mannes, aber schneller verrichten, als dieser es auch bei bester Übung vermöchte, sind sie bisweilen schon daseinsberechtigt, da sie dadurch größeren Umsatz und geringeren Unkostenzuschlag pro Stück verursachen. Außerdem hat die Maschinenarbeit den Vorteil größerer Gleichmäßigkeit und Zuverlässigkeit der Bearbeitung, wodurch sie neben der Verbilligung auch eine Steigerung der Qualität bewirkt, also zur Erreichung des Ideals nach zwei Seiten hin beiträgt.

Herstellungsrücksichten bei großen Stückzahlen. Die Maschinen können aber ihre Leistungsfähigkeit nur dann voll erweisen, wenn die Werkstücke nicht ständig wechseln, sondern möglichst große Mengen genau gleichartiger Teile auf ihnen bearbeitet werden. Dies zwingt den Hersteller, darauf zu halten, daß in seinem Betriebe möglichst viel gleiche Stücke hergestellt werden: er geht zur Massenfabrikation über. Dieser Zwang bedingt besondere Konstruktionen. Die Rücksicht auf die bequeme massenweise Herstellung tritt stärker neben die Notwendigkeit technischer Zweckmäßigkeit. Wird die Herstellung um 1 RM. pro Stück teurer, dauert sie 10 Minuten länger als unbedingt nötig, so fällt das bei Herstellung von einem oder 10 Stücken nicht so sehr ins Gewicht, aber bei 1000 Stücken macht es 1000 RM. und 167 Stunden aus, und das zählt. Anderseits schafft hier jeder kleine Konstruktionskniff, jede ersparte Handreichung in der Werkstatt, mit 10000, ja Millionen multipliziert, großen Gewinn und Vorsprung vor der Konkurrenz. Bei Massenerzeugung wird weitere Steigerung der Arbeitsteilung nötig und möglich. Jede Sekunde ersparter Bearbeitungszeit fällt hunderttausendfach ins Gewicht, und deshalb sind hier die Vorteile der geübten Hand vor der ungeübten am ehesten zu merken. War es bei der gewöhnlichen Erzeugung nicht möglich, jedem Arbeiter immer ein und dasselbe Stück zur Bearbeitung zu übergeben, einfach deshalb, weil gar nicht ausreichend viel gleiche Stücke vorhanden waren, um die Zeit eines Arbeiters ganz auszufüllen, so ist diese Möglichkeit nunmehr vollauf vorhanden und wird natürlich sofort ausgenutzt. Die Massenfabrikation stellt also die Form der Fertigung dar, in der das Ideal „höchster Effekt mit kleinster Aufwendung" am besten erreicht werden kann, denn sie erlaubt höchste Vervollkommnung der Arbeitsteilung, weitgehendste Einführung und höchste Ausnutzung der Maschinenarbeit und schnellste Herstellung, also größten Umsatz im Jahr.

Normung. Eine Voraussetzung für die Durchführung einer erfolgreichen Massenfabrikation ist die Vereinheitlichung nicht nur in einer Fabrik, sondern in der ganzen Industrie: die Normung. Mit Rücksicht auf ihre Bedeutung für die gesamte Volkswirtschaft ist es angebracht, hier wenigstens ihr Wesen und den augenblicklichen Stand zu umreißen.

Von vornherein sei betont, daß es sich dabei nicht um etwas vollkommen Neues handelt; wer hätte es nicht stets als selbstverständlich angesehen, daß eine Schreibfeder, gleich welcher Herkunft, immer einwandfrei in einen Federhalter beliebiger Marke, oder eine Glühbirne ebenso tadellos in jede Fassung der entsprechenden Größe paßt! Tatsächlich bestehen für manche Handelsartikel schon sehr lange Vereinbarungen über die Festlegung der Abmessungen. Neu ist lediglich, daß nun planmäßig die Vorteile der Normung in alle Zweige des Lebens getragen werden. Es ist geschätzt worden, daß sich das deutsche Volksvermögen durch restlose Anwendung unkostensparender Normen um mindestens 15% vermehren ließe! Allerdings setzt das eine weitgehende Einsicht aller Beteiligten voraus, und deshalb ist es für den zukünftigen Ingenieur nötig, sich recht gründlich mit der Normung und ihrer Verbreitung zu beschäftigen. Früher war häufig eine Firma bestrebt, durch Wahl ausgefallener Abmessungen und Formen den Käufer zu zwingen, sich bei Reparaturen oder Ersatzteillieferungen wieder an den Lieferanten zu wenden. Es bestand für manche, ständig gebrauchten Teile geradezu ein Monopol. Folglich waren die Preise entsprechend hoch, und der Käufer hatte den Schaden. War z. B. zu einer Pumpe ein neuer Elektromotor zu beschaffen, so war sicher kein geeigneter zu finden, denn die Achshöhen zum Anschluß wählte jeder nach Belieben.

Ein Bedürfnis nach völliger Übereinstimmung gewisser Erzeugnisse entstand in stärkerem Maße erst während des Krieges durch den Massenbedarf des Heeres an Ausrüstungsgegenständen der verschiedensten Art. Zum Zwecke der Vereinheitlichung des Heeresbedarfes wurde damals das Königliche Fabrikationsbüro in Spandau ins Leben gerufen. Bald erkannte man, daß eine Vereinheitlichung des Heeresbedarfes sich nicht getrennt von der Vereinheitlichung der Grundelemente des gesamten Maschinenbaues durchführen ließ. Daher wurde im Mai 1917 der Normalienausschuß für den Maschinenbau gegründet und mit der Aufgabe betraut, die haupt-

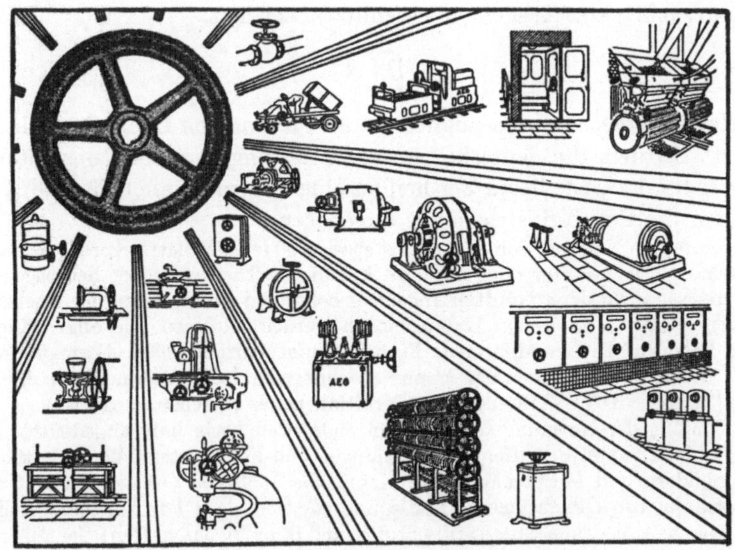

Vielseitige Verwendbarkeit eines Normenteils (TWL 2091)

sächlichsten Maschinenelemente, wie Schrauben, Niete, Stifte, Keile, zu vereinheitlichen. Bereits nach einem halben Jahre stellte sich heraus, daß auch dieser Rahmen noch zu eng gezogen war, daß eine Vereinheitlichung, welche wirklichen Nutzen bringen sollte, von der gesamten deutschen Industrie getragen werden müsse. Der Normalienausschuß für den Maschinenbau wurde deshalb am 22. Dezember 1917 in den Normenausschuß der Deutschen Industrie umgewandelt.

Wenige Jahre später begann sich die Tätigkeit des Normenausschusses bereits auf Gebiete auszudehnen, die nicht mehr zur Industrie gerechnet werden können. Seit 1925/26 umfaßte die Normungsarbeit bereits so viele und wichtige Gebiete außerhalb der Industrie, daß der Name nicht mehr den Tätigkeitsbereich deckte. Es wurde daher beschlossen, den Namen zu ändern: „Deutscher Normenausschuß" (DNA).

Der Normenausschuß ist ein reiner Zweckverband. Zur Sicherung einer einheitlichen und vollständigen Ausgestaltung der Normblätter und zur Abstimmung mit den allgemeinen Grundnormen und ähnlichen Fachnormen durchlaufen die Blätter die Normenprüfstelle, die aus ehrenamtlich tätigen Normenfachleuten und den Vertretern der in Betracht kommenden Fachausschüsse zusammengesetzt ist.

Normblätter, die nach diesem Verfahren entwickelt sind und die deshalb die nach menschlichem Ermessen bestgeeignete Lösung darstellen, tragen als Kennzeichen das gesetzlich geschützte Zeichen:

<u>DIN</u>

Das Zeichen bedeutete ursprünglich die Abkürzung von Deutsche Industrie-Normen. Seitdem die deutsche Normung das engere Gebiet der Industrie überschritten hat, ist dieses Zeichen zu einem Symbol auch für die Kreise geworden, die der Industrie nicht angehören.

Die Deutschen Normen, von denen jetzt etwa 3000 fertige Blätter vorliegen, werden als einzelne Normenblätter oder in Form handlicher Taschenbücher herausgegeben. Gerade diese braucht der zukünftige Ingenieur bei seinen Übungen auf der Hochschule in reichem Maße (L 65 .. 81). Unterschieden werden: Normen, die allgemeine Bedeutung haben (z. B. Grundnormen: Einheiten und Formelgrößen, Formate, Zeichnungen, Gewinde, Passungen usw.), und Fachnormen (z. B. Normen der Elektrotechnik (Zeichen: DIN VDE) oder des Kraftfahrbaues (Zeichen: DIN Kr).

Der Umfang der Normung sei durch folgende Stichworte kurz angedeutet: Festlegung des Inhalts von Begriffen; Bezeichnungen und Kurzzeichen; Vereinheitlichung von Sinnbildern und Merkmalen (z. B. Kennfarben); Typen (Auswahl von Größen und Abstufung von Dimensionen); Festlegung von wichtigen Formen und Anschlußmaßen; von verschiedenen Güten eines Stoffes und ihrer Eigenschaften; Genauigkeiten (Passungen, Zusammensetzungen von Stoffen); Prüfverfahren; Leistungsregeln: Lieferarten; Herstellungsverfahren; Betriebs- und Bedienungsvorschriften; Bau- und Sicherheitsvorschriften.

Die Bedeutung der Vereinheitlichung läßt sich kurz so ausdrücken: Vereinheitlichung bringt Vereinfachung der gesamten Arbeit, diese aber Verbilligung, so daß notwendig mit der Normung bei allgemeiner Anwendung eine oft beträchtliche Verbilligung verbunden ist.

Die Normung hat sich allen Anfeindungen und Mißverständnissen zum Trotz durchgesetzt und einen immer größeren Umfang angenommen. Auch den Fernerstehenden mußte es immer klarer werden, daß eine vernünftige, sinnvolle Normung keine die persönliche geistige Regung tötende Gleichmacherei bedeutet, sondern daß nur dort vereinheitlicht wird, wo die technische Entwicklung als abgeschlossen gelten kann und der persönliche Geschmack nicht ausschlaggebend ist; daß überhaupt jeder Eingriff in die

Konstruktion vermieden wird und in vielen Fällen nur die Anschlußmaße festgelegt werden, welche die Austauschbarkeit ganzer Maschinenteile gegeneinander ermöglichen.

Lage des Werkes. Es ist nicht gleichgültig für den „Marktpreis", das heißt den Preis an der Verbrauchsstelle der Fabrikate, wo die Fabrik liegt. Erstens sind die Kosten von Grund und Boden ja äußerst verschieden, und ihre Verzinsung und Tilgung, durch die Jahreserzeugung dividiert, stellt unmittelbar einen Preisaufschlag für jedes Stück dar. Zweitens aber verbilligt auch gute Verbindung des Werkes mit den großen Verkehrsstraßen

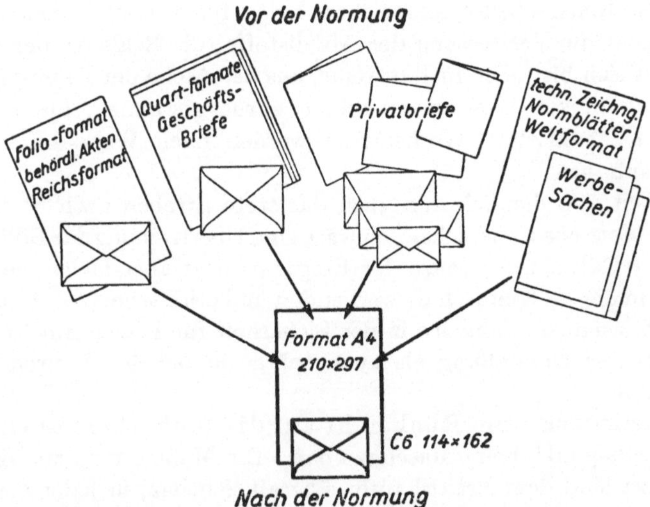

Statt vieler ähnlicher Ausführungen nur eine! (TWL 2417)

die Frachten der eingekauften Rohstoffe wie auch des fertigen Fabrikates. Wir sehen deshalb alle unsre großen industriellen Werke an der Eisenbahn oder einer Wasserstraße liegen.

Lage der Werkstätten, Förderwesen. Aber auch innerhalb des Werkes muß der Transport, das „Förderwesen", von einer Werkstatt zur andern möglichst billig, das heißt vervollkommnet und auf kurzem Wege stattfinden. Daher wird an die Transportmittel (Krane, Wagen, Elektrokarren, Fahrstühle) nicht nur die Forderung größter Belastungsmöglichkeit, sondern auch verhältnismäßig großer Geschwindigkeit gestellt. Ferner aber wird die ganze Anordnung des Werkes, die Lage der einzelnen Werkstätten und in ihnen der einzelnen Maschinen und Arbeitsstände zueinander, durch dies eine verbilligende Prinzip festgelegt: „Geringe Kosten der Förderung durch Mechanisierung (keine Handkarren mehr) und kurze Wege." Es ist für den Praktikanten lehrreich, sich klar zu machen, inwieweit diese Hauptforderung bei dem Werk, in dem er beschäftigt ist, erfüllt wird und welche Gründe für Abweichungen maßgebend gewesen sind. Vielfach wird er aus Gründen des allmählichen Wachstums der Fabrik ein höchst unrationelles Durcheinander der Baulichkeiten vorfinden. Überlegt er sich dann genau, wie die Anordnung vollkommener wäre, und bespricht er diese Erwägungen mit dem Betriebsingenieur, so wird dies für ihn wahrscheinlich noch vorteilhafter sein als der Anblick einer musterhaften Anlage.

Abfälle. Einen ebenso lehrreichen Beleg für wirtschaftlichen Fabrikbetrieb bildet die Verwertung der Abfallstoffe: die Schlacke der Gießöfen verwandelt sich bisweilen in Bausteine, aus der Asche der Feuerungen wird das Brennbare zur Wiederverwendung zurückgewonnen, die Drehspäne aus den mechanischen Werkstätten werden nach Werkstoffen sortiert und verkauft usw.

Sicherheit. So dienlich nun auch das stete Streben nach höchster Ersparnis im Betriebe ist, so schädlich wäre eine Übertreibung der Billigkeit auf Kosten der Güte. Die Grenze der Ersparnis liegt aber nicht allein in der Güte und in der — Kundschaft werbenden und erhaltenden — Hochwertigkeit der Erzeugnisse, sondern in der Sicherheit für Leben und Gesundheit sowohl bei der Herstellung als auch späterhin bei der Verwendung des Erzeugnisses.

Unfallverhütung. Die Rücksicht auf die Sicherheit ist ein zweiter Hauptgesichtspunkt beim Maschinenbau. Die Maßnahmen zur Sicherheit der Arbeiter sind dem Praktikanten überall sichtbar; in jeder vorschriftsmäßig betriebenen Werkstätte sind alle Zahnräder, alle in Reichweite befindlichen Riemen, alle Vorsprünge an kreisenden Maschinenteilen sorgsam eingekapselt. Dies geschieht nicht etwa aus freien Stücken, sondern gemäß den Bestimmungen des Unfallversicherungsgesetzes und gemäß den Unfallverhütungsvorschriften der Berufsgenossenschaften. Die Maßnahmen und Vorrichtungen zur Verminderung der Feuersgefahr sind dem Umstande zu danken, daß die Feuerversicherungsprämie der Versicherungsanstalten um so niedriger ist, je bessere Gewähr gegen Brandschäden das Werk bietet. Die Vorrichtungen zum Absaugen des Hobel- und Schleifstaubes an Holzbearbeitungs-, Schleif-, Poliermaschinen und Sandstrahlgebläsen, die eine umfangreiche Rohrleitung, eigene Ventilatoren und sorgfältig durchdachte Mündungsstücke nötig machen, hat die Betriebsleitung außerdem deshalb angebracht, weil in gut entstaubten Betrieben die Löhne der Arbeiter niedriger gestellt werden können als in gesundheitsschädlichen, die die

Arbeitskraft rasch verbrauchen und die tägliche Leistung vermindern. Nun ist aber Tatsache, daß die meisten Unfälle durch Unvorsichtigkeit und Leichtsinn der beteiligten Personen entstehen. Dagegen läßt sich nicht mit Schutzvorrichtungen etwas erreichen, sondern nur durch ständige Aufklärung und Warnung der Belegschaft. Daher sieht der Praktikant in gut geleiteten Betrieben zahlreiche „Unfallverhütungsbilder", die, meist in drastischer Form, auf Gefahren infolge leichtsinnigen Handelns hinweisen. Tatsächlich sind diese Bemühungen von Erfolg, und das ist wieder ein Punkt zur Verminderung der Unkosten, denn jede Fabrik arbeitet auf die Dauer billiger mit gesunden Arbeitern, bei dem menschenmöglich geringsten Maß von Verletzungen, als mit kranken Leuten und ständigen Unfällen.

Wir müssen noch einen Augenblick bei denjenigen Sicherheitsrücksichten verweilen, denen das Fertigfabrikat gesetzlich zu genügen hat. Wie schon bemerkt, ist zu unterscheiden zwischen den absolut notwendigen Eigenschaften der Werkstücke, wie genügende Festigkeit und Dauerhaftigkeit aller Teile, und denjenigen Einrichtungen oder Gestaltungen der Maschinen, die durch weitergehende besondere Sicherheitsrücksichten erforderlich werden. Die Grenzen des Begriffs „genügender" Sicherheit schwanken aber, und zwar nicht nur mit dem Beurteiler gemäß seinen Interessen, sondern auch mit der fortschreitenden Zeit, Zivilisation, Kultur und Gewohnheit der Menschen. Ein treffendes Beispiel ist hierfür das Automobil: anfänglich von keinerlei gesetzlichen Sicherheitsbestimmungen eingeengt, wurde es nur mit den notdürftigsten, uns heute fahrlässig erscheinenden Bremsen ausgestattet; dem Einfluß der Besteller der Wagen ist es zuzuschreiben, daß die Bremsen besser und besser wurden. Die Gesetzgebung fordert heute zwei voneinander unabhängige Bremsen, die ständig betriebsbereit sein und zuverlässig arbeiten müssen. In einzelnen Ländern und Verwaltungsgebieten sind noch besondere Vorschriften für die Länge der Strecke gegeben, die der Wagen höchstens noch durchlaufen darf, nachdem in voller Fahrt seine Bremse angezogen wurde (Bremsweg).

Selbstverständlich sind auch die Klagen der Fabriken oft nicht unbegründet, daß allzu weitgehende Sicherheitsvorschriften Luxus sind, ja, die Einträglichkeit der Fabrikation sehr erheblich beeinflussen.

Handelt es sich jedoch bei den bisher besprochenen Sicherheitsvorkehrungen im wesentlichen um Zutaten zu der an sich nur solide konstruierten Maschine, so gibt es andere Fälle, wo die Rücksicht auf Sicherheitsbestimmungen schon bei der Konstruktion und dem Entwurf der Maschinenteile mitsprechen, so z. B. bei den Dampfkesseln. Für sie sind schon früh umfangreiche Gesetze erlassen worden, die noch für den Konstrukteur durch die Vorschriften der Dampfkesselüberwachungsvereine usw. ergänzt sind. Die Blechdicken der Kessel, die Wandstärken der Rohre, die Art ihrer Befestigung und Aufstellung, Zahl und Stärke der Nieten, kurzum fast jede kleinste Einzelheit muß in strengster Anlehnung an diese Vorschriften entworfen werden.

So können wir von der Rücksicht auf die Sicherheit als einem zweiten, alle Teile der Maschinenfabrikation durchdringenden großen Leitgedanken sprechen.

Austauschbau. In den letzten Jahrzehnten begann nun noch ein dritter großer Leitgedanke in den Maschinenbau einzudringen. Man bezeichnet ihn kurz mit dem Namen „Austauschbau" und hat dabei folgendes im Auge.

Die einzelnen Teile einer Maschine unterliegen ungleicher Abnutzung und ungleicher Zerstörungsgefahr. Ist nun eine Maschine beispielsweise nach einem 1000 km entfernten Ort geliefert worden und wird die Nachlieferung eines einzelnen Teiles nötig, so ist das Ideal, daß der Inhaber der Maschine einfach an die Fabrik schreibt: „Senden Sie mir diesen und jenen Teil zum Ersatz!" und daß dann der Teil angefertigt, hingesandt wird und — — ohne weiteres genau so gut paßt wie der frühere, unbrauchbar gewordene. Da es sich nun im Maschinenbau in bezug auf „Passen" oder „Nichtpassen" oft um 0,01 mm handelt, so ist dieses Ideal höchstens durch reinen Zufall erfüllt. In der Tat beginnt meist ein langwieriges, oft durch den erzwungenen Stillstand der kranken Maschine ungeheuer kostspieliges Einpassen und Nacharbeiten, ja oft mehrfaches Hin- und Herwandern des unglückseligen Stückes zwischen der ärgerlichen Fabrik und dem noch ärgerlicheren Maschineninhaber.

Passungen. Es ist klar, daß das Mittel zur Beseitigung dieses Mißstandes darin besteht, daß ein für alle Male die Arbeit in der Fabrik so peinlich genau geschieht, daß die hierbei nicht ganz vermeidbare Ungenauigkeit jedenfalls kleiner wird als die Maßdifferenz zwischen „Passen" und „Nichtpassen". Dann wird sicher das nachgelieferte Stück gleich passen.

Nicht nur das nachträgliche Passen eines Ersatzteils ist wünschenswert, sondern auch das Zusammenpassen sämtlicher Einzelteile bei der neu zu montierenden Maschine. Passen die einzelnen Teile nicht ohne weiteres — und das war leider früher die Regel —, so wurde in der Montagehalle ein kostspieliges Nacharbeiten nötig oder das Teil ging mitunter noch einmal in die Werkstatt zurück.

Auch zwischen Erzeugnissen verschiedener Firmen muß ein Austausch der Einzelteile möglich sein, so daß z. B. bei 800 Straßenbahnwagen einer Stadt von 10 Waggonfabriken alle Radsätze untereinander auswechselbar sind, oder bei genormten Lokomotiven ein Luftkompressor bestimmter Leistung auf jede Maschine paßt.

Fließende Fertigung. Die bisher beschriebenen Kennzeichen der modernen Fertigung stellen zwar teilweise bedeutende Änderungen gegenüber den Zuständen vor 15 bis 30 Jahren dar, belassen aber die Werkstätten selbst ganz in ihrer gewohnten Stellung und Reihenfolge. Anders bei der letzten Vollendung einer exakten und wirtschaftlichen Massenfabrikation, der fließenden Fertigung. Hierbei wird sogar die Anordnung jeder Werkzeugmaschine, die Lage jedes Arbeitsplatzes nur nach dem Gesichtspunkt höchster Leistungsfähigkeit bestimmt. Die Einteilung in Dreherei, Bohrerei, kurz nach Art der Maschinen, weicht der Reihenfolge, die sich aus der Bearbeitung jedes Einzelteils ergibt. Dieses System setzt aber gleichmäßig große Stückzahlen und eine starre Konstruktion der Werkstücke, ohne Sonderwünsche und Extraanfertigung, voraus. Für den Jungpraktischen sind diese Werkstätten nicht geeignet, da er hier nicht in dem erforderlichen Maße das Wesen jedes einzelnen Arbeitsverfahrens kennenlernen kann. Deshalb soll nicht näher darauf eingegangen werden. Für solche, die bereits die Grundlagen der Fertigung kennen, sind im Abschnitt 23, „Arbeitsparende Betriebsführung in der Fabrikorganisation", weitere Angaben gemacht.

6. Wärme- und Energiewirtschaft in Fabriken

Zwang zum Sparen. Während von jeher der Maschinenfabrikant die Kosten seiner Erzeugnisse durch sparsamste Verwendung von Arbeit und Werkstoff im Wettbewerb zu vermindern trachtete, war er sich im allgemeinen der Vergeudung an Wärme und mechanischer Leistung (kürzer, aber unrichtiger: „Kraft") im normalen Betrieb einer Maschinenfabrik kaum bewußt geworden. Brennstoffe waren im Überfluß vorhanden. Sie waren billig. Sie waren gut. — Die Steigerung der Kohlenpreise hat hierin Wandel geschaffen. Daß ein größeres Verständnis für die Ersparnismöglichkeiten auf brennstoff- und energiewirtschaftlichem Gebiet aus der Not der Nachkriegszeit geboren wurde, ist aber für die Zukunft unserer Industrie von großer Bedeutung. Denn hier handelt es sich um Möglichkeiten beträchtlicher Ersparnisse an den Erzeugungskosten in einem Augenblick, wo andere Erzeugungskosten, wie Löhne und Steuern, ständig zunehmen.

Wärmewirkungsgrad. Im folgenden ist an Fabriken mit eigener Dampfkraftanlage gedacht, das sind also solche, die ihren Bedarf an Leistung nicht aus einem Netz der Stromversorgung decken. Für diese handelt es sich darum, aus den in der Kohle steckenden Wärmeeinheiten zunächst möglichst viel verwendbare Wärme, d. h. Arbeit, zu erzeugen. Das Verhältnis der verwendbaren Energie zu der im Brennstoff steckenden Wärmeenergie (Heizwert) nennt man den Wärmewirkungsgrad.

Verluste. Auf ihrem langen Wege von der Kohle bis zum tatsächlichen Verbrauch — z. B. in Gestalt der Leistung, die aufgewendet wird, um einen

Drehspan vom Werkstück abzuschälen — macht die Wärmeenergie mehrere Umwandlungen durch. Jede dieser Umwandlungen hat einen Wirkungsgrad. Dieser ist mehr oder weniger um einen Betrag kleiner als im Idealfall (= 1), also entstehen bei der Umwandlung oder Fortleitung der Energie Verluste. Wirtschaftlich maßgebend ist das Produkt aller Einzelwirkungsgrade, der wärmewirtschaftliche Gesamtwirkungsgrad. Wenn man sich einmal klarmacht, wie außerordentlich gering dieser in der Regel ist, so wird man erkennen, wieviel hier gespart werden kann.

Kesselwirkungsgrad. Der übliche Dampfkessel nutzt, wenn gut gefeuert und gewartet, etwa 70% der in der Kohle enthaltenen Wärme aus; das heißt also: der Dampf, der vom Dampfkessel in die Dampfmaschine strömt, enthält 0,70mal soviel Wärme wie die Kohle, durch deren Verbrennung er erzeugt wurde. Die anderen 30% gehen zum größten Teil in den Schornstein.

Dampfleitungswirkungsgrad. Die Rohre, in denen der Kesseldampf der Dampfmaschine oder der Turbine zuströmt, führen durch vergleichsweise kühle Räume. Trotz aller Umkleidung der Leitung mit „Isoliermaterialien" (Asbest, Kieselgur usw.) verliert der Dampf in ihr doch, je nach ihrer Länge, einen größeren oder geringeren Teil seiner Wärme, was sich in Temperaturverminderung, evtl. in einem Spannungsverlust oder gar in der Bildung von Kondenswasser äußert. Veranschlagen wir diesen Verlust einmal auf 5%, so besitzt der Dampf am Ende der Leitung nur noch 95% des Wärmeinhalts, den er am Anfang der Leitung hatte; der Wärmewirkungsgrad der Dampfleitung ist also 0,95:1 oder 95%.

Maschinenwirkungsgrad. Bisher hat es sich nur um Verwandlung von Kohlen- in Dampfwärme und um Wärmeverluste gehandelt. Die Energieform (Wärme) ist die gleiche geblieben. In der Dampfmaschine erfolgt die große Umwandlung von Wärme in mechanische Leistung. Hierbei entstehen die größten Verluste. Selbst gute und große Dampfmaschinen oder Dampfturbinen retten nicht mehr als höchstens 23—35% der in sie hineingesteckten Dampfwärme in die Form abgegebener mechanischer Energie hinüber; die Dampfmaschinen mittlerer Größe haben einen Wärmewirkungsgrad von selten mehr als 15%.

Also blieben übrig von jeder Wärmeeinheit in der Kohle:

hinter dem Kessel: 0,70 WE (Wärmeeinheiten),

am Ende der Dampfleitung von diesen 0,70 WE noch 0,95, also:

$$0,70 \times 0,95 \text{ WE,}$$

am Schwungrad der Dampfmaschine von diesen $0,70 \times 0,95$ WE noch 0,15, also: $0,70 \times 0,95 \times 0,15 =$ rund 10%.

Die Wirkungsgrade der Teilprozesse — dies ist sehr wichtig — müssen also miteinander **multipliziert** werden, um den Wirkungsgrad ihrer Summe zu erhalten.

Abwärmeverwertung. Da der Hauptverlust bei der Umwandlung in mechanische Arbeit entsteht, so ist es besonders wichtig, die Dampfwärme auch als Wärme möglichst gut auszunutzen; in der Maschinenfabrik ist das hauptsächlich in der Form möglich, daß der Dampf, der in der Maschine Arbeit geleistet hat, der Abdampf, die Werkstätten, Modellspeicher, Verwaltungsräume heizt und zum Vortrocknen von Kernen usw. in der Gießerei benutzt wird.

Verbrennungskraftmaschinen. Aus diesem Grunde eignen sich auf den ersten Blick Verbrennungskraftmaschinen (Diesel-, Öl- oder Benzinmotoren) besser zur Krafterzeugung in Maschinenfabriken, da sie ja bekanntlich 30—40% der im Betriebsstoff enthaltenen Wärme in Form von mechanischer Leistung wieder abliefern und in gewissen Grenzen auch ihre Abwärme (Kühlwasser) zur Heizung von Räumen benutzbar ist. Dieser technisch richtige Schluß ist jedoch nicht wirtschaftlich richtig. Bei den heutigen Preisen für Kohle und Treiböl kann die Frage der geringsten Betriebskosten teils zugunsten von Kohle, teils zugunsten von Öl ausfallen, je nachdem, wie sehr die Preise durch Frachten verteuert werden.

Diese kleine Betrachtung ist hier eingeschoben worden, um dem angehenden Ingenieur zu zeigen, daß es bei aller großen, ja überragenden Wichtigkeit der wärmetechnischen Gesichtspunkte falsch ist, über sie die wärmewirtschaftlichen Gesichtspunkte, d. h. also die Gesamtbetriebskostenfrage, und die allgemeinen Gesichtspunkte, wie Marktlage für Kohle und Öl, Verminderung des Betriebspersonals usw. usw., außer acht zu lassen! —

Umsetzung in Elektrizität. Beim Verlassen der Antriebsmaschine wird heute wohl in fast allen Werken die Energie in die Form von Elektrizität überführt, um eine bequeme Kraftübertragung zu erhalten. Die Fälle, wo besondere kleine Dampfmaschinen unmittelbar die Transmissionsstränge von mechanischen Werkstätten oder die Gebläse der Gießereiöfen antreiben, sind wegen der unwirtschaftlichen Brennstoffausnutzung vieler kleiner Antriebsmaschinen gegenüber einer großen Zentrale und wegen der Verluste in den erforderlichen langen Dampfleitungen sehr selten geworden[1].

---

[1] Es sei darauf hingewiesen, daß die Umbaukosten so hoch sind, daß es vielfach den Werken nicht ohne weiteres möglich ist, selbst als richtig erkannte Umbauten vorzunehmen. Der Praktikant kritisiere also mit großer Vorsicht und frage lieber nach dem Warum, statt vorschnell zu urteilen. Das gilt z. B. auch für die Frage der Dampfhämmer, die aus den soeben angegebenen Gründen gleichfalls ungeheure Wärmeverschwender sind, zumal sich in ihren häufigen und langen Betriebspausen

Jedenfalls stellen sie eine Verschwendung dar, und bei Neueinrichtung von Fabriken wird man sie nicht mehr antreffen.

Die Umwandlung der mechanischen in elektrische Energie und umgekehrt geht ohne große Verluste vor sich.

Infolgedessen macht es dem Wirkungsgrad nach wenig oder keinen Unterschied, ob der Einzel- oder Gruppenantrieb der Werkzeug- oder Arbeits- (z. B. Gebläse-) Maschinen durch Transmissionen oder durch elektrische Kraftübertragung erfolgt. In beiden Fällen dürften zwischen den Antriebswellen der getriebenen und der treibenden Maschine (z. B. Drehbank und Dampfmaschine) etwa 10% der Leistung im Durchschnitt verloren gehen: Übertragungswirkungsgrad 90%.

Wirkungsgrad der angetriebenen Maschine. Endlich ist also nunmehr die Energie an der Stelle angelangt, wo sie die Nutzarbeit leistet. Aber auch diese Leistung vollbringt sie nicht ohne starke Verluste. Ist die angetriebene Maschine eine Arbeitsmaschine, z. B. ein Gebläse für den Gießofen, so ist der Wirkungsgrad noch verhältnismäßig gut: etwa 50—60% der in eine solche Gebläsemaschine hineingesteckten Leistung erscheint in Form von „Wind" im Gießofen wieder. In diesem Falle wäre also der wärmewirtschaftliche Gesamtwirkungsgrad der Winderzeugung etwa:

0,70	× 0,95	× 0,15	× 0,90	× 0,55 = **rd. 0,05,**
Kessel- wirkungs- grad	Leitungs- wirkungs- grad	Maschinen- wirkungs- grad	Übertragungs- wirkungs- grad	Gebläse- wirkungs- grad

d. h. etwa 5% der in der Kohle enthaltenen Wärmeenergie ist im Gebläse schließlich nutzbar gemacht oder, anders ausgedrückt: um den Wind im Ofen zu erzeugen, muß man das Zwanzigfache (100% : 5% = 20) an Wärmeenergie in den Kessel der Betriebszentrale stecken.

Noch viel trostloser ist das Bild bei älteren Werkzeugmaschinen. Diese verbrauchen fast die ganze in sie hineingesteckte Leistung zum Hin- und Herbewegen ihrer schweren, auf langen Führungen gleitenden Teile oder zur Überwindung der Reibung im Räderkasten. Die zum Abschälen des Werkstoffes verbrauchte Arbeit, also die tatsächliche Nutzleistung, stellt nur einen winzigen Bruchteil davon dar. Es ist nicht nur ziemlich schwer, diese Nutzleistung zu messen, sondern — das ist schlimmer — es ist früher kaum jemand eingefallen, sie zu messen und, dem dabei entstehenden Schrecken entsprechend, zu versuchen, den Wirkungsgrad der Werkzeugmaschine zu verbessern.

---

viel Dampf in den Zuleitungsrohren und in ihren Zylindern kondensiert. Es macht jedoch die größten Schwierigkeiten, finanziell und technisch, sie zu ersetzen, wie eine Unterhaltung mit Schmiedemeister oder Betriebsingenieur ohne weiteres lehrt.

Welche Wirkungsgradverbesserung nützt am meisten? Man darf nun nicht etwa den groben Denkfehler begehen, daß man sagt: „Ach, auf dem Wege bis zur Werkzeugmaschine ist schon so viel Energie verloren gegangen, daß demgegenüber die in der Werkzeugmaschine noch draufgehende Leistung keine so große Rolle spielt." Das ist falsch. Denn das bißchen Energie, was schließlich aus dem ganzen Umwandlungs- und Übertragungsprozeß in die angetriebene Maschine hineingerettet ist, ist ebendeshalb um so viel kostbarer. Anders ausgedrückt: Spare ich von den 9% der Kohlenenergie, die schließlich an der getriebenen Maschine ankommen, ein Neuntel, so spare ich auch ein Neuntel = 11% der Kohle. Rechnerisch kommt das in dem oben hervorgehobenen Satz zum Ausdruck, daß der Gesamtwirkungsgrad durch Multiplikation der Teilwirkungsgrade entsteht.

Hat also beispielsweise eine veraltete Querhobel („Shaping"-)maschine einen Eigenwirkungsgrad von 6% (das entspricht in der Tat den Verhältnissen vieler älterer Werkstätten), so ist der wärmewirtschaftliche Gesamtwirkungsgrad des Querhobelns (siehe das Beispiel der Gebläsemaschine):

$$0,70 \times 0,95 \times 0,15$$
$$\times 0,90 \times 0,06 = \text{rd } 0,005$$

Wirkungsgrad der Querhobelmaschine

oder nur $\frac{1}{2}$%.

nur **3,5%** gelangen zur Werkzeugschneide

Energieverluste vom Kesselrost bis zur Spanabnahme an Werkzeugmaschinen

Gelingt es jedoch (und es ist gelungen), den Wirkungsgrad einer solchen Querhobelmaschine auf 20% zu verbessern, so tritt an Stelle des halben Hundertstels ein wärmewirtschaftlicher Gesamtwirkungsgrad des Querhobelns von 1,8%. Das ist immer noch sehr wenig. Aber während im ersten Fall zum Querhobeln das Zweihundertfache (100% : 0,5% = 200) an Kohlenenergie verbraucht wird, ist im zweiten Fall nur noch das Fünfundfünfzigfache (100% : 1,8% = 55,5) erforderlich. Die Ersparnis, die an irgend einer Stelle der Energieumwandlungs- und Übertragungskette gemacht wird, setzt sich also nicht absolut, sondern prozentisch bis zur Kohle fort. **Ersparnis an allen Punkten des Energieflusses durch die Fabrik ist also gleich wichtig.**

Ersparnismöglichkeiten. Aus diesem Gesichtspunkt heraus betrachte nun der Praktikant, womöglich unter Leitung eines Ingenieurs, den ganzen Energiefluß, der vor seinen Augen durch die Fabrik strömt, und werde sich klar über die Punkte, wo Ersparnisse möglich sind, und über die Gründe (meistens geldlicher oder betriebstechnischer Natur), die noch weitergehende Ersparnisse verbieten.

Hier seien einige besonders wichtige Ersparnispunkte nur kurz aufgezählt:

Kesselhaus: Gute Lagerung der Kohle (so daß sie möglichst wenig entgast und möglichst gegen Selbstentzündung gesichert ist).

Selbsttätige, d. h. billige Zuführung zum Rost.

Richtige Rostbeschickung (so daß die richtige Dicke und Gleichmäßigkeit der Brennstoffschicht gewährleistet ist).

Dichtes, möglichst wenig wärmestrahlendes (daher oft weiß glasiertes) Mauerwerk der Feuerungsräume.

Richtiger Schornsteinzug (damit die Verbrennung weder mit zu viel — kalter! — noch mit zu wenig Luft — unvollkommen — erfolgt).

Evtl. Unterstützung des Schornsteinzuges durch ein Unterwindgebläse.

Vorwärmung der Verbrennungsluft.

Vorwärmung des Kesselspeisewassers (meist durch einen in den Lauf der Feuerungsabgase eingebauten sogenannten „Economiser").

Gute Instandhaltung des Kessels (Verhinderung der die Wärmeübertragung beeinträchtigenden Kesselsteinbildung, der Ruß- und Flugaschenansammlung).

Sparsamer Wärmeverbrauch der Hilfsmaschinen (Unterwindantrieb, Kesselspeisepumpe usw.).

Dampfleitung: Dichtigkeit der Rohre.

Gute Isolierung der Rohre und Flanschen.

Auffangen jedweder Kondenswässer und ihre Rückleitung ohne Abkühlung in den Kessel.

Dampfmaschine: Höchstmögliche Trocknung und Überhitzung des Dampfes (durch Einbau des ersten, schlangenförmig gewundenen Rohrteils der Dampfleitung in den Rauchabzug).

Verwertung des Abdampfes zum Heizen, Kochen usw.

Kraftübertragung: Möglichst gute Ausnutzung der Leistungsfähigkeit (die elektrischen und Reibungsverluste bleiben an sich etwa die gleichen bei Vollast wie bei Halblast; sie stellen daher bei Halblast im Verhältnis zur übertragenen Leistung einen größeren Verlustbruchteil dar!).

Verbesserung der kraftverzehrenden Gleitlager (etwa Ersatz durch Kugellager).

Verbesserung der kraftverzehrenden Riemen- oder Seiltriebe bei Transmissionen, z. B. durch gleichmäßige Spannung des Riemens und besseres Anliegenmittels Spannrollen.

Energiemessung. Über alle diese Punkte informiert sich der gut geleitete Betrieb durch laufende Messungen. Es kommen hauptsächlich in Betracht:

Im Kesselhaus: Wägung der zugeführten Kohle, Messung des zugeführten Wassers, Messung der Zugstärke mittels barometerartiger Wassersäule, Kontrolle der Vollkommenheit der Verbrennung durch chemische Analyse der Verbrennungsgase mittels der sogenannten Orsat-, Ados- oder ähnlicher Apparate oder durch besondere elektrische Geräte, Messung des Dampfdruckes und der Dampftemperatur mittels Manometers bzw. Thermometers, Kontrolle des Wasserstandes (nicht zu hoch, damit der Dampf nicht zu feucht wird, nicht zu tief aus Sicherheitsgründen). Bei Unterwindfeuerungen: Messung der Menge der Gebläseluft oder des Gebläsedampfes.

An der Dampfleitung: Messung der Temperatur und des Druckes bei Ein- und Austritt, gelegentliche Wägung des Kondenswassers, Messung der Dampfmenge, die in die Maschine strömt.

An der Dampfmaschine oder Turbine: Druck- und Temperaturmessungen, Bestimmung der Leistung aus Diagrammen.

Wird ein Stromerzeuger angetrieben, mißt man ebenfalls ständig die elektrischen Größen (Strom, Spannung, Leistung).

Energiebuchführung. Diese Messungen und die dazu erforderlichen Meßgeräte kosten viel, sehr viel Geld. Aber sie sind notwendig. Der tagaus, tagein durch die Fabrik strömende Kraftfluß kostet noch viel mehr Geld. Über seinen Bargeldhaushalt führt der Fabrikant unter großen Kosten mit peinlicher Genauigkeit laufende Bücher, aus denen er seine Geldgewinne und -verluste und deren Quellen genau aufzeigt. Über die von ihm gekauften, verarbeiteten und verkauften Waren führt er nicht minder genau Buch. Lagerhalter und sorgsam in Ordnung gehaltene Magazine läßt er sich viel Geld kosten. Er weiß, daß ihn der so erzielte genaue Überblick vor viel größeren Verlusten bewahrt. Sollte er nicht die gleiche Politik mit Bezug auf die kostspielige Wärme und mechanische Energie verfolgen?

Registrierinstrumente. Vielfach sind daher in zeitgemäß eingerichteten Fabriken an Stelle der bloßen Meßgeräte sogenannte selbstregistrierende Apparate gesetzt worden, die mittels eines Zeigerwerks auf Papierstreifen die Meßmengen fortlaufend aufzeichnen, um so der Bedienungsmannschaft — abgesehen von der Kontrolle — die Pflicht, Aufzeichnungen machen zu müssen, abzunehmen und ihnen Kopf und Hände für ihre eigentliche Arbeit freizuhalten.

Wärmebilanz. Es ist dann Aufgabe der Wärmekontrollstelle des Werkes, sei dies ein Meister, ein Ingenieur oder gar, bei sehr großen Werken, ein Wärmebüro, diese Messungen zu sogenannten Wärme- oder Energiebilanzen zusammenzustellen. So gewinnt der Betrieb fortlaufende Übersicht über Energieerzeugung und -verbrauch und über Energieverluste. Er vermag ihrem Grunde nachzugehen und sie zu beseitigen. Wenn sich der Praktikant gelegentlich mit einem der mit diesen Obliegenheiten betrauten Herren unterhalten kann, so wird ihn das nicht dümmer machen. Immerhin ist das Folgende zu betonen:

Es ist selbstverständlich, daß der Praktikant in den hier besprochenen Dingen keinerlei eigenes Urteil haben kann. Es ist ebenso selbstverständlich, daß er es sich auch nicht etwa während des praktischen Jahres aneignen kann oder soll. Er soll nur von vornherein auf diese Punkte achten lernen, damit er auf der Hochschule, wenn er sich wissenschaftlich mit dem Stoff beschäftigt, seine Gedanken an verständnisvoll Gesehenes anknüpfen kann und von vornherein das Gefühl für die Wichtigkeit erhält, die diese auf den ersten Blick nur mittelbar mit dem eigentlichen Bau der Fabrikate zusammenhängenden Fragen für das entscheidende Gesamtergebnis des technischen Schaffens besitzen: die Herstellungskosten.

Nicht eindringlich genug kann davor gewarnt werden, daß der Praktikant sich durch solche Betrachtungen, die ihn als Jünger der Technik natürlich sehr interessieren, von dem eigentlichen Zweck seines Hierseins, dem Kennenlernen des Fabrikationsganges, ablenken läßt. Aber ebenso verkehrt wäre es, schenkte er diesen Punkten gar keine Aufmerksamkeit.

Stromversorgung von außerhalb. Vielfach werden, besonders in allen neueren Werken, keine Dampfkraftanlagen mehr in ständigem Betrieb gehalten. Die gesamte notwendige Energie wird in diesem Falle der Fabrik in elektrischer Form zugeführt. Die Gründe sind folgende: Wir hatten weiter oben gesehen, daß jede Energieumwandlung mit mehr oder weniger großen Verlusten verbunden ist und daß durch die Weiterleitung an die Verbrauchsstellen neue Verluste durch Rohrleitungen und Transmissionen auftreten. Nun gelingt es bei ganz großen Anlagen zur Energieerzeugung, d. h. bei großen Kessel- und Maschineneinheiten, die Verluste in engeren Grenzen zu halten. Eine Zentrale von beispielsweise 100000 PS kann die gleiche Energie mit weniger Verlusten abgeben als 20 Zentralen zu 5000 PS oder, anders ausgedrückt, die große Zentrale arbeitet mit geringeren Erzeugungskosten. Einmal haben die Riesenkessel einen besseren Wirkungsgrad als die Summe der vielen Kleinkessel, die bei solchen Vergleichen noch dazu meist älteren Datums sind. Auch die Kosten der Kohlen, des Lagerns, der Bedienung sind niedriger. Man nutzt daher die Vorteile der großen Mengen aus und läßt die Kohle in Kraftanlagen verfeuern, die nach ihrer Leistungsfähigkeit imstande sind, mehrere Fabriken zu versorgen. Als Übertragungsmittel vom Kraftwerk zum Werk dient der elektrische Strom. Die Dampfmaschinen oder -turbinen treiben Generatoren, deren Strom durch Kabel oder Freileitungen den Fabriken zugeleitet wird. Der Wirkungsgrad der Generatoren liegt dicht an 100%, so daß oft noch eine Kraftübertragung wirtschaftlich sein kann, wenn die Entfernung zwischen Kraftwerk und Fabrik beträchtlich ist. Würde man zur Fortleitung einen Strom von derselben Spannung nehmen, mit der im Werk die Elektromotoren die Werkzeugmaschinen antreiben sollen, so fielen bei den beachtlichen Energiemengen, die eine einzige Fabrik oft verbraucht, die Zuleitungen gar zu dick aus. Wir finden daher bei Übertragung von elektrischer Energie in großer Menge oder auf weite Entfernungen Ströme von sehr hoher Spannung. Die Umwandlung des Stromes auf solchen von höherer oder niedrigerer Spannung geschieht in Transformatoren, die ebenfalls wieder einen sehr guten Wirkungsgrad aufweisen. In der Fabrik wird nun der Strom wiederum umgeformt und auf die Spannung gebracht, für die die Motoren im Werk eingerichtet sind.

Hat ein Werk, das seinen Energiebedarf früher aus eigener Zentrale deckte, sich auf den Fremdbezug von Strom umgestellt, so bleibt häufig die alte Anlage in Bereitschaft, um gegebenenfalls bei Störungen in der Stromversorgung als Reserve zu dienen. Mitunter ist es auch möglich, einen Teil der Kesselanlage zu Heizzwecken auszunutzen und etwa überschüssigen Dampf an kleinere Fabriken abzugeben.

Energiewirtschaftliche Gewissenhaftigkeit. Dieser Abschnitt soll nicht geschlossen werden, ohne nochmals darauf hinzuweisen, wie wichtig es heute und in Zukunft ist, sich und andere zu größter Gewissenhaftigkeit im Haushalten mit der verfügbaren Energie zu erziehen. Wer eine Gasflamme oder eine elektrische Lampe unachtsam brennen läßt, wer mehr Wasser entnimmt als gebraucht wird, wer eine Werkzeugmaschine leer laufen läßt, wer fahrlässig Ausschuß gießt — jeder einzelne vergeudet, bestiehlt das Werk, bestiehlt die Allgemeinheit, verschleudert Kraft von der Kraft, die unsere Bergarbeiter tief unter Tage zum Fördern der schwarzen Diamanten in aufreibender, gefahrvoller Arbeit aufwenden, schwächt nicht zuletzt Deutschlands wirtschaftliche Stellung in der Welt.

7. Die Werkstoffe und ihr Zusammenhang mit der Konstruktion

Der Ingenieur muß mit den Eigenschaften und Eigenheiten der technischen Baustoffe genau so vertraut sein, wie ein Künstler mit seinem Instrument oder ein Arzt mit dem menschlichen Körper. Der moderne Maschinenbauer fußt hier fast ausschließlich auf wissenschaftlich gewonnener und zahlenmäßig beherrschter Erkenntnis. Dieses Wissen vermitteln in weitem Umfang die Technischen Hoch- und Mittelschulen.

Aber mit der rein mathematischen Beherrschung dieses Stoffs ist es nicht abgetan. Jeder Ingenieur muß über technisches Gefühl schlechtweg verfügen. Dieses hat seine vornehmste Grundlage vor allem in dem Verständnis für das Verhalten der Baustoffe in der Maschine und während ihrer Herstellung. Die praktische Ausbildung ist besonders geeignet, die ersten festen Grundlagen hierfür durch verständnisvolle Beobachtung des Werkstoffs in der Werkstatt zu schaffen.

Der Ingenieur richtet sein Augenmerk vor allem auf die Festigkeits- und auf die Verarbeitungseigenschaften. Natürlich sind die wissenschaftlichen Grundlagen für diese die Physik und Chemie, aber die Kenntnisse des Ingenieurs sind eigens für seine Zwecke ausgebaute Sondergebiete derselben. Wissenschaftliche Forschung und praktische Werkstatterfahrung sind dabei in engster Wechselwirkung, sozusagen in ständigem Wettlauf begriffen. Auf einen großen Teil der wichtigeren technologischen Beobachtungen, die ohne wissenschaftliche Instrumente und Verfahren in der Werkstatt zu machen sind, wird bei Besprechung der einzelnen Werkstätten hingewiesen.

Festigkeit. Die Metalle, die im allgemeinen dem Laien als Inbegriff der Festigkeit gelten, zeigen in Wirklichkeit unter Einwirkung von Kräften ganz das gleiche elastische Verhalten, wie etwa Gummi oder Wachs. In den Köpfen der Maschinenbauer erscheinen sie von diesen in nichts verschieden als in der Größe der Formänderungen. Diese sind durchaus meßbar, wenn auch nur selten mit bloßem Auge wahrzunehmen. Und darum ist es so ungemein wichtig für den Maschineningenieur, daß er von vornherein lernt, die sichtbaren Unterschiede im Verhalten der Metalle als Hilfe für die Beurteilung ihrer Festigkeitseigenschaften zu benutzen.

Formänderung. Die Grundeigenschaft aller Körper ist die, daß sie der auf sie einwirkenden Kraft nachgeben. Wenn ich an einen oben befestigten Eisenstab unten Gewichte hänge, so wird er dem Zuge der Gewichte zu folgen trachten und sich verlängern, da sein oberes Ende nicht von der Stelle kann. Gleichzeitig wird er die auf ihn wirkende Kraft weiter übertragen: die Befestigung, an der sein oberes Ende hängt, wird durch sie gleichfalls eine (geringere) Formänderung erfahren. Der Amboß wird durch den Druck des Hammers zusammengedrückt, wenn auch für das Auge unmerklich. Er gibt die Druckkraft weiter an seine Unterlage, die sich gleichfalls etwas deformiert; gerade so, als wenn ich zwei Radiergummi aufeinander lege und auf den obersten drücke: dieser wird seine Form ein wenig ändern und gleichzeitig auf den unteren drücken, was sich dadurch zeigt, daß sich auch dieser (in geringerem Maße) deformiert. Bei Stahl und Eisen geschieht genau dasselbe, nur in weit geringerem Maße. Die Eigenschaften, die diesen Verschiedenheiten Rechnung tragen, nennen wir die Dehnbarkeit und Zusammendrückbarkeit der Körper.

Elastizitätsgrenze. Die Dehnung bleibt bei demselben Körper für dieselbe Kraft praktisch immer dieselbe, wie oft auch der Körper inzwischen
be- und entlastet wurde. Jedesmal, wenn die Last von ihm weicht, nimmt
ein Körper seine ursprüngliche Länge und Form wieder an, vorausgesetzt,
daß die Belastungskraft unter einer gewissen, für jeden Stoff verschiedenen
Höchstgrenze bleibt. Diese sozusagen federnde Eigenschaft eines Körpers
nennt man seine Elastizität, die Grenze der Kraft, bis zu der sie beobachtet wird, die Elastizitätsgrenze (angegeben in kg/cm^2 Querschnitt).

Zerreißversuche. Die physikalische Ursache dieser Erscheinungen liegt
in der Kohäsionskraft der kleinsten Teile, der Moleküle des Körpers. Jeder
Körper stellt sozusagen eine Summe von Einzelkörperchen dar, die untereinander „durch Gummibänder" (die Kohäsionskräfte) verbunden sind.
Wirkt eine Kraft auf ihn ziehend oder drückend, so geben die Gummibänder so lange nach, bis die Gesamtheit ihrer Zug- oder Druckspannungen
mit der angreifenden äußeren Kraft „im Gleichgewicht", d. h. ihr gleich
ist. Ist die äußere Kraft größer als die Gesamtheit der Kohäsionskräfte,
so tritt zunächst eine dauernde Lagenveränderung der Teilchen zueinander
ein. Wächst sie immer weiter, so führt sie zur gänzlichen Lösung des Zusammenhangs: der Körper wird zerstört, zerreißt oder „geht zu Bruch".
Die Technik stellt mit allen Baustoffen als Probe ihrer Festigkeit Druck-
und hauptsächlich Zugversuche an, sogenannte Zerreißversuche. Hierbei
werden Stäbe von bestimmter Form aus dem zu untersuchenden Stoff hergestellt und mittels einer oft hydraulisch betriebenen Zerreißmaschine
oder ähnlichem zerrissen. Dabei gibt die Maschine, vielfach automatisch,
die Anzahl Kilogramm Belastung an, bei der der „Bruch" erfolgt. Diese
Zahl, auf den Querschnitt des Probestabes in kg/cm^2 bezogen, heißt die
„Festigkeit" des Stoffes („auf Zug" oder „auf Druck") und bildet die wichtigste Grundlage für den Konstrukteur.

Zähigkeit, Sprödigkeit. Natürlich kann man an derselben Prüfungs-
maschine auch die bei jeder Belastung eintretende Längenänderung: die
„zugehörige Dehnung" des Stabes, ablesen. Hierbei ergibt sich, daß nicht
nur, wie schon erwähnt, die einzelnen Stoffe sich je Kilogramm Zugkraft
verschieden stark dehnen — auch die gesamte Längenänderung, deren sie
fähig sind, bis sie zerreißen oder zerbrechen, ist verschieden. Es sind also
nicht diejenigen Körper die schwächsten, die sich am meisten dehnen.
Jeder weiß, daß zwischen einer Damaszenerklinge und einem Rohrstock
ein gewaltiger Festigkeitsunterschied besteht, trotzdem sie etwa gleich bieg-
sam sind. In dieser Beobachtung beruht unser Urteil über die „Zähigkeit"
oder „Sprödigkeit" der Materialien. Ein sprödes Material ist nicht imstande, die zerstörende Einwirkung einer plötzlich auftretenden Kraft

durch nachgiebige Formänderung aufzufangen; es bricht leicht bei Stößen und Rucken. Das zähe Material gibt nach und nimmt nach Verschwinden der Kraftwirkung federnd seine vorherige Länge oder Gestalt wieder an. Es ist klar, daß diese Eigenschaft für den Maschinenbauer sehr erwünscht ist. Die normal verlaufenden Kraftwirkungen kann er ja rechnerisch beherrschen. Bei den meist zufällig auftretenden Stößen und Rucken muß er sich aber auf die Zähigkeit seines Baustoffs verlassen, da ihre rechnerische und konstruktive Berücksichtigung schwierig ist.

Härte. Alle die bisher besprochenen Festigkeitseigenschaften beziehen sich auf das Verhalten des Körpers als eines Ganzen gegenüber der Einwirkung äußerer Kräfte. Nicht minder wichtig ist der Widerstand, den die Oberfläche eines Gegenstandes dem Eindringen eines anderen in sie, dem Ritzen, Schneiden oder Einbeulen, entgegenstellt. Wir sprechen da von der „Härte" eines Körpers. Für den Grad der Härte einer Oberfläche gibt es nicht so leicht festlegbare Maße. Wir können sie nicht, wie die Festigkeit, in kg/cm^2 Querschnitt ausdrücken. Ein Urteilsmaßstab ist der Durchmesser der kreisrunden Einbeulung, die entsteht, wenn eine sehr harte Kugel von bestimmtem Gewicht und bestimmtem Durchmesser aus bestimmter Höhe auf die Oberfläche fällt oder mit bestimmtem Druck auf sie gepreßt wird (Kugeldruckprobe). Bekannt ist ferner die „Härteskala": Ein Körper ist härter als ein anderer, wenn er ihn ritzen oder schneiden kann. Dies ist vor allem für die Bearbeitung der Maschinenteile in der Werkstatt wichtig. Ich kann Eisen nur mit hartem Stahl, gehärteten Stahl nur mittels Schleifsteinen abdrehen, abschleifen usw. Für den Gebrauchszweck der fertigen Maschinenteile ist dagegen wichtiger ein anderes Maß der Härte. Wir wissen, daß im Maschinenbau das Gleiten zweier benachbarter Teile aufeinander eine wichtiger Rolle spielt. Je härter beide sind, desto länger wird es dauern, bis sich merkliche Abnutzung, „Verschleiß", durch solches Gleiten zeigt. Und zwei harte Körper werde ich unter größerer Belastung aufeinander gleiten lassen dürfen als zwei weiche, ohne befürchten zu müssen, daß die Oberflächen nachgeben, zweckmäßig ausgedrückt: daß ein „Fressen" auftritt. Wie und mit welchen Instrumenten die Härte gemessen wird, muß hier unbesprochen bleiben und ist auch vorläufig ohne Interesse. Natürlich liegen für sämtliche technischen Baustoffe exaktes Versuchsmaterial und genaue Zahlen fest.

Bearbeitbarkeit. Schon die Betrachtung der Härteskala zeigte uns eine technologische Eigenschaft der Metalle: die Möglichkeit, in normalem Zustande Teilchen von ihnen durch Schneiden abzutrennen. Für die Beurteilung dieser Verhältnisse bietet sich ein überreiches Beobachtungsfeld in den mechanischen Werkstätten der Fabrik.

Man nennt diese Eigenschaft der Metalle ihre Bearbeitbarkeit.

Je geschmeidiger (dehnbarer) ein Metall ist, um so schwieriger läßt es sich im allgemeinen hobeln, drehen, fräsen; es „schmiert", wie man zu sagen pflegt. Wie aber die Geschmeidigkeit mit wachsender Härte abnimmt, so steigt umgekehrt die Bearbeitbarkeit der Metalle und Legierungen mit der Härte bis zu einem bestimmten Höchstwert. Wird letzterer überschritten, so sinkt die Bearbeitbarkeit wieder.

Sowohl große Geschmeidigkeit als auch große Härte erschweren demnach die Bearbeitbarkeit.

Schmiedbarkeit. Eine weitere technologische Eigenschaft der Metalle ergibt sich, wenn wir einen Faktor mit in unsere Betrachtung ziehen, den wir bisher stillschweigend außer acht gelassen haben: die Temperatur. Bei zunehmender Temperatur nimmt im allgemeinen die Festigkeit der Metalle ab. Mit ihr sinkt auch die Elastizitätsgrenze. Es wird daher beim warmen Metall mit Leichtigkeit möglich, durch Pressen, Hämmern, Ziehen oder Walzen dauernde Formänderungen hervorzubringen. Diese Eigenschaft der Schmiedbarkeit besitzen die Metalle, vor allem Stahl, natürlich auch im kalten Zustand. Nur erfordert in diesem die Erzielung einer dauernden Formänderung einen sehr großen Kraftaufwand, der kostspielig ist. Man kommt billiger fort, wenn man Stahl im heißen, glühenden Zustande schmiedet, walzt usw. Wir vermindern die aufzuwendende mechanische Formänderungsarbeit, wenn wir Arbeit in Form von Wärme mit zu Hilfe nehmen. Außerdem wirkt eine starke Bearbeitung im kalten Zustand häufig nachteilig auf die Güte des Erzeugnisses.

Gießbarkeit. Geht man mit der Erwärmung so weit, daß der Schmelzpunkt des Metalls überschritten wird, so tritt schließlich völliges Flüssigwerden ein. Man kann dann den Metallen durch Gießen in Formen jede gewünschte, beliebig verwickelte Form verleihen. Die Eignung der Metalle und insbesondere der verschiedenen Eisensorten zum Guß ist sehr verschieden. Maßgebend sind der Grad der Zäh- oder Dünnflüssigkeit, die Temperatur, die zu ihrer Erreichung zu erzielen ist, das Zusammenschrumpfen des erkaltenden Körpers, das Schwinden, und seine Festigkeitseigenschaften in kaltem Zustand. Aus allen diesen Rücksichten setzt sich das Urteil über die technologische Eigenschaft der Gießbarkeit zusammen.

Metallographie, Materialprüfung. Die eben kurz angedeuteten und alle weiteren Eigenschaften der Werkstoffe sind in mühevoller wissenschaftlicher Arbeit untersucht. Dabei ist die Metallographie, die den Aufbau und das Verhalten der Metalle erforscht, zur wichtigen Hilfswissenschaft der Technik geworden. Jedoch ist es mit der allgemeinen Kenntnis der häufigsten Baustoffe oder mit dem Auffinden noch besserer Legierungen, als sie heute verwandt werden, noch nicht getan. Die Maschinenfabrik braucht eine ständige laufende Aufsicht über die gerade in den Werkstätten verarbeiteten Werkstoffmengen. Sowohl bei Erzeugung von Gußeisen in der eigenen Gießerei wie auch besonders beim auswärtigen Bezug von Stahl in irgendwelcher Form ist der Betriebsleiter nie ganz sicher, ob die Abstiche des Gießofens oder die Lieferungen so ausfallen, wie es entsprechend dem Verwendungszweck bestellt war. Deshalb werden oft an den Gußteilen Probestäbe mit angegossen, die man hernach abschlägt und für sich untersuchen kann. Große Werke unterhalten für die laufende Überwachung ihrer Rohstoffe eigene Laboratorien, die die Materialprüfung vornehmen. Es leuchtet ein, daß diese Kontrolle um so wichtiger ist, je höhere Beanspruchungen man den Maschinenteilen zumuten muß. Daher nimmt die Materialprüfung zum Beispiel im Automobilbau, wo nur allerbeste Werkstoffsorten Verwendung finden, eine besonders wichtige Stellung ein (L 37; 89).

Es ist ja wohl selbstverständlich, daß jeder Ingenieur nicht nur als Konstrukteur mit der Gesamtheit aller Eigenschaften der Werkstoffe vertraut sein muß, wenn seine Erzeugnisse ihren Verwendungszweck nicht nur erfüllen, sondern auch billig und einfach herstellbar sein sollen. Schon in der praktischen Ausbildung sind die Grundzüge der Technologie, die sich mit der Erzeugung, der Verwendung und der Bearbeitung der Werkstoffe befaßt, erforderlich, darum nehme sich der Praktikant in seinen Mußestunden gelegentlich ein Buch zur Hand, um wenigstens das Wichtigste über diese Dinge kennenzulernen. In dem engen Rahmen dieses Buches ist es nur möglich, ganz kurze Andeutungen zu geben (L 34; 35).

Eisen und Stahl

Das Eisen nimmt unter den maschinentechnischen Baustoffen die weitaus wichtigste Stelle ein. Fast alle Maschinen bestehen zum größten Teil aus diesem Baustoff.

Kohlenstoffgehalt. Der Stoff, den der Techniker Eisen nennt, ist aber niemals chemisch reines Eisen, sondern stets eine Legierung von Eisen mit mannigfachen Bestandteilen, unter denen der wichtigste der Kohlenstoff ist. Alle unsere technischen Eisen- (und Stahl-)sorten sind hiernach in der Hauptsache Eisenkohlenstofflegierungen. Dabei kann der Prozentgehalt an Kohlenstoff sehr verschieden sein, und von seiner Größe hängen die Güte, Schmelzpunkt, Schmiedbarkeit, Bearbeitbarkeit in kaltem Zustand usw. ab. Beim Erstarren durchläuft jede Eisenkohlenstofflegierung bestimmte Punkte, an denen Änderungen im Aufbau und dem äußeren Verhalten eintreten. Diese Punkte, für recht viele Legierungen mit stets anderem Kohlenstoffgehalt aufgezeichnet, liefern das berühmte Erstarrungsschaubild oder „Eisenkohlenstoffdiagramm", das für den Eisenhüttenmann grundlegend und für den Maschinenbauer notwendig ist zum Verständnis der Eisen- und Stahlsorten (L 36). Weiterhin kommen noch, teils als Verunreinigungen, teils absichtlich zugesetzt, eine ganze Anzahl anderer Stoffe (Mangan, Silizium, Phosphor, Schwefel u. a.) vor. Eine besondere Gruppe bilden wieder die mit bestimmten Stoffen (Nickel, Chrom, Wolfram, Kobalt, Vanadium, Molybdän u. a.) legierten Eisenkohlenstofflegierungen, die in der Hauptsache als Edel- oder Sonderstähle für Werkzeuge oder für besonders hoch beanspruchte Konstruktionsteile Verwendung finden.

Erzeugung. Zur Herstellung von Eisen und Stahl werden zunächst Eisenerze in hohen Schachtöfen, den Hochöfen, mittels großer Mengen Koks geschmolzen, wobei für die chemischen Reaktionen Beigaben, wie Kalkstein, zugefügt werden. Art und Menge der Beigaben, die „Zuschläge", werden sorgfältig je nach der vorliegenden Erzsorte bestimmt, denn von ihnen hängt es ab, wie der Schmelzvorgang verläuft und was für ein Roheisen man beim „Abstechen" des Hochofens in flüssigem Zustand gewinnt. Mit Rücksicht auf die gewaltigen Mengen von Erz, Koks und Zuschlägen, die laufend gebraucht werden, liegen die Hochöfen meistens so, daß zur Ersparnis von Transportkosten wenigstens der eine Rohstoff in der Nähe gewonnen wird. Daher befinden sich in Deutschland die Eisenhütten fast alle dicht bei den Kohlenzechen. Außer dem gewünschten Roheisen liefert der Hochofen zwei Nebenerzeugnisse, Gichtgas und Schlacke, die teils in Kraftzentralen nutzbar gemacht werden, teils nach einer Weiterverarbeitung verkauft werden können.

Das Erzeugnis des Hochofens, das Roheisen, kann nun auf zwei Arten in die Maschinenindustrie gelangen: entweder wird es nochmals umgeschmolzen und von den unerwünschten Beimengungen befreit, dann bekommt man Gußeisen (Kupolofen), oder der Prozentgehalt an Kohlenstoff wird nachträglich verringert und ein schmiedbares Erzeugnis,

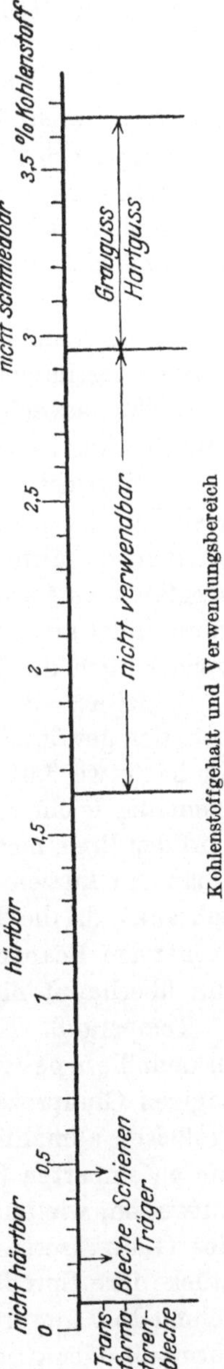

nämlich der Stahl, gewonnen. Auch hierzu ist ein Umschmelzen erforderlich, das man vermeiden kann, wenn das Roheisen noch in flüssigem Zustand in das Stahlwerk kommt. Daher finden wir häufig Hochöfen und Stahlwerk dicht beieinander. Art und Menge der Beigaben sind bei dem Vorgang der Stahlerzeugung besonders wichtig, denn sie müssen ja chemisch so beschaffen sein, daß sie dem Roheisen einen Teil seines Kohlenstoffgehaltes entziehen. Der Stahl wird entweder in einem knetbaren, teigigen Zustand gewonnen (Schweißstahl) oder in flüssigem Zustand (Flußstahl); die letzte Art überwiegt bei weitem. Die Zusammensetzung des Roheisens, besonders seine schädlichen Beigaben, wie hoher Schwefel- oder Phosphorgehalt, bestimmen das Verfahren, das zur Anwendung kommt: Bessemer- oder Thomasverfahren. Will man noch den Vorteil haben, Alteisen, Schrott mit einschmelzen zu können, so findet die Schmelze in Siemens-Martinöfen statt (Martinstahl). Der auf diese Weise gewonnene Stahl ist indessen für viele Zwecke noch nicht rein genug. Zur weiteren Verbesserung seiner Güte werden verhältnismäßig kleine Mengen, etwa 40 kg, in Tiegeln nochmals sorgfältig umgeschmolzen (Tiegelgußstahl). Der letzte Grad von Verfeinerung findet auch oft in elektrischen Öfen statt (Elektrostahl). So entstehen vornehmlich die teuren Sonder- und Edelstähle (L 38; 39).

Gußeisen. Weitaus am häufigsten kommt im allgemeinen Maschinenbau der gewöhnliche Grauguß vor, auch direkt Maschinenguß genannt. Er hat etwa 3,5% Kohlenstoffgehalt. Seine Vorteile sind, daß er verhältnismäßig leicht herzustellen ist, keine Nachbehandlung in Frage kommt und der Preis nicht sehr hoch liegt. Er läßt sich gut bearbeiten, wobei die Späne in kurzen einzelnen Brocken anfallen. Seine Verwendung ist beschränkt, da die Teile aus Grauguß ziemlich spröde sind und insbesondere stoßartige Beanspruchungen nicht lange ertragen. Schmieden kann man ihn überhaupt nicht (L 40).

Temperguß. Eine Möglichkeit der Veredelung von Gußeisen liegt in dem Temperverfahren. Die Graugußteile werden dabei einem mehrtägigen Glühprozeß unterworfen. Sie sind von Stoffen umgeben, die dem Gußeisen allmählich einen Teil des Kohlenstoffgehaltes entziehen, so daß die getemperten Stücke eine von außen nach innen wechselnde Struktur aufweisen, wie an einer Bruchfläche deutlich sichtbar wird. Das Ergebnis des Glühprozesses in der kohlenstoffarmen Umgebung ist, daß die Gußstücke ihre Sprödigkeit verloren haben, außen zäh, hämmerbar und etwas schmiedbar geworden sind. Der Temperguß ist daher ein Ersatz für Stahlformguß oder geschmiedete Teile, wo diese Verfahren zu teuer wären. Er kommt hauptsächlich für kleine Abmessungen in Frage, für Schlüssel, Beschläge u. dgl. (L 42).

Hartguß. Die Gußeisensorten werden jeweils entsprechend dem vorliegenden Verwendungszweck ausgesucht. Durch Wahl von bestimmten Mengen der Stoffe: Silizium, Mangan, Phosphor und Schwefel, lassen sich die gewünschten Eigenschaften erzielen, hitzebeständiges Gußeisen, säure- oder laugenfestes Gußeisen (für chemische Behälter oder Rohre) oder sehr dünnflüssiges Gußeisen für Kunstguß. Ist eine besonders harte Oberfläche erforderlich, so bewirkt man an den betreffenden Stellen eine schnellere Abkühlung, als normalerweise in der Form vor sich geht. Man nimmt dem Gußeisen dort die Möglichkeit, dieselben Umwandlungen seiner Struktur durchzumachen. Es wird daher außen hart, während innen ein genügend zäher Kern bleibt. Statt der üblichen Sandform nimmt man einen Stoff, der die Wärme schneller ableitet, man gießt nämlich in meist zylindrische eiserne Kokillen. So entsteht der Hartguß, wegen der Gestalt der Teile auch Schalenguß genannt. Anwendung: z. B. Walzen.

Elektroguß. Will man eine recht große Gleichmäßigkeit des Gußeisens und wenig Schlacken erzielen, so schmilzt man im elektrischen Ofen, Elektroguß, doch ist diese Form bei uns erst wenig verbreitet.

Gattieren. Die Kunst des Gießereiingenieurs besteht nun darin, entsprechend dem gewünschten Erzeugnis jeweils die genau bestimmten Mengen Roheisen so zu mischen, daß der Kupolofen eine innerlich gleichartige, homogene Sorte Gußeisen abgeben kann. Dieses richtige Mischen der passenden Roheisenqualitäten heißt Gattieren. Es ist eine Kunst im wahren Sinne des Wortes; reiche Erfahrungen im Gießen sind dazu erforderlich.

Stähle. Eine große Mannigfaltigkeit haben wir in den Stahlsorten. Da sie für den Maschinenbau sämtlich von Wichtigkeit sind und ihre Verwendung ständig zunimmt, müssen wir uns mit ihnen hier wenigstens in großen Zügen befassen.

Unlegierte Stähle. Diejenigen Sorten, welche neben dem Eisen nur Kohlenstoff enthalten, bezeichnet man heute als unlegierte Stähle. Im Gegensatz dazu enthalten die legierten Stähle in verschieden starkem Maße Metalle, wie Nickel, Mangan, Chrom, Wolfram usw. Die unlegierten Stähle oder die Baustähle lassen sich wieder unterscheiden in normale und in solche zum Einsetzen und Vergüten. Aus den erstgenannten entstehen alle Maschinenteile mit mittleren Beanspruchungen sowie die Walzerzeugnisse, Stangen, Träger, Bleche und Draht. Die Einsatz- und Vergütungsstähle gestatten eine Nachbehandlung mittels Wärme, wodurch den Werkstücken wertvolle Eigenschaften verliehen werden, die bei normalen Baustählen fehlen. Einige Arten der Nachbehandlung mögen kurz beschrieben werden.

Härten. Wird ein Stahl geeigneter Zusammensetzung auf helle Rotglut gebracht und anschließend in eine kalte Flüssigkeit getaucht, so nimmt seine Oberfläche die Härte von Glas an. Durch die kalte Umgebung wird die Möglichkeit genommen, das normale Gefüge entstehen zu lassen; es bildet sich ein Bestandteil, der dem Stahl eine außerordentliche Härte verleiht. Als Flüssigkeit, in der die Teile zum „Abschrecken" hin und her bewegt werden, dient Wasser, und bei den besten Stahlsorten, ferner bei großen Abmessungen Öl oder ein Kaltluftstrahl (L 31).

Anlassen. Die so erzeugte Härte ist meist mit einer unzulässigen Sprödigkeit verbunden, weshalb man durch ein geringes Erhitzen wieder einen Teil der Härte nimmt. Das nachträgliche Warmmachen nennt man Anlassen. Der Praktikant kann leicht folgenden Versuch machen: Ein Stück Stahl, etwa 8—10 mm im Durchmesser, wird zu einem Schraubenzieher ausgeschmiedet. Die Spitze sauber fertig feilen, auf etwa 30 mm glühend machen und rasch in Wasser abschrecken. Einige Minuten im Wasser bewegen, dann an der Schneide mit Schmirgelleinen (die Feile greift nicht mehr an!) blank machen. Die Spitze langsam warm machen und beobachten. An den blanken Stellen treten verschiedene Anlaßfarben auf; wenn die Spitze blau aussieht, wieder in Wasser abkühlen. Oft sind bei gehärteten Teilen die Anlaßfarben nicht zu sehen; dies liegt daran, daß Härten und Anlassen, besonders bei Massenartikeln, wie Bohrern, in Bädern, z. B. Salzbädern, von gleichbleibender Temperatur erfolgen, wo wegen des Luftabschlusses keine Farben durch oberflächliche Oxydation entstehen können.

Einsatzhärtung. Eine besondere Form ist die Einsatzhärtung. Werkstücke aus kohlenstoffarmen Stählen werden mit kohlenstoffabgebenden Mitteln, wie Holzkohle und Bariumkarbonat, in Töpfe gepackt und geglüht. Die Außenschichten der Stücke nehmen Kohlenstoff auf, so daß hernach eine Härtung mit Abschrecken vorgenommen werden kann. Stellen, die weich bleiben sollen, schützt man mittels Lehm. Das Einsatzhärten eignet sich besonders für stoßartig beanspruchte Werkstücke, z. B. Zahnräder, deren Zähne verschleißfest sein sollen bei einem zähen, weichen Kern. Für weitere Härteverfahren reicht hier nicht der Platz.

Vergüten. Unter Vergüten versteht man eine Wärmebehandlung, die keine Härte der Oberfläche, sondern eine allgemeine Zähigkeit bezweckt. Man läßt dazu die Werkstücke nach dem Abschrecken etwa bei dunkler Rotglut an. Für Teile mit Dauerbeanspruchung sehr vorteilhaft.

Legierte Stähle. Die legierten Stähle besitzen, allgemein gesagt, alle Eigenschaften der unlegierten, ferner je nach ihrer Zusammensetzung weitere, die diesen fehlen, Widerstandsfähigkeit gegen Rost und Säuren oder besonders große Härte. Für die Legierung kommen in Betracht: Silizium, Nickel, Kupfer, Chrom, Mangan, Wolfram, Molybdän und Vanadium. Bemerkenswert ist, daß der Stahl an Wert zunimmt, wenn nicht eins der genannten Metalle, sondern deren zwei enthalten sind. Die Auswahl im einzelnen würde hier zu weit führen; meist handelt es sich um Sonderfälle höchster Beanspruchung, z. B. bei Dampfkesseln, Automobilbauteilen oder Kugellagern. Für die Werkzeuge sind jene Legierungen wichtig, die noch bei Warmwerden ihre volle Schneidfähigkeit behalten.

Naturharte Stähle. Unter Namen, wie Stellit, Akrit sind Sorten in Gebrauch, die neben den obengenannten Metallen in hohem Prozentsatz noch Kobalt enthalten. Der Gehalt an Eisen ist bei diesen sehr gering. Bei den naturharten Stählen findet kein Abschrecken statt, sie erstarren vielmehr nach dem Gießen bereits in glashartem Zustand. Wegen des hohen Preises findet man keine Drehwerkzeuge od. dgl., die aus ihnen hergestellt sind, vielmehr werden nur kleine Plättchen dieser hochwertigen Legierungen auf Werkzeuge geringerer Qualität aufgeschweißt. Da die Verwendung der legierten Stähle im Zunehmen begriffen ist, kann das Studium einführender Bücher darüber nur warm empfohlen werden.

Kupfer

Vorteile des Kupfers sind seine Beständigkeit gegen äußere Einflüsse (kein Rost!), seine große Zähigkeit, die ein Biegen oder Pressen in schwierige Formen gestattet, und seine hohe elektrische Leitfähigkeit. Dagegen ist es mit schneidenden Werkzeugen schwer zu bearbeiten, da es stark schmiert.

In Deutschland kommen nur wenig Kupfererze vor; fast der gesamte Bedarf muß (vor allem aus Amerika) eingeführt werden. Meist wird verlangt, daß das Kupfer sehr rein ist (über 99,9%). Es wird daher elektrolytisch raffiniert (Raffinade-Kupfer).

Im Maschinenbau kommen nicht sehr große Mengen von reinem Kupfer vor. Vornehmlich in Form von Rohren ist es bei Schmier- und Kühlleitungen zu finden. Die Elektrotechnik dagegen braucht den weitaus größten Teil, da beinahe alle Leitungen in den elektrischen Maschinen und den Verteilungsnetzen daraus bestehen. In starkem Maße ist Kupfer bei einigen Legierungen (s. S. 54 u. 55) vertreten.

Zinn und Zink

Zinn und Zink werden als Konstruktionswerkstoffe verhältnismäßig wenig benutzt. Eine bedeutende Rolle spielen sie aber als metallische Überzüge zum Oberflächenschutz. Teile, die vor zersetzenden Einflüssen (der freien Luft, chemischer Dämpfe) geschützt sein sollen, taucht man in ein Bad flüssigen Zinks (Feuerverzinkung). Alle elektrischen Drähte, die eine Gummihülle erhalten sollen, werden vorher verzinnt. Als reine Metalle werden Zinn und Zink in größerem Maßstabe vom Baugewerbe gebraucht. Ähnlich wie Kupfer spielen sie aber für den Maschinenbau eine wichtige Rolle als Bestandteile von Legierungen.

Bronze

Unter Bronze versteht man Legierungen mit den Bestandteilen Kupfer und Zinn. Trotz ihres hohen Preises wird Bronze vorteilhaft dort angewendet, wo es auf Härte, Festigkeit, Widerstandsfähigkeit gegen Zersetzung und gute Bearbeitbarkeit ankommt. Wir finden sie daher viel in Armaturen, wie kleinen Ventilen, Schiebern und Hähnen, ebenfalls häufig in Lagern. Die Gießbarkeit wird durch einen Zusatz von Zink zur Bronze erhöht; diese Legierungen werden vielfach Rotguß genannt.

Messing

Billiger und weiter verbreitet als Bronze sind die Legierungen, die hauptsächlich aus Kupfer und Zink bestehen: Messing und Gelbguß. In kaltem Zustand läßt sich Messing sogar besser verarbeiten (ziehen und pressen) als Bronze. Es wird ebenfalls für Maschinenteile angewendet, die hohe Festigkeit mit Beständigkeit verbinden sollen. In Rohrleitungsarmaturen, Pumpen und Turbinen kommt es daher in hohem Maße vor. Bedeutend ist auch seine Verbreitung in Form von allerlei Beschlägen im Waggonbau. Bei reichlichem Kupfergehalt nennt man die Legierung meist Tombak.

Leichtmetalle

Unter dem Begriff Leichtmetall werden Aluminium und Magnesium zusammengefaßt. Wegen ihres geringen spezifischen Gewichtes (etwa $^1/_3$ bis $^1/_4$ von Stahl) entstand ihre technische Verwertung aus den Bedürfnissen des Luftschiff- und Flugzeugbaues. Heute werden aus Leichtmetall aber bereits ganze Waggons oder deren Drehgestelle, ferner Gehäuse in den Fällen gebaut, wo durch das verringerte Gewicht wirtschaftliche Vorteile (z. B. bei Transportkosten) entstehen und die Mehrkosten der Aluminium- oder Magnesiumlegierungen aufgewogen werden.

Da die reinen Metalle manche Nachteile aufweisen, werden meist Legierungen mit mehr oder weniger Kupfer, Zink, Mangan, Silizium und Eisen in Anwendung gebracht (Elektron). Da immer bessere Legierungen auf den Markt kommen und der Aluminiumpreis langsam sinkt, ist anzunehmen, daß die Leichtmetallegierungen noch mal eine außerordentlich wichtige Rolle auch im Maschinenbau spielen werden. Bemerkenswert ist die Tatsache, daß viele Leichtmetallegierungen eine Veredelung erfahren, wenn man sie nach dem Abschrecken längere Zeit frei liegen läßt (Altern).

Besondere Legierungen

Die Fülle der Legierungen überhaupt ist so groß, daß hier nur die wichtigsten Gruppen genannt werden konnten. Die bewährten Zusammensetzungen sind vereinheitlicht, so daß Verbraucher und Fabrikant heute nach den festgelegten Lieferbedingungen bestellen können, ohne befürchten zu müssen, daß sie überall eine verschiedene Legierung unter anscheinend gleichem Namen bekommen. Einige häufiger vorkommende Legierungen seien hier noch hervorgehoben:

Aluminiumbronze: Hauptsächlich Kupfer mit etwas Aluminium. Sehr fest und hart, gut zum Walzen und Ziehen geeignet. Für Bleche, Stangen, Schmiedestücke.

Weißmetalle: Auch Lagermetall genannt wegen ihrer Verwendung hauptsächlich zum Ausgießen von erneuerungsbedürftigen Lagerschalen. Bestandteile: Zinn, Kupfer, Antimon, Blei, auch Zink. Wegen des schon erwähnten hohen Zinnpreises nimmt die Bedeutung der bleihaltigen Lagermetalle (z. B. Thermit) zu.

Monelmetall: Hauptsächlich Nickel und Kupfer, etwas Eisen und Mangan. Sehr geeignet für Guß von Teilen, die überhitztem Dampf ausgesetzt sind.

Holz

An den eigentlichen Maschinen kommt Holz als Baustoff kaum vor. In den Nebenzweigen des allgemeinen Maschinenbaues und in manchen Sonderfällen nimmt es eine bedeutende Stellung ein. In der Modelltischlerei entstehen die ständig gebrauchten Modelle für die Gießereien. Der Modelltischler muß die Eigenschaften der verschiedenen Hölzer genau kennen, um danach die Auswahl für ein Modell richtig zu treffen.

Jeder Holzstamm besitzt in der Regel zwei Sorten Holz: Kern- und Splintholz. Kernholz oder das aus der Mitte eines Stammes entnommene Holz besitzt größere Festigkeit, Härte und dunklere Farbe als das weichere und hellere Splintholz, das an den Außenseiten eines Stammes liegt. Bei den Modellen ist durch richtige Lage der Hölzer zueinander dafür zu sorgen, daß das Holz der Modelle durch Feuchtigkeit nicht quillt oder sich verzieht, denn dann fielen ja die Gußstücke nicht gleichmäßig aus.

Es werden fast alle deutschen Holzarten verarbeitet, z. T. auch ausländische. Immer mehr kommt das Sperrholz in Anwendung, das sind dünne Schichten Holz, die in verschiedener Faserrichtung sorgfältig miteinander zu Tafeln und Platten verleimt sind. Hinsichtlich seiner Festigkeit ist das Sperrholz sehr vorteilhaft.

Große Mengen Holz werden vom Waggonbau, den Schiffswerften und manchen Spezialwerken verbraucht, zu schweigen von der umfangreichen reinen Holzindustrie und dem Baugewerbe.

Die äußeren Erkennungszeichen der verschiedenen Holzsorten lernt der Praktikant am besten bei der praktischen Arbeit in der Modelltischlerei, unter Leitung eines erfahrenen Modelltischlers, kennen.

Die Einwirkung der Faserrichtung auf das Werfen, die Kunstgriffe, das Werfen durch Verleimung von Hölzern mit verschiedenen Faserrichtungen zu verhindern usw., bilden ebenfalls ein Erfahrungsmaterial, dessen Kenntnis sich der Praktikant am besten in der Werkstatt selbst aneignet.

Leder

Leder wird im Maschinenbau in Scheibenform (als Dichtung zwischen Rohren und unter Deckeln), in Form von gepreßten Stulpen (als Stopfbuchsdichtung, z. B. für Hochdruckpumpen) und vor allem als Treibriemen verwendet. Trotzdem es als Kraftübertragungsmittel eigentlich im Reiche der Metalle und des Eisens an sich fremdartig anmutet, hat man doch bis jetzt einen allgemeinen Ersatz für Ledertreibriemen nicht gefunden, da kein anderer Stoff die Vorteile der Dehnbarkeit, Geschmeidigkeit, des Haftens, einer gewissen Unempfindlichkeit gegen feuchte oder unreine Luft, leichten Auswechselns, leichten Auflegens und leichten Zusammenflickens sowie der verhältnismäßigen Unempfindlichkeit gegen geringe Montage-Ungenauigkeiten zu einem so hohen Grade in sich vereinigt.

Der Wert und die Übertragungskraft eines Riemens hängt außer von Herkunft, Rasse, Geschlecht, Alter und Beschaffenheit des Rindes besonders von der Gerbung und Zurichtung der Haut ab (Chromleder). Der Praktikant lasse sich hierüber einmal vom Sattler einen kleinen Anschauungsunterricht geben, der sich auch auf die Merkmale für Fleischseite und Haarseite, auf die Gründe für Aufbringung möglichst der Fleischseite auf die Scheibe, auf die Leimung sowie vor allem auf die sonstigen Endverbindungen, auf die Kunstgriffe zum Auflegen und Abnehmen und auf die Reinigung und Pflege der Riemen erstrecken sollte. Wie werden die Riemen verbunden: geleimt, genäht oder mittels Drahtklammern?

Elektrische Isolierstoffe

Für den Bau elektrischer Maschinen ist die Frage der Isolierstoffe eine Lebensfrage. Ein guter Isolierstoff muß folgende Eigenschaften besitzen:

Festigkeit gegen elektrische Durchschläge,
hohe Isolation an der Oberfläche (keine Oberflächenleitung; Einfluß
von Schmutzablagerung!),
Festigkeit gegen mechanische und chemische Beanspruchung,
Dichtigkeit und gleichmäßige Struktur,
Hitzebeständigkeit und
lange Lebensdauer ohne Alterungserscheinungen.

Neben den bekannten Stoffen Glas, Porzellan, Glimmer, Marmor und Hartgummi sind Hartpapier und ähnlich aufgebaute Erzeugnisse, wie Preßspan, neuerdings viel verbreitet. Sie enthalten zwischen den Papierschichten Kunstharze (z. B. Bakelite). Wichtig ist die gänzliche Vermeidung von eingeschlossenen Luftblasen bei der Herstellung dieser Isolierstoffe, da sonst die Durchschlagsfestigkeit erheblich sinkt.

Immer mehr macht sich das Bestreben geltend, in elektrischen Geräten, besonders solchen für Laienbedienung, Metall nur für die stromführenden Teile zu verwenden und die Tragkonstruktion aus Isolierstoffen herzustellen. Hierdurch werden Unfälle durch Berührung blanker stromführender Teile weitgehendst vermieden. Als Werkstoff kommen hierfür Preßmassen in Frage, die unter sehr hohem Druck in die verlangten Formen gepreßt werden. Eine Nachbearbeitung ist nicht erforderlich. Einige Namen solcher „Preßstoffe" sind: Tenacit, Fulgurit, Resiform, Trolit, Gummon, Hares, Resistan, Heliosit, Eshalit. Die Qualität der Preßstoffe wird laufend von Prüfämtern überwacht, und Firmen, die ein derartiges Erzeugnis herstellen, versehen es mit dem abgebildeten Zeichen.

Von größter Wichtigkeit für Transformatoren, Anlasser und Schalter ist Öl als Isoliermittel.

Die für den Maschinenbau und die Elektrotechnik in Frage kommenden Werkstoffe sind mit der kurzen Übersicht keineswegs alle genannt. Es sollten ja auch nur Anregungen gegeben werden, nach denen der Praktikant nun selbständig in der Werkstatt lernen soll und einschlägige Bücher zur eingehenden Unterrichtung benutzen kann. Man denke nur an die Wärmeisoliermittel, die Schleifmittel (Schmirgel und Karborund), Beton für Maschinenfundamente, Chemikalien (z. B. Trichloräthylen) zum Reinigen und Entfetten und die vielen gebräuchlichen Schmiermittel! Sie alle spielen in den heutigen Werken eine mehr oder weniger große Rolle, ohne daß sie hier eine entsprechende Berücksichtigung finden könnten.

Halbfabrikate. Nicht nur mit den reinen Rohstoffen, auch mit den Halbfabrikaten hat der Maschinenbauer zu rechnen. Man versteht unter Halbfabrikaten Rohstoffe, die schon in festliegende Abmessungen gebracht sind, an sich jedoch noch nicht fertige Maschinenteile darstellen. Man rechnet hierzu vor allem: Profilierte Schienen und Träger, Drähte, Bleche und Rohre. Diese bezieht die Maschinenfabrik fertig von den meist mit den Hütten unmittelbar verbundenen Walzwerken.

Es liegt also hier weitgehende Arbeitsteilung vor zwischen Maschinenfabrik einerseits und Hütte und Walzwerk andererseits. Die Herstellung derartiger Halbfabrikate kann nur mit Hilfe gewaltigen Aufwandes an Maschinenkraft vor sich gehen, es handle sich denn um ganz dünne Drähte und Bleche, für deren Erzeugung wiederum besonders feine Maschinen und geschulte Bedienungsmannschaft erforderlich sind. Nur wenige Großfirmen verbrauchen laufend soviel Halbfabrikate, auch Halbzeug genannt, daß sie die Leistungsfähigkeit eines Walzwerkes ganz in Anspruch nehmen.

Liefert ein Walzwerk für eine große Zahl von Abnehmern, so ist eine typische Erscheinung der Massenfabrikation unausbleiblich: die Festlegung bestimmter Abmessungen, die Normung. Hier ist sie insbesondere noch durch die außerordentliche Kostspieligkeit der erzeugenden Maschinen bedingt, welche für jede Änderung des Erzeugnisses besondere Vorrichtungen, bestimmte Walzen, Lehren usw. brauchen.

Normalprofile. Die Normung der Halbfabrikate ist erfreulicherweise für Deutschland im „Deutschen Normalprofilbuch für Walzeisen" festgelegt gewesen, lange bevor die Vereinheitlichung auf anderen Gebieten systematisch einsetzte.

Es mögen an dieser Stelle die Hauptformen und Benennungen der profilierten Erzeugnisse kurz Erwähnung finden. Benannt werden die Profileisen stets nach der Form des Querschnittes (Profils), wobei der Vergleich desselben mit den römischen Buchstaben üblich ist.

Die Hauptprofile sind:

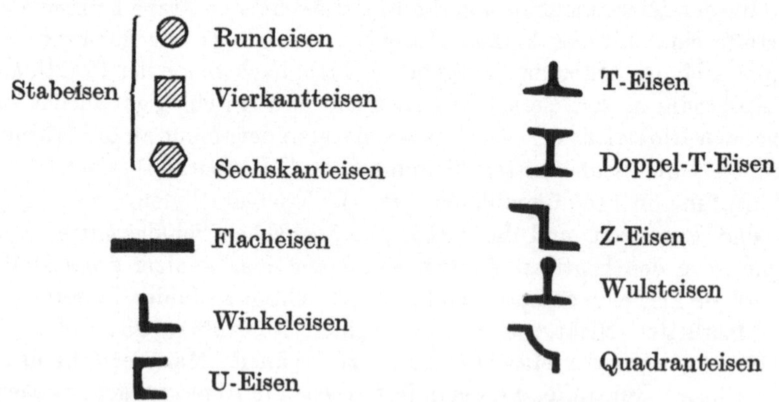

Obwohl heute alles schmiedbare Eisen als Stahl bezeichnet wird, sind bei den Profilen vorläufig die Ausdrücke Flach„eisen" usw. beibehalten worden.

Die in den vorstehenden Andeutungen senkrechten Erstreckungen der Profileisen heißen Stege, die waagerechten Flanschen.

Alle Behandlungen zur Erzeugung profilierter Schienen und Träger, Bleche und Drähte beruhen auf der Schmiedbarkeit. Es kommen also nur die schmiedbaren Metallegierungen für die Verarbeitung in Halbfabrikate in Betracht.

Walzen. Der hauptsächlich angewandte Erzeugungsweg ist das Walzen. Es gehört zu denjenigen technischen Vorgängen, die durch ihren hohen künstlerischen Reiz und die eindrucksvolle Entfaltung riesiger Kräfte auch Kreisen bekannt sind, die dem Maschinenbau sonst fernstehen. Die technologischen Kenntnisse über das Walzen zu bringen, ist nicht Aufgabe dieses Buches; hier sei nur bemerkt, daß durch Walzen mit dem nachhaltigen Durchkneten der Stoffe eine wesentliche Verbesserung ihrer Festigkeitseigenschaften eintritt.

Längsziehen. Nicht weniger veredelnd wirkt auf den Werkstoff das Ziehen. Vorgewalzte Stäbe werden durch konisch verengte Löcher in gehärteten Stahlscheiben (Zieheisen) mit Zangen hindurchgezerrt. Auf jedem Zieheisen sitzen eine Anzahl Löcher (nicht immer runder, auch kantiger), deren jedes enger ist als das vorhergehende. Je nach der Gestalt des endgültig erreichten Querschnitts sind die Erzeugnisse stab-, draht- oder rohrförmig.

Fertigfabrikate. An Rohstoffe und Halbfabrikate reihen sich als fertig für die Maschinenfabrikation zur Verfügung stehende Bauteile eine große Reihe von Fertigfabrikaten. Sie bilden teilweise selbständige kleine Maschinen (Schmierpumpen) und entstehen unter Anwendung sämtlicher maschinenbautechnischer Verfahren.

Nur Massenerzeugnisse werden naturgemäß von Maschinenfabriken fertig „von auswärts" bezogen. Bei diesen bietet der Kauf Vorteile, die groß genug sind, den Maschinenfabrikanten zu veranlassen, Teile der Erzeugung, d. h. Möglichkeiten des Geldverdienens, aus der Hand zu geben. Nur wenige ganz große Werke sind z. B. imstande, sich ihre Schrauben billiger selbst herzustellen, als eine Schraubenfabrik sie ihnen liefert (welche noch daran verdient). Eine Fabrik, die nur Schrauben herstellt, ist gerade so unerreichbar in Schnelligkeit, Güte und Gleichmäßigkeit und trotzdem Billigkeit der Arbeit wie ein Arbeiter, der jahraus, jahrein dasselbe Stück bearbeitet. Beide haben sich die vorteilhaftesten Arbeitswege ausprobiert, beide sind mit den entsprechenden Maschinen versehen und nutzen sie aufs höchste aus. Es ist also ein wohlüberlegtes Rechenexempel und nicht etwa „Bequemlichkeit", wenn die Maschinenfabrik diejenigen Teile fertig von auswärts bezieht, die sie selbst keinesfalls billiger oder zweckentsprechender oder dauerhafter herzustellen vermag.

Maschinenelemente. In erster Linie müssen hier die Schrauben genannt werden. Alle Maschinenelemente zur Herstellung lösbarer Verbindungen, die in großen Mengen gebraucht werden, bezieht man meist fertig von außerhalb: Kopf- und Stiftschrauben, Muttern, Sicherungen gegen das Lösen von Muttern, Splinte, Scheiben, Keile, Paßfedern und dergleichen. Im Abschnitt „Verbinden und Trennen" sind sie eingehender behandelt. Damit diese ständig wiederkehrenden Teile beliebig vertauscht werden können, ist es ja selbstverständlich, daß ihre Abmessungen heute durch die Normung festgelegt sind.

Rohre, Rohrzubehör. Als Fertigfabrikat in gewissem Sinne sind auch die Rohre anzusprechen, wenigstens ihre Zubehörteile. Von den schwächsten Leitungen zum Fördern des Schmieröls an alle Stellen der laufenden Maschinen bis zu den stärksten Rohren eines Großkraftwerkes findet der Praktikant sie überall in der Technik. Meist müssen an ihnen noch zur Herstellung von dichten Verbindungen Arbeiten vorgenommen werden (Gewindeschneiden). Neben den hochbeanspruchten Rohren in Dampfleitungen von hohem Druck kommen vielfach Leitungen für untergeordnete Zwecke oder mit geringen Kräften vor. Entsprechend bestehen sie aus bestem Stahl oder aus Gußeisen. Besonders die gußeisernen Rohre kann man bei Bauarbeiten überall liegen sehen, in fertigen Anlagen sind sie häufig verdeckt oder eingemauert. Der Praktikant schenke dabei den zahlreichen Formstücken (früher Fittings genannt) Beachtung, die in verwickelten Rohrleitungen benutzt werden. Er bemühe sich, nach und nach durch Augenschein die folgenden Teile kennen zu lernen:

Flanschen, Flanschringe, Blindflanschen.

Dichtungslinsen.

Flanschenröhren, Muffenröhren, Krümmer, T-Stücke, Kreuzstücke, Kniestücke, Abzweige, Doppelabzweige, Übermuffen.

Rohrmuttern, Überwurfmuttern, Stöpsel, Kappen, Nippel an Gasrohren.

Wellrohre, Flammrohre, Siederohre und Rauchrohre in Dampfkesseln; Kompensationsrohre in Rohrleitungen.

Die wichtigsten Zubehörteile zu Rohrleitungen: Ventile (Eck-, Wechsel-, Schnellschuß-, Sicherheitsventile), Schieber, Hähne werden gleichfalls von Spezialfabriken bezogen.

Schmiervorrichtungen. Mit diesen Fertigteilen, die bereits ziemlich verwickelter Natur und Herstellung sein können, betreten wir das große

Gebiet der vielteiligen Fertigfabrikate, das nun in den verschiedenenen Maschinenfabriken je nach der Natur der fabrizierten Maschinengattung wechselt. Fast alle Maschinen müssen an ihren sich bewegenden Teilen geschmiert werden. Auch auf die Beachtung dieser oft unscheinbaren Vorrichtungen zum Schmieren sei hier mit allem Nachdruck hingewiesen. Auch die Anbringung und Gestaltung der Schmiervorrichtungen ist ein Gebiet, wo es mühsam und zeitraubend ist, die Kenntnisse nach und nach bei den Konstruktionsübungen sich anzueignen. Dem jedoch, der während der praktischen Arbeit den Einzelheiten der Schmierung die nötige Beachtung geschenkt hat, werden diese zeitraubenden und lästigen Schwierigkeiten erspart bleiben (L 53).

Auf die äußerst mannigfaltigen Vorrichtungen zum Hineinbefördern, Auffangen, Reinigen und Wiederverwenden des Öls kann hier nur aufmerksam gemacht werden. Eine moderne Kraftmaschine gleicht mit ihrer Zentralölung fast dem blutdurchströmten menschlichen Organismus. Hier seien die Namen einiger der wichtigsten Ölvorrichtungen aufgeführt und dem Praktikanten dringend empfohlen, sich über die Bedeutung dieser Fachbezeichnungen durch Augenschein und Frage zu unterrichten.

Staufferbüchse, Tropföler, Ölfänger, Abstreiföler, Dochtöler, Ölschalen, Ringschmierung, Schleuderölring, Schmiernuten (Verlauf? Querschnitt?), Hochbehälterölung, Preßölschmierung, Zentralölung, Ölpumpen.

Rohstoffkosten. Neben der Frage, wie die Werkstoffe gewonnen werden, in welchen Formen sie im Handel sind und welche Eigenschaften sie besitzen, ist die Kenntnis ihres Wertes für den Ingenieur von großer Wichtigkeit. Die Kenntnis des Materialwertes ermöglicht eine ungefähre Schätzung für das Verhältnis zwischen Rohwert und dem durch die Bearbeitung hinzukommenden Betrag an Löhnen für die einzelnen Stücke. Solche Schätzungen sind ungeheuer wichtig für den späteren Ingenieur. Sie geben von vornherein ein Gefühl, dessen kein guter Konstrukteur entraten kann: die Abwägung der verbilligenden Einflüsse ersparter Arbeit und ersparten Materials gegeneinander. Denn vielfach bedeutet die Ersparnis einer Arbeitsverrichtung, d. h. eines Lohnbetrages, nichts gegenüber den Kosten des Materials, das um dieser Ersparnis willen mehr aufgewendet werden muß — und umgekehrt. Nur ein von vornherein geübter „Blick" für diese Verhältnisse gibt dem Ingenieur beim Konstruieren die Möglichkeit, rasch die richtige Wahl zwischen Mehraufwand an Material und Mehraufwand an Bearbeitungskosten zu treffen. Fortwährendes Beobachten dieser Beträge bei einzelnen Stücken ist das einzige Mittel, sich diesen „Blick" anzueignen.

Gewichtsschätzung. Die Voraussetzung für diese Schätzungen ist außer der Kenntnis der durchschnittlichen Rohstoffpreise und der Lohnsätze (die jederzeit durch unmittelbare Frage gewonnen werden kann) die Fähigkeit, das Gewicht des hergestellten Maschinenteils mit Annäherung abzuschätzen. Die Ausbildung dieser Fähigkeit ist eine große Erleichterung für die spätere Tätigkeit. Bei allen überschlägigen Kostenveranschlagungen, bei allen Fragen der Belastung von Werkzeugmaschinen durch schwere Maschinenteile, schließlich bei der Übersicht über die Massenkräfte bewegter Systeme ist die Abschätzung des Gewichts ganz unentbehrlich.

Die Fähigkeit hierzu bedarf im allgemeinen sehr der planmäßigen Entwicklung. Der Nicht-Techniker verfügt zunächst noch gar nicht darüber. Er schätzt Längen und Wandungsdicken, besonders aber Durchmesser runder Körper bis zu 100 % falsch. Deshalb ist es so empfehlenswert, wenn der Praktikant stets ein Meßband oder einen Maßstab mit sich führt, um jeden Augenblick eine Schätzung nach seinem Gefühl durch Ermittlung des tatsächlichen Maßes berichtigen zu können. Nach erlangter Sicherheit im Schätzen von Maßen ist es dann bis zur annähernd zutreffenden Gewichtsangabe nach dem Gefühl natürlich nur ein kleiner Schritt. Das einfachste Hilfsmittel ist die Unterstützung des Auges durch die Muskelkraft der Arme. Die durch Anheben eingeprägten Gewichte eines Gewichtssatzes, auf dessen einzelnen Stücken ja das genaue Gewicht verzeichnet steht, liefert die ersten Anhaltspunkte für das Gefühl. Sodann kann man etwa die Gewichte stereometrisch einfacher Körper (Platten, Barren, Stabeisen u. a. m.) durch Augenmaß und Anheben abschätzen und diese Schätzungszahlen durch die rechnungsmäßige Ermittlung des Gewichtes oder günstigenfalls direkte Abwägung berichtigen. Das Gewicht eines Körpers ist ja das Produkt aus Rauminhalt und spezifischem Gewicht. Beispielsweise wiegt also:

Ein Stück Flußstahl (spez. Gewicht = 7,9) von 3 cm Durchmesser und 1 m Länge

$$\frac{3^2\,\pi}{4} \cdot 100 \cdot 7{,}9 = \text{rund } 5\,600 \text{ g} = 5{,}6 \text{ kg.}$$

Ein Gußeisenbarren (spezifisches Gewicht = 7,6) von $8 \times 6 \times 40$ cm:

$$8 \times 6 \times 40 \cdot 7{,}6 = 14\,600 \text{ g} = 14{,}6 \text{ kg.}$$

Hat man so durch vergleichende Schätzung und Rechnung bei einfachen Raumgebilden die Abschätzungsfähigkeit ausgebildet, so kann man nunmehr dazu übergehen, die Gewichte verwickelter Körper zu taxieren. Vor allem ist wichtig die Fähigkeit, Walzprofilen (z. B. I-, U-, L-Eisen oder Eisenbahnschienen, insbesondere ganzen aus ihnen zusammengefügten Eisenkonstruktionen) anzusehen, wieviel sie wiegen, da in der Technik besonders häufig die Eigengewichte gerade solcher Gebilde berücksichtigt werden müssen.

Bewundernswert ist oft die hoch entwickelte Fähigkeit der Gießereimeister und -betriebsingenieure, mit großer Genauigkeit nach Besichtigung der am betreffenden Tage zu gießenden Gußformen der Bedienungsmannschaft des Schmelzofens die richtige Menge von Gußeisen anzugeben, die sie einzuschmelzen haben — wie man sieht, eine sehr wichtige Anwendung der Kunst, Gewichte abzuschätzen! Denn es bedeutet eine beträchtliche Vergeudung, wenn auch nur 10 % Gußeisen überflüssig geschmolzen wird, da ja die gesamten vergossenen Mengen in einem größeren Werk täglich sehr bedeutend sind.

Werkstoffpreise. Um eine einigermaßen richtige Werkstoffkosten-Einschätzung des Kostenverhältnisses verschiedener Werkstoffe und der aus ihnen hergestellten, in der Werkstatt sichtbaren Stücke vornehmen zu können, müssen außer dem Verhältnis ihrer Preise für je 100 kg auch die spezifischen Gewichte berücksichtigt werden. Übrigens sind von Belang ja nur die ungefähren Wertverhältnisse der Baustoffe zueinander, und von diesen vermittelt die folgende Übersicht eine für die Zwecke des Praktikanten vollständig ausreichende Vorstellung:

Großhandelspreise (ohne Fracht- und Lagerkosten).
(Im allgemeinen nach den AEG.-Marktnachrichten Sept. 1929).

Hämatit-Roheisen	für 100 kg RM. 9,40
Gießerei-Roheisen	„ „ „ 7,50 … 9,00
Grauguß, je nach Größe des Stückes	„ „ „ 35,00 … 42,00
Temperguß	„ „ „ 86,00
Stahlformguß	„ „ „ 63,00
Stabeisen	„ „ „ 141,00
Bandeisen	„ „ „ 164,00
Grobbleche (über 5 mm)	„ „ „ 165,00
Feinbleche (unter 5 mm)	„ „ „ 160,00
Dynamobleche	„ „ „ 325,00
Transformatorenbleche	„ „ „ 730,00
Elektrolytkupfer	„ „ „ 171,00
Kupferbleche	„ „ „ 233,00
Kupferdrähte und -Stangen	„ „ „ 199,00
Kupferrohre	„ „ „ 236,00
Messingbleche und -Bänder	„ „ „ 182,00
Messingstangen	„ „ „ 160,00
Messingrohre	„ „ „ 201,00
Zinn	„ „ „ 430,00
Blei	„ „ „ 50,00
Zink	„ „ „ 50,00
Aluminium, Guß	„ „ „ 195,00
Aluminiumbleche und -Stangen	„ „ „ 257,00
Aluminiumrohre	„ „ „ 330,00
Oberschlesische Steinkohle	für 1 t RM. 14,00 … 18,00
Westfälische Steinkohle	„ „ „ 19,00 … 20,00
Gaskoks	„ „ „ 36,00
Rheinisch-Westfälischer Gießereikoks	„ „ „ 24,50
Briketts	„ „ „ 15,00
Maschinengußbruch	„ „ „ 70,00
Kernschrott	„ „ „ 45,00
Späne	„ „ „ 36,00
Maschinenöl	für 100 kg RM. 33,00
Rüböl	„ „ „ „ 97,00

Auswahl der Werkstoffe. An verschiedenen Stellen dieses Buches ist bereits von Gesichtspunkten die Rede gewesen, welche die Wahl der Baustoffe für die jeweiligen Verwendungszwecke bestimmen. Unsere soeben abgeschlossenen Betrachtungen liefern uns nun genügenden Stoff, um im Zusammenhang diese wichtige Frage kurz zu überblicken.

Die Wahl eines bestimmten Materials für einen bestimmten Maschinenteil ist abhängig hauptsächlich von folgenden Gesichtspunkten: Verwendungszweck, Festigkeit, Herstellbarkeit, Bearbeitungsmöglichkeit, Preis des Rohstoffes, Preis der Bearbeitung, Gewicht, physikalische Eigenschaften und etwa bestehende Vorschriften von Behörden oder dem Besteller der Maschine. Je nach dem Überwiegen des einen oder andern Gesichtspunktes oder dem Zusammentreffen mehrerer wird die Auswahl von vornherein beschränkt sein. Man wird z. B. Kraftmaschinenkurbeln, hoch beanspruchte Wellenzapfen u. dgl. nur aus bestem Tiegelgußstahl herstellen können, da kein anderer Baustoff die bedeutenden Kräfte mit der gerade hier besonders wichtigen Sicherheit dauernd auszuhalten vermag. Anderseits wird es keinem Techniker einfallen, einen größeren Dampf- oder Gasmaschinenzylinder aus etwas anderem als Gußeisen zu konstruieren; denn wegen der verwickelten Formgebung dieses Herzens der Maschine ist die Herstellung nur durch Gießen möglich.

Gußeisen oder Stahl? Bei weniger zwingenden Anforderungen vermag der Konstrukteur dann auch auf andere Gesichtspunkte Rücksicht zu nehmen, in erster Linie auf den Preis. Ganz allgemein entschieden ist die Kostenfrage für den Bau eiserner Traggerüste und Einzelträger, wie sie etwa der Lasthebemaschinenbau braucht. Noch Mitte des 19. Jahrhunderts steckten Walztechnik und Kenntnis der Konstruktionsgrundlagen gewalzten Flußstahls so sehr in den Kinderschuhen und waren daher die Kosten der Stahlkonstruktion so hoch, daß häufig die Entscheidung zugunsten des Gußeisens fiel. Heutzutage kommt dieser Baustoff für Träger nicht mehr in Betracht. Von zwei Trägern aus Gußeisen und aus Stahl, die beide dieselbe Kraft auszuhalten haben, wird wegen der geringeren Festigkeit der gußeiserne dreimal so große Querschnitte in allen Teilen aufzuweisen haben wie der aus Stahl; der erste wird also mindestens dreimal so schwer ausfallen wie der zweite, ganz abgesehen von der an und für sich (aus Gußrücksichten) plumperen und weniger ausnutzbaren Formgebung gegossener Teile. Es sind demnach 300 kg Gußeisen 100 kg Stahl gegenüberzustellen.

Die gußeisernen Träger und Brücken stellten eine Vielheit von dünnen Streben und Stützen dar (netzartiger Anblick), die ersten Stahlbrücken entsprechen ihnen hierin noch durch Verwendung vieler kurzer Winkeleisenstücke. Heute werden statt dessen Blechträger (ohne hohle Zwischenräume zwischen den Teilen) verwandt, die die günstigste und wirtschaftlichste Ausnutzung darstellen (Anblick geschlossener, ruhiger Flächen).

Besondere Verhältnisse liegen für die Rahmen und Gestelle von Kraftmaschinen vor. Hier ist das bedeutende Gewicht der gußeisernen Kraftwiderlager im allgemeinen gerade erwünscht. Die schwingende Maschine muß auf einem möglichst gewichtigen Klotz befestigt sein, um die nötige Standsicherheit zu besitzen. Auch stellen die schnell und unaufhörlich wechselnden Kräfte einer Kraftmaschine bedeutend höhere Anforderungen an den Zusammenhang der Teile, als die langsamen, gemessenen Bewegungen der Hebemaschinen. Das Bedürfnis, für die Maschinenrahmen statt Gußeisen Stahl zu verwenden, ist also sehr gering. Nur in den Fällen entschließt man sich für Lagerung von Kraftmaschinen auf Stahlrahmen, wo geringes Gewicht und höchste Zuverlässigkeit unerläßliche Bedingung ist: im Fahrzeug-, Lokomotiv- und Schiffsmaschinenbau.

Auch die meisten Gehäuse von Maschinen aller Art werden noch in Gußeisen hergestellt. Bei den schweren Gehäusen großer elektrischer Maschinen sind jedoch bereits verschiedene Ausführungen ohne Zuhilfenahme von Maschinenguß erfolgt. Es gibt auch schon Firmen, die selbst kleine Motoren ganz aus Stahl bauen. Wichtig ist, daß bei richtiger Konstruktion, die auf die Eigenschaften des Stahles gebührend Rücksicht nimmt, die Maschinen mit Gehäusen und Rahmen aus Walzmaterial ein gänzlich neues Bild bieten, was man von der alten gußeisernen Konstruktion nicht kannte. Besonders fallen ja die aus gußtechnischen Gründen erforderlichen Rundungen und Schrägen weg. Es ist eben eine Tatsache, daß der Werkstoff den Aufbau und das Aussehen einer Maschine grundlegend beeinflußt und eine Konstruktion keinesfalls blind übernommen werden kann.

Dies zeigt sich auch treffend bei einem Vergleich zwischen Flugzeugen aus Holz und Leinwand und solchen aus Metall. Leider wird aber noch zu wenig dieser Einfluß des Werkstoffes auf die Form der Konstruktion beachtet.

Der Konstrukteur muß, zumal wenn es sich um Anlagen von Umfang handelt, mit allen verfügbaren Hilfsmitteln arbeiten können, auch mit Stoffen, die dem eigentlichen Maschinenbau etwas ferner liegen. Es gibt manche Halbfabrikate, die bei richtiger Verwendung die Arbeit des Entwerfens sehr erleichtern können. Der Praktikant überlege sich zum Beispiel einmal, in wie zahllosen Fällen gewöhnliches Gasrohr als wesentlicher Bestandteil eines Ingenieurbauwerkes auftritt. Nicht nur für Geländer und Einfassungen, auch als Tragorgan, als Verkleidung und Schutzhülle läßt es sich mannigfaltig ausnutzen. Ähnlich steht es mit gelochten Blechen und Wellblech, wenn auch das letztgenannte etwas zurückgetreten ist.

Gezogene Profile. Eine Frage der Wirtschaftlichkeit ist es vor allem, ob bei einem Sonderbedürfnis die Bestellung von ausgefallenen Formen der

Halbfabrikate lohnt oder nicht. In vielen Fällen, wo die Kostenberechnung zugunsten einer Sonderausführung ausfiel, konnten durch Verwendung passender Profile beträchtliche Ersparnisse an Bearbeitungskosten gemacht

Beispiele gezogener Profile.

werden. Die dargestellten Profile von gewalzten und gezogenen Rohren sowie Stangen betrachte der Leser genau und frage sich, ob er nicht schon Gegenstände gesehen hat, die auf einfachste Weise daraus entstanden sind.

Blech als Träger der Konstruktion. Ein besonderes Kennzeichen der augenblicklichen Bestrebungen in der Fortentwicklung der Konstruktionen ist der Umstand, daß immer mehr als Werkstoff mit vielseitigster Verwendungsmöglichkeit Stahl oder Leichtmetall in Form von Blech auftritt. Im Apparatebau beherrscht Blech ja schon längere Zeit ziemlich das Feld; die Feinmechanik und Fernmeldetechnik wäre nicht anders zu denken. Es ist hier weniger an die Bevorzugung von Blech in großen Flächen gedacht, wie wir sie im Waggonbau, im Bauwesen (als Bekleidungen oder Abdeckungen) finden, sondern an die Fälle, wo das Blech tatsächlich zum wesentlichen Träger der Konstruktion geworden ist. Am deutlichsten tritt das beim modernen Ganzmetallflugzeug hervor. Bekanntlich werden dabei die zahllosen Streben und Versteifungen aus gebogenen Blechteilen gefertigt, im Gegensatz zu der an sich auch möglichen Verwendung von gewalzten Winkel- oder T-Profilen. Genannt seien noch die vielen Fälle, in denen bislang Rippen aus Guß hergestellt wurden. Bei aufmerksamer Beobachtung kann man Heizkörper, Lufterhitzer und andere Apparate mit Wärmeübertragung (z. B. Badeöfen) finden, an denen die wichtigen Konstruktionsteile ausnahmslos aus Blech bestehen. Die Gründe sind verschiedener Natur; die leichte Formgebung durch Biegen, Pressen, Tiefziehen, sodann der Fortfall spanabhebender Bearbeitung (weniger Löhne) und teurer Passungen, gleiche Wandstärken, Gewichtsersparnis und die bequeme Verbindung durch Schweißen haben nicht unwesentlich dazu beigetragen.

8. Zeichnen und Lesen von Zeichnungen

Zweck der Zeichnung. Von vornherein ist eine falsche Vorstellung vom Wesen der technischen Werkstattzeichnung zu vermeiden: Die technische Werkzeichnung verfolgt nicht als Hauptzweck, die Abbildung des zu verfertigenden Gegenstandes zu geben. Wäre dies der Fall, so müßte ihre

Manier der Photographie möglichst nahegebracht werden. Diese Darstellungsweise ist die der Katalog- oder Offertzeichnungen, der Illustration, deren Zweck es ist, auch Nicht-Ingenieuren mit einem Blick eine Vorstellung von dem angebotenen Gegenstand zu geben. Der Zweck der Werkzeichnungen ist ein ganz anderer: sie sollen die richtige Herstellung des gewollten Stückes nach Maß und die richtige Zusammenfügung der Einzelteile ermöglichen.

Die Sprache des Ingenieurs. Mit Recht kann man sagen, daß die Zeichnung die Sprache des Ingenieurs ist. Dies zieht von selbst nach sich, welche Anforderungen an Zeichnungen zu stellen sind. Früher war eine eigene Ausbildung der Arbeiter für das Lesen der Zeichnungen nicht unbedingt nötig. Die Werkstätten waren kleiner und zwischen Arbeiter, Werkmeister und Ingenieur eine persönliche Fühlungnahme leichter durchführbar. So konnte der Vorgesetzte von Fall zu Fall zu der Zeichnung Erläuterungen geben. Das ist heute nicht mehr möglich; im Lesen und Verstehen der Zeichnungen muß eine weitergehende Selbständigkeit von Arbeiter und Werkmeister verlangt werden.

Zeichenkurse. Die planmäßige Ausbildung im schnellen Verständnis der Werkzeichnungen bildet daher heute für den gelernten Arbeiter einen Teil seiner Lehre. Eine Ergänzung zu ihr stellt in der Regel ein besonderer Unterricht außerhalb der Werkstatt dar. Wo eine Firma nicht selbst in der Lage ist, ihren Lehrlingen in einer „Werkschule" diesen Unterricht zu erteilen, müssen diese eine der überall bestehenden Berufs- oder Fachschulen besuchen.

Die Zeichenkurse, die hier abgehalten werden, sind nun genau das, was der Praktikant zum Verständnis der ihm vorliegenden Zeichnungen braucht. Wo also eine Werkschule mit Zeichenunterricht für Praktikanten nicht besteht, wäre auf das dringendste zu wünschen, daß in einer technischen Schule Gelegenheit genommen wird, die zeichnerische Ausbildung eines gelernten Arbeiters aus eigener Erfahrung kennen zu lernen.

Andererseits sind hier gleiche Gesichtspunkte maßgebend wie bei der freiwilligen völligen Unterordnung unter die Arbeitsordnung. Besucht der Praktikant energisch und regelmäßig den Fortbildungsschulunterricht im Zeichnen, so bildet er sich, vom sonstigen Vorteil abgesehen, vor allem ein zutreffendes Urteil für dessen Zweckmäßigkeit und Grenzen. Es ist niemandem möglich, aus der Theorie heraus zu ermessen, ob der in der Entwicklung stehende Mensch einen mehrstündigen Unterricht nach der Tagesarbeit erfolgreich in sich aufnehmen kann. Nur wer selbst ausprobiert hat, wie wenig oder wie viel Energie dazu gehört, wird mit seinem Urteil vor Täuschungen nach positiver und negativer Seite hin einigermaßen bewahrt bleiben.

Darstellungsregeln. Oben war gesagt, daß die Zeichnung geradezu die Sprache des Ingenieurs darstellt. Durch sie werden den Arbeitern in der

Gießerei und Schmiede, an den Werkzeugmaschinen und bei der Montage vom Konstruktionsbüro die Anweisungen erteilt, nach der das gewünschte Erzeugnis herzustellen ist. Was der Ingenieur beim Entwurf gedacht hat, was sein geistiges Auge als die zukünftige Maschine gesehen hat, das alles muß die Zeichnung einwandfrei enthalten. Hieraus ergeben sich für deren Anfertigung gewisse Darstellungsregeln, die Zeichnungsnormen, nach denen einheitlich in allen Werken verfahren wird (L 60; 71).

Eindeutigkeit. Die gute Werkzeichnung muß vor allen Dingen eindeutig sein; es darf nach ihr nur eine Möglichkeit geben, wie ihre Angaben aufzufassen sind. Wo demnach Zahlen nötig sind (Maßangaben), nimmt man sie nur einmal auf, um bei Änderungen ein Übersehen einer Berichtigung und damit eine Zweideutigkeit zu vermeiden.

Die Zeichnung erstrebt nicht die Darstellung des bildmäßigen Aussehens der Körper, sondern lediglich die Festlegung der Umrisse, Kanten und ihrer gegenseitigen Abstände. Sind diese aber erschöpfend dargestellt, so ist von selbst die richtige und eindeutige Gestalt der Körpers gewährleistet.

Projektionen, Ansichten. Die Abbildung erfolgt nun im allgemeinen von drei Standpunkten aus, entsprechend den drei Dimensionen: genau von vorn, genau von der Seite und genau von oben. Infolgedessen enthält durchschnittlich jede Werkzeichnung von ein und demselben Teil drei Ansichten oder „Projektionen" in ganz bestimmter Lage zueinander. Im Gegensatz zu dem gewohnten Überblicken des Gegenstandes in einer Abbildung bedarf es also hier einer besonderen geistigen Arbeit: der Kombination dreier Abbildungen zu einer einzigen Raumvorstellung. Und die Voraussetzung, die das Erledigen dieser geistigen Arbeit ermöglicht, ist eine an sich nicht lernbare, aber im höchsten Grade ausbildungsfähige Geistesgabe: das Raumvorstellungsvermögen.

Linien. Die bei einer Projektion von vorn sichtbaren Kanten des Körpers werden durch kräftige, volle Linien, unsichtbare Kanten (z. B. hinten liegende) durch etwas schwächere gestrichelte Linien gekennzeichnet. Maßlinien und Maßhilfslinien zeichnet man ganz dünn, aber voll, und Symmetrielinien und sogen. Mittellinien strichpunktiert aus.

Schnitte. Bei der komplizierten Form vieler Maschinenteile würde jedoch durch einfache Wiedergabe der drei Projektionen noch nicht alles Nötige gesagt sein, besonders bei Hohlkörpern. Infolgedessen legt so gut wie jede Werkzeichnung den Schwerpunkt in die Darstellung durchschnittener Teile. Die Darstellungsregeln bleiben für solche Schnitte genau die gleichen. Äußerlich müssen deshalb natürlich Schnittflächen von Ansichtsflächen unterschieden werden. Hierzu wird das einfachste Mittel gewählt: die Schraffur der Fläche. Hierdurch kommt als willkommener Nebenerfolg größere Deutlichkeit zustande.

Sinnbilder. Für häufig wiederkehrende Formen, wie Gewinde oder Darstellung einer Bruchlinie, sind besondere Zeichenregeln festgelegt, die eine möglichst mühelose, einfache und klare Eintragung bezwecken. Ebenso sind für Schrauben, Federn, Zahnräder und Nieten „Sinnbilder" eingeführt, ebenso wie die schematischen Zeichen in Schalt- oder Rohrleitungsplänen.

Zeichen. Neben den Abmessungen der Werkstücke enthält die moderne Zeichnung noch Angaben über die Oberflächenbeschaffenheit. Man überläßt es heute nicht mehr den Meistern, zu entscheiden, wie und wie genau die Bearbeitung stattfinden soll. Man will ja an Arbeit sparen und nicht mehr Flächen bearbeiten, als nötig ist, und dies nur mit der Genauigkeit, die der Verwendung in jedem Fall entspricht. Demgemäß wird der Praktikant finden, wie an den Kantenlinien durch festgelegte Symbole, die „Oberflächenzeichen", vorgeschrieben ist, ob jeweils geschruppt, geschlichtet oder geschliffen werden soll. Ebenso ist an den Stellen, die in Löcher anderer Teile passen oder sich in ihnen bewegen sollen, angegeben, welches „Passungssystem" und welche Genauigkeit verlangt wird, das heißt um welchen kleinen Betrag das eingetragene Maß höchstens über- oder unterschritten werden kann.

Schriftfeld. Zur Aufnahme weiterer Bemerkungen, vor allem zur Benennung der Zeichnung, dient das rechts unten befindliche Schriftfeld. Die in der Stückliste gegebenen Bezeichnungen der Einzelteile, die noch besonders durch die Teilzeichen (früher Teilnummern, Positionsnummern) auf der Zeichnung identifiziert werden, sind maßgebend für alle geschäftlichen Maßnahmen, die sich an deren Herstellung knüpfen, wie Lohnberechnung, Bestellung von Fertigfabrikaten, endlich für durchgehende übereinstimmende Bezeichnung auf allen Zetteln und in allen Büchern der Meister, Beamten und Büros. Verbunden mit der Bezeichnung ist meist die „Kommissionsnummer", d. h. die Registriernummer des Auftrages, zu dem das Stück geliefert wird, in den Rechnungen und Geschäftsbüchern der Firma. Weiter gibt die Stückliste die Werkstoffe und das Gewicht an, um hierdurch die rechtzeitige und ausreichende Bereitstellung der erforderlichen Rohstoffe mit möglichst geringem Aufwand an Mühe zu gewährleisten. An der Stückliste sieht der Praktikant zugleich, wie die Werkzeichnungen beschriftet werden. Das ist für ihn wichtig, da er selbst, zuerst bei seinen Skizzen im Werkarbeitsbuch, dann bei allen Zeichnungen auf der Hoch- und Mittelschule, diese Blockschrift anwenden und deshalb frühzeitig ihre Ausführung üben muß (L 63).

Lichtpausen. Während früher die kunstvoll angelegten Zeichnungen, reichlich mit farbigen Ausmalungen versehen, so in die Werkstatt kamen, wie sie das Konstruktionsbüro verließen, gelangt heute kein Original einer Werkzeichnung mehr in die Hände der Arbeiter. Schon lange hat man erkannt, daß die kostbare Handzeichnung nicht durch die Benutzung an den Maschinen verschmutzen oder zerreißen darf und daß man sie allzu häufig bei Verbesserung der Konstruktion wieder im Büro braucht. Man benutzt daher für die Originale durchscheinendes Papier, Paus- oder Öl-papier bzw. Pausleinen und stellt hiervon eine Art photographischer Ab-züge, die sogenannten Lichtpausen, her (Blau-, Rot- oder Weißpausen). Diese lassen sich verhältnismäßig billig in beliebiger Menge anfertigen und setzen nur voraus, daß das Original einfarbig schwarz gezeichnet ist. Daher sind die früher bunten Maßlinien und Schnittflächen verschwunden, alles wird durch gestrichelte und strichpunktierte Linien sowie durch Schraffur angedeutet.

Sind die Pausen auch billig und in genügender Menge vorhanden, ist dennoch ihrer Behandlung einige Aufmerksamkeit zu widmen. Es ist nicht angebracht, sie auf die stets öligen Betten der Drehbänke zu legen oder durch Schmierflüssigkeit zu ver-derben. Vielfach sind deshalb an den Maschinen einfache Drahtständer mit Klammer angebracht, die die Zeichnung in Augenhöhe halten und vor unnötiger Zerstörung schützen.

Mitunter teilt man das Zeichenblatt in mehrere Felder, entsprechend den Einzel-teilen. Dann wird das Blatt zerschnitten und jeder Arbeiter erhält, zusammen mit seiner Lohn- oder Akkordkarte, nur die Teile, die er selbst auf seiner Maschine bearbeitet.

Das Einschreiben richtiger, das heißt brauchbarer und notwendiger Maße lernt man nirgends besser als in der Modelltischlerei. Alle Gußmodelle werden aus gewissen Holzstücken zusammengefügt. Jedes einzelne von ihnen richtig zu erkennen, mit allen Maßen lückenlos zu versehen, ist eine Kunst, von der in hohem Maße abhängt, ob der Modelltischler ohne lange Rückfragen arbeiten kann. Ebenso erweist sich die Brauchbarkeit einer Werkzeichnung an den Anreißplatten, wo die Markierungen an den Werk-stücken für das Bearbeiten vorgenommen werden.

Freies Skizzieren. Das konstruktive Zeichnen mit Zirkel und Lineal übt der angehende Ingenieur auf der Hoch- und Mittelschule in erforder-lichem Maße. Er möge sich hierbei früh an das Arbeiten am Reißbrett (Reiß-schiene in Parallelführung) gewöhnen. Während der praktischen Aus-bildung kommt nur ein Skizzieren der Werkstücke in Frage. Diese sind, besonders im Werkarbeitsbuch, freihändig, nicht in bestimmtem Maßstab, aber doch gegenseitig in entsprechendem Verhältnis der Maße, zu skizzieren. Der Praktikant tut gut, recht oft zur Übung Maschinenteile freihändig zu zeichnen, wozu im Werkarbeitsbuch praktische Winke zur Ausführung gegeben sind (L 5).

III. Werkstätten für spanlose Formung
9. Gießerei, einschließlich Modelltischlerei

Gießerei und Modelltischlerei bilden sinngemäß ein einziges Ganze. Die einfachen Gründe der Feuersicherheit machen aber stets ihre Unterbringung in zwei vollständig getrennten, wenn auch benachbarten Gebäuden nötig. Für den Praktikanten bringt die räumliche Trennung geringe Übersichtlichkeit mit sich. Jedenfalls ist die Arbeit in der Modelltischlerei ohne ausgiebige Kenntnis des Formens nicht zu verstehen. Falls daher Anordnungen der Werkoberleitung den Praktikanten in die Modelltischlerei einstellen wollen, ohne daß er vorher in der Gießerei gearbeitet hat, so kann jedem Praktikanten nur der Rat gegeben werden, durch eine Bitte an den mit der Praktikantenausbildung betrauten Ingenieur eine Änderung in der Reihenfolge herbeizuführen. Wegen ihrer Wichtigkeit soll im folgenden auf die Technik des Formens und Gießens etwas ausführlicher eingegangen werden.

Die Herstellung von Gußstücken setzt sich aus vier Hauptvorgängen zusammen: dem Herstellen der Form und der Kerne, dem Schmelzen, dem Gießen und dem Gußputzen. In dieser Reihenfolge mögen sie besprochen werden.

Herstellung der Form. Jeder Rohstoff, dem man durch Gießen eine bestimmte Gestalt verleihen will, muß zu diesem Zweck in eine Form gegossen werden, die alle seine Erhöhungen als Vertiefungen, alle seine Höhlungen als Vollkörper, alle seine Wandungen als Hohlräume zeigt, also in allen Stücken sein „Negativ" ist. Die Regel ist, daß dieses Negativ in der Weise erzeugt wird, daß ein dem zu bildenden Gußstück kongruentes „Modell" aus (vorläufig) beliebigem Stoff in bildsamer Masse abgedrückt wird.

Herdguß. Nach vorsichtigem Herausheben des Modells behält die „Form" ihre Gestalt und gibt, mit erstarrendem Rohstoff angefüllt, diesem die gewünschte Form. Eine derartige rein oberflächliche Vollfüllung eines nackt daliegenden, unüberdeckten Negativs hat natürlich zur Folge, daß die freie obere Fläche des mit seinen Erhöhungen nach unten liegenden Gußstückes (der Flüssigkeitsspiegel des flüssigen Metalls) eben wird. Nur selten kann man sich mit solchem „Herdguß" begnügen. Will ich dagegen beispielsweise eine Kugel gießen, so muß ich eine Modellkugel ganz um und um in bildsamen Formstoff einformen und herausheben. Ich habe dann eine Hohlkugel vor mir, die, mit Gußstoff angefüllt, eine Kugel ergibt.

Teilung und Formgebung der Modelle. Bereits bei diesem einfachen Beispiel zeigt sich jedoch, daß die Sache nicht so rasch getan ist, wie gesagt.

Wie soll man denn die Modellkugel aus dem Formstoff herausbringen, ohne diesen durch den größten Kreis der Kugel beiseite zu schieben und so das Negativ zu zerstören? Wir können uns nicht anders helfen, als daß wir die Modellkugel durch Zerschneiden längs eines größten Kreises zweiteilig machen und zunächst die eine Hälfte mit Schnittebene nach oben einformen. Hierbei wird die Halbkugel ganz in einen Rahmen mit Formstoff eingesenkt, so daß ihr größter Kreis und die Oberfläche der Form eine einzige Ebene bilden. Nunmehr legt man die zweite Halbkugel mit ihrem größten Kreis auf den der ersten und sorgt durch in Hülsen der einen Hälfte eingreifende Zapfen der anderen Hälfte (Dübel oder Düwel genannt), daß sie sich nicht seitlich verschieben kann. Umgibt man nun die obere Hälfte mit einem gleichen Rahmen wie die untere und erfüllt ihn ebenfalls mit bildsamem Formstoff, stellt also sozusagen ein Spiegelbild des Unterrahmens her, so kann man nach vollendeter Füllung den oberen Rahmen mit Form und oberer Halbkugel von dem unteren abheben, sofern man vorher durch Bestreuen der Oberfläche der Unterrahmenform mit trocknem Sand dafür gesorgt hat, daß der Formstoff des oberen Rahmens sich nicht mit der des unteren verbindet. Die Oberebene des Unterrahmens hat dabei die Unterfläche des Oberrahmens gleichfalls als Ebene entstehen lassen. Legen wir jetzt den Oberrahmen auf den Rücken neben den Unterrahmen, so haben wir zwei genau gleiche Bilder vor uns: in jedem Rahmen steckt eine Halbkugel bis zu ihrem größten Kreis in Formstoff mit ebener Oberfläche. Jetzt ist das Herausheben beider getrennter Halbkugeln ohne weiteres möglich, da der größte Kreis oben ist, also das Modell sich ständig nach unten „verjüngt“. Nach dem Herausheben zeigen sich zwei Hohlhalbkugeln in dem Formstoff. Legen wir wieder die zusammengehörigen Seiten der beiden Rahmen aufeinander, so decken sich jetzt, falls die Rahmen eine Vorrichtung besitzen, die ihre gegenseitige Lage immer wieder in gleicher Weise herstellt, alle Umrisse wie vorher, nur daß an Stelle des Modells ein leerer Raum getreten ist. Da dieser in der Mitte liegt, kann ich aber nun noch nichts hineingießen. Der Former hat also von vornherein einen Gießkanal bis zur Höhlung auszusparen, durch den er das Gußgut hineinzugießen vermag. Ferner muß ein zweiter Steigkanal oder „Steiger“ vorgesehen werden, durch den die Luft entweichen kann und der seinen Namen daher führt, daß man aus dem Steigen des Metallspiegels in ihm beurteilen kann, wann das Gußgut die Form ganz erfüllt. Nach erfolgtem Guß wird die Form im allgemeinen zerstört und das Gußstück liegt frei, höchstens durch anhaftenden Formstoff verunreinigt, das noch „abgeputzt“ werden muß.

Wir sehen, daß selbst einfache Körper schon schwierig zu gießen sind. In der eben beschriebenen Tätigkeitsfolge haben wir das Urbeispiel aller

Formerei, an dem wir uns bereits über fast alle Vorgänge in der Formerwerkstatt belehren können.

Folgende Einzelteile sind also zum Einzelguß unbedingt nötig: das Modell, der Formstoff und der Formrahmen, oder wie der Former sich ausdrückt, der Formkasten. Welche Bedingungen hat jedes von ihnen zu erfüllen, und wie werden sie erfüllt?

Das Modell muß in der Regel zwei- oder mehrteilig sein. Die Teilung des Modells hat stets und unbedingt so zu erfolgen, daß, von der Teilebene aus gerechnet, sich alle Teile verjüngen. Andernfalls würde eine hervorragende Kante beim Herausheben nach oben allen über ihr lagernden Formstoff mitnehmen und dadurch die Form entstellen oder zerstören. Die zweite Bedingung ist, daß beide Hälften oder alle Teile so beschaffen sind, daß sie sich in der Teilebene nicht gegeneinander verschieben können. Die dritte Anforderung entsteht aus der Notwendigkeit, die Modellhälfte leicht aus dem dicht angeschmiegten Formstoff herauszuheben. Hierzu kommen die allgemeinen maschinentechnischen Anforderungen der Dauerhaftigkeit, Festigkeit, leichten Herstellbarkeit und Billigkeit.

Um bei der letzten Gruppe von Bedingungen anzufangen, so erfüllt das Holz sie alle aufs vortrefflichste und dient daher fast ausnahmslos als Rohstoff der Modelle. Dem Nachteil des Holzes, daß es sich nämlich „zieht“, wird durch langes Lagern, Trocknen, Verleimen einzelner Platten und einen Schutzanstrich entgegengetreten. Die Maßnahmen für leichtes Herausheben aus der Form beginnen schon im Konstruktionsbüro, wo der entwerfende Ingenieur möglichst die rein prismatische oder zylindrische Form (Basis: Teilebene) in schwach verjüngte oder kegelige wandelt, so daß das Gesetz der ständigen Verjüngung stets ausgesprochen zur Geltung kommt. Liegt das Modell im Formstoff, so bietet es, nur in seiner Teilebene sichtbar, keinen Angriffspunkt zum Herausheben; der Tischler bohrt daher in beide Teilebenen mindestens ein Gewinde, in die der Former beim Herausheben Handgriffe einschraubt. Das Modell erhält einen farbigen Schutzanstrich entsprechend dem Gußmaterial (Grauguß = rot). Werden alle Kanten sorgfältig „gebrochen“, d. h. abgerundet, so hat damit der Schreiner alles getan, was in seiner Macht steht, um leichtes Herausheben aus der Form zu bewirken, wofür sich wiederum das Holz wegen seiner Leichtigkeit ganz besonders gut eignet. Der Former bestreut obendrein das Modell vor seiner Überdeckung mit Formstoff noch mit Graphit oder Bärlappsamen (Lykopodium), so daß es leicht „losläßt“. Außer dem Gewinde für den Hebegriff bekommt die eine Hälfte in der Teilebene zwei vorstehende Stifte (Dübel) eingebohrt, die in zwei auf der anderen Hälfte eingelassene Dübelhülsen genau passend eingreifen, wenn die Umrisse der Teilebenen sich genau decken. Hierdurch wird die Bedingung der Unverschiebbarkeit erfüllt (L 13).

Kommen die Folgen dieser Bedingungen wesentlich nur in der Werkstatt zum Ausdruck, so haben wir in den Bedingungen für die Teilbarkeit des Modells solche vor uns, die bereits der Konstrukteur beim Entwurf berücksichtigen kann und berücksichtigen muß. Diese Fragen sind daher für jeden Ingenieur sorgsamsten Studiums wert. Die Gießereitechnik steht zwar heute auf einer solchen Höhe, daß schlechthin alles geformt und gegossen werden könnte — aber mit welch verwickelten und kostspieligen Mitteln und mit welch geringem Grade von Zuverlässigkeit im Guß und im Betrieb! Die Summen, welche ein Ingenieur erspart, wenn er so konstruiert, daß seine Modelle immer möglichst einfach, zweiteilig gehalten werden können, sind um so beachtenswerter, als sie sich mit der Zahl der Abgüsse vervielfachen.

Die Teilung der Modelle sicher beurteilen zu können und über die Mittel nachzudenken, welche bei den verschiedenen typischen Maschinenteilen zu einfachster Teilung führen, ist die Hauptaufgabe des Aufenthalts in der Modellschreinerei und Gießerei. Es ist sehr dienlich, sich mit der seitens der Tischler gewählten Teilung nicht als mit der einzig möglichen zufrieden zu geben. Vielmehr versuche man stets herauszufinden, ob vielleicht eine andere Zerteilung vorteilhafter gewesen wäre oder welche Gründe zwingend zu der Wahl der ausgeführten Teilung geführt haben. Fleißige Unterhaltung mit Tischlern, Meister und Ingenieur im Falle von Unklarheit über diese Gründe muß gepflogen werden. Kurz, der Praktikant soll kein Mittel unterlassen, sich über die Frage der Teilung der Modelle derart zu belehren, daß ihm im späteren Studium und Beruf die gußtechnische Anschauungsweise aller Gußkörperformen in Fleisch und Blut übergegangen ist (L 48 bis 52).

Formstoffe. Aus der Modelltischlerei gelangen wir bei der Frage des Formstoffes in die Formerei. Die vom Formstoff zu erfüllenden Bedingungen hängen, abgesehen von der nötigen Bildsamkeit, ausschließlich von dem Gußstoff ab. Wir fassen hier vor allem Gußeisen als Gußstoff ins Auge. Denn die „Metall"- oder Gelbgießerei weicht nur in Nebenpunkten von der Eisengießerei ab. Die für die Eigenschaften des Formstoffes ausschlaggebenden Bedingungen sind also: erstens hohe Temperaturbeständigkeit wegen der Hitze des flüssigen Metalls. Ferner hat flüssiges Eisen in ganz besonders hohem Maße die Eigenschaft aller Flüssigkeiten: gasförmige Stoffe zu absorbieren. Diese gibt es beim Erkalten wieder frei. Das Formmaterial muß also zweitens auch für Gase durchlässig sein. Hieraus erklärt sich, wieso die Wahl auf pulverförmige Körper als Formstoffe fallen muß, eine Wahl, die wegen der scheinbar geringen Haltbarkeit solcher Formen auf den ersten Blick befremdet.

Sand. Sand ist das beste Formgut für Eisenguß, insbesondere der künstlich zusammengemischte feine Formsand. Er besteht im wesentlichen aus Kieselsäure, Tonerde, Kalk und Eisenoxyd. Die freie Kieselsäure macht ihn feuerbeständig, die Bildsamkeit rührt von dem Gehalt an Tonerde her in Verbindung mit dem teils chemisch, teils mechanisch gebundenen Wasser. Bei der Berührung mit dem geschmolzenen Metall oder beim Brennen im Trockenofen tritt chemische Entwässerung der Kieselsäureverbindung und Verdampfung des mechanisch gebundenen Wassers ein. Hierdurch verliert der Formsand seine plastischen Eigenschaften, gewinnt jedoch an Gasdurchlässigkeit. Es wird dabei also nicht nur aus feuchtem Sand trockener Sand, sondern der Sand verändert auch seine chemische Beschaffenheit. Eine Auffrischung durch Beimengung frischer Kieselsäure-Wasser-Verbindungen wird daher stets vonnöten sein. Auch dann ist benutzter Sand nicht beliebig oft wieder benutzbar. Seine „Lebensdauer" hängt hauptsächlich von seiner Feuerbeständigkeit ab. Diese gibt also ein Maß für den wirtschaftlichen Wert des Formsandes. Die gute Mischung des frischen sowie die Behandlung des alten Sandes findet in der „Formsandaufbereitung" statt. Um zu sparen, wird frischer Sand nur unmittelbar an der Modelloberfläche verwandt, der übrige Raum der Formkästen aber mit altem Sand aufgefüllt.

Die Festigkeit derartiger reiner Magersandformen ist natürlich nicht groß. Über die Mittel, sie widerstandsfähiger zu machen (Formstifte, Stampfen u. dgl.), muß sich der Praktikant durch Augenschein belehren. Die Wichtigkeit wohl abgerundeter Kanten, oder besser: die Unmöglichkeit, scharfe Kanten ausreichend gegen „Wegschwimmen" des Sandes zu sichern, muß er sich als unerläßliche Konstruktionsregel für Studium und Beruf selbst ausprobieren. Gußstücke dürfen nicht scharfkantig konstruiert werden. (Welche Ausnahmen?)

Masse. Bei größeren Gußformen kommt man schließlich mit magerem Formsand nicht mehr aus. Er vermag schwebend nicht mehr sein Eigengewicht, ruhend nicht mehr den Druck eingelegter Formteile auszuhalten. Man erhöht daher seinen Gehalt an Bindemittel: an Ton. So entsteht sehr fetter Formsand, sogenannte „Masse". Die „Masse" ist zwar widerstandsfähiger, so daß man selbst die größten Gußstücke in ihr formen kann, aber auch weniger gasdurchlässig als Magersand. Die flüchtige Erhitzung beim Eingießen des Eisens macht die Masse nicht schnell genug porös, die Gase können nicht schnell genug entweichen, die Form steht in Gefahr zu explodieren, das Eisen wird blasig, da es seines Gases sich nicht nach außen entledigen kann. Masseformen müssen daher stets stundenlang gleichmäßig getrocknet werden, was bei unbeweglichen Formen mit Preßkohlen, bei verfahrbaren im Trockenofen geschieht. (Temperatur des Trockenofens? Dauer des Trocknens? Brennstoffaufwand? Möglichkeit der Verwendung der Abhitze des Gießofens?)

Lehm. Neben der Masse ist für große Gußkörper einfacherer Gestaltung die billigere Verwendung des Lehms üblich, der sich wegen seiner Porosität in getrocknetem Zustand und seiner hervorragenden Bildsamkeit in nassem vorzüglich zu Gußformen eignet. Er bedingt gleichfalls ausgiebigste Warmtrocknung.

Die Aufgaben der Formstoffe werden vom Former in mannigfachster Weise unterstützt: so schafft er mittels des sogenannten „Luftspießes" millimeterfeine Kanälchen in kleinen Formen, mittels eingelegter, vor dem Guß entfernter runder Stäbe große Kanäle bei Großformen, um den massenhaft frei werdenden Gasen besondere Auswege zu bieten. Die Dauerhaftigkeit wird erhöht durch nachdrückliches Stampfen und Zusammendrücken des Formsandes — eine Handhabung, die dauerhafteste Ausführung der darunter liegenden Modelle bedingt. Alle derartigen kleinen Handwerksmaßnahmen müssen der eignen Beobachtung durchaus überlassen werden. Immer wieder sei betont, daß eigenes Nachdenken hierbei besser ist als vorschnelles Fragen — stets aber Fragen besser, als unverständliche Maßnahmen schweigend mit anzusehen.

Formkästen. Die Bedingungen, welche endlich die Formkästen erfüllen müssen, sind einfachster Natur und werden mit einfachsten Mitteln erfüllt. Durch zwei sorgsam passende Stifte- und Ösenpaare am Rande der (gußeisernen) Rahmen wird gewährleistet, daß sie stets abweichungslos übereinander zu liegen kommen. Auf die Genauigkeit im Passen dieser Stifte sollte allerdings vielfach größerer Wert gelegt werden, denn bei wackligen, ausgeleierten Verbindungen stehen die Kästen ungenau aufeinander, und schlechter Guß ist häufig die Folge. Größere Formkästen, die oft nur noch mit Kränen bewegt werden können, haben noch an der Innenseite senkrechte gegenüberliegende Nuten, zwischen denen Eisengitter mit Keilen befestigt werden. An ihnen findet die Formmasse willkommenen Halt.

Nachdem wir so an Hand der einfachsten Abformung uns über die ersten Grundlagen des Formens klar geworden sind, müssen wir diese ergänzen, indem wir nunmehr an diejenige gußtechnische Aufgabe herantreten, die der Maschinenbau hauptsächlich an die Formerei stellt: die Erzeugung hohler Gußkörper.

Knüpfen wir an unser erstes Beispiel an: Wir wollen eine Hohlkugel gießen. Wie erzeugen wir die Form?

Kerne. Es muß nichts weiter geschehen, als verhindert werden, daß der ganze vorher geschaffene Raum voll Eisen läuft. Wir füllen also einfach den Raum, der fürs Eisen versperrt sein soll, ebenfalls mit Formsand aus: wir stellen einen „Kern" her, den wir in die ursprüngliche Form hineinlegen. Hieraus ersehen wir, daß es für die Herstellung eines Modells belanglos ist, ob der zu erzeugende Körper voll oder hohl ist. Das Modell liefert immer nur die Außenform. Ich kann in diese Außenform nach Belieben verschiedene Hohlräume hineingießen, je nach den Kernen, die ich in die hohle Form einlege.

Wie erzeuge ich einen solchen Kern? War die Form das Negativ des Modells, so ist der Kern das Positiv des sog. Kernkastens; ich erzeuge ihn auf dieselbe Weise, wie einen vollen Gußkörper in der Sandform, nur mit dem Unterschied, daß ich statt des Formsandes Holz, statt des hineingegossenen Metalls hineingestopften, festgestampften Kernsand treten lasse. Ein Kernkasten ist, volkstümlich ausgedrückt, nichts anderes als die bekannten zweiteiligen Kuchenformen. In unserem gewählten Falle müßte ich also aus zwei Holzblöcken je eine hohle Halbkugel herausdrechseln, beide Blöcke mittels der bereits bekannten Verdübelung aufeinanderpassen, so daß die beiden größten Kreise sich genau decken und mir zu dieser in den Kasten eingeschlossenen Hohlkugel durch Bohrung eines Loches den Weg von außen bahnen. Nunmehr kann ich beide Hälften mit einer Klammer oder Schraubzwinge zusammenhalten und die Hohlkugel mit „Masse" erfüllen. Sand würde beim Einlegen des Kerns in die Form oder schon beim Transport zerbröckeln. Durch das Zugangsloch hindurch wird die Füllung festgestampft (die Kernkästen müssen deshalb äußerst dickwandig sein) und nach Auseinanderklappen der beiden Hälften (wie Schalen einer Walnuß) der Kern herausgenommen und im Ofen gebrannt. Er ist nun ziemlich fest und kann in die Form eingelegt werden.

Kernstützen. Jetzt taucht eine neue Schwierigkeit auf. Der Kern soll rings von Eisen umspült werden, darf also die Wand der Form nirgends berühren; und obendrein soll der Hohlraum zwischen Kern und Wand überall gleich weit sein. Wir könnten uns durch die vielfach verwendeten „Kernstützen" helfen. Diese bestehen aus zwei kleinen viereckigen Stützblechen, die, durch zwei Distanzbolzen verbunden, ihren Abstand denjenigen Teilen mitteilen, zwischen die sie geschoben sind. Sie schmelzen mit ins Eisen hinein. Wir könnten also rings die Kernkugel durch Kernstützen gegen die Hohlkugelwandung absteifen und sozusagen in der Schwebe halten.

Kernlöcher. Eine neue Schwierigkeit tritt jedoch auf. Gösse ich nun, so erhielt ich eine Hohlkugel aus Eisen, aus der der Sandkern nicht zu entfernen wäre. Wir sehen, daß es untunlich ist, einen allseitig geschlossenen Hohlkörper zu gießen. Für das Ausräumen des Gußkerns müssen von vornherein Löcher gelassen werden, die so wichtigen Kernlöcher, die mit Vorliebe vom Neuling im Büro vergessen werden und ihm dem Gießereileiter gegenüber die Blöße ungenügender werkstattmäßiger Erfahrung geben. Es sollte in der Tat keinem Ingenieur zustoßen, der sich in der Gießerei auskennt. Muß der Hohlraum unbedingt geschlossen werden (Kühlmäntel, Heizmäntel, doppelwandige Deckel u. ä.), so müssen die Kernlöcher nachträglich mit Gewinde versehen und durch einen Stopfen verschraubt werden. Andernfalls läßt man sie einfach offen.

Was bedeutet nun dieses Kernloch für den Kern? Es zeigt sich am Kern als Positiv, d. h. der Kern bekommt einen runden (weil leicht auf der Drechselbank auszudrehenden)Fortsatz oderZapfen, den wir gleich zwiefach verwenden könnten. Im Kernkasten ist das ein Hohlzylinder, ein Kanalansatz: wir können ihn als Zugangskanal für das Einfüllen und Stampfen ausnutzen. In der Form muß der Ansatz den ganzen Hohlraum durchsetzen, damit wirklich ein Loch in der Eisenwandung entsteht. Bringen wir an zwei gegenüberliegenden Stellen der Kernkugel je so einen Zapfen an, so bekommen wir einmal ein bequemes „Ausputzen" der gegossenen Hohlkugel vom Sand, der innen darin steckt, weil wir mit dem „Putzhaken" durch und durch fahren können; dann aber vor allem stützt sich nun der Kern durch die beiden Ansätze von selbst in der Hohlform ab, so daß wir die umständlichen Kernstützen entbehren können.

Kernmarken. Um dem Kern eine gesicherte Lage in der Form zu verleihen, geht man endlich noch einen letzten Schritt weiter: man macht die Ansätze am Kern länger, als die Wandstärke der zu gießenden Hohlkugel beträgt, und sieht in der Hohlform von vornherein zwei zylindrische Löcher vor, die den gleichen Durchmesser haben wie der Kern und in denen dieser, beiderseits hineingesteckt, sicher ruht. Zu diesem Zweck werden gleich an der Modellkugel zwei solche Zapfen angebracht, die sich dann in der Form selbsttätig mit abformen. Man nennt sie „Kernmarken", und sie werden von dem übrigen Modell durch besonderen Anstrich (meist schwarz) als solche hervorgehoben. Jemand, der mit dem Formen und Gießen nicht vertraut ist, kann unmöglich in der Modelltischlerei ahnen, welchem Zweck diese „überflüssigen" Anhängsel dienen, und wieso es kommt, daß das fertige Gußstück sie nicht aufweist.

Arbeitsleisten, Augen. Bei dieser Gelegenheit sei auch noch eine Erklärung gegeben für die sog. „Arbeitsleisten". Sie bestehen in viereckigen Plättchen oder runden „Augen", die auf den glatten Modellkörper aufgesetzt werden. Es geschieht an allen den Stellen, die später glattes Widerlager bilden sollen

und deshalb bearbeitet werden müssen, ohne daß das Material des Gußstückes geschwächt werden soll. Auch muß das glattschneidende Werkzeug
(Hobelstahl, Fräser, Senker usw.) allseitig freien „Auslauf" haben, so daß
eine Erhabenheit der Arbeitsfläche über die Nachbarteile erforderlich wird.
Ist dagegen eine gleichmäßige Bearbeitung der ganzen Oberfläche des Gußstückes in Aussicht genommen, so wird dies durch einen Zuschlag von meist
3 mm Material zum angegebenen Maß berücksichtigt.

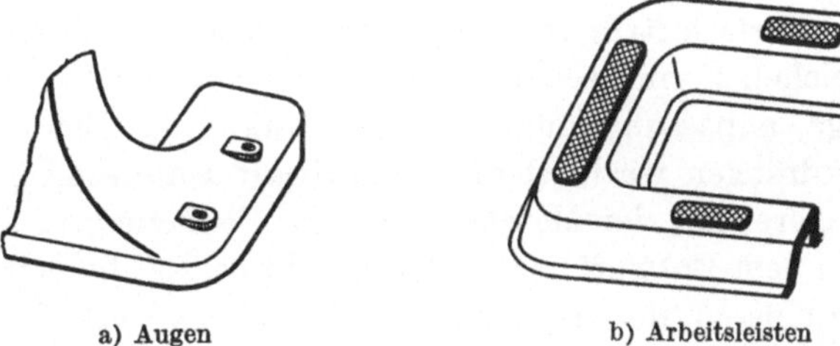

a) Augen   b) Arbeitsleisten

Hiermit hätten wir alle kennzeichnende Begriffe der Durchschnitts-
formerei aufgezählt. Daß und wie sich mit den erläuterten Kniffen die
verwickeltsten Aufgaben durch richtige Zusammenwirkung lösen lassen,
lehrt der Augenschein der Werkstatt. Dem eingehenden und gerade in der
Gießerei und Tischlerei so besonders wichtigen Beobachten müssen alle
weiteren Einzelheiten überlassen werden. Nichts fördert und entwickelt
das dem Ingenieur unentbehrliche Raumanschauungsvermögen so sehr
wie das Nachdenken über die Modelle und Formen. In keiner Werkstätte
lernt der junge Ingenieur so viele unmittelbar verwertbare Kenntnisse
für das Konstruieren.

Schablonen. Auf eine besondere Art des Formens muß hier noch hingewiesen werden: das Formen mittels Schablonen. Die große Vorliebe der
Ingenieure für runde Formen, für Rotationskörper, beruht nicht auf ihrem
Geschmack oder auf Herkommen, sondern in der außerordentlichen Bequemlichkeit und Billigkeit ihrer Erzeugung und Bearbeitung. Auch für
die Herstellung eines Modells ist es von Wert, wenn es als Drehkörper
entworfen ist und auf der Drechselbank rasch und leicht herzustellen ist.
Unendlich augenfälliger aber ist die große Ersparnis durch Entwurf von
Rotationskörpern dort, wo sie geradezu die Herstellung eines Modells
ersparen. Es ist klar, daß man eine Rotationshohlform dadurch erzeugen
kann, daß man auf geglättetem Grunde eine senkrechte Achse errichtet
und diese als Drehmittelachse des Rotationsprofils benutzt. Das Verfahren
kann für Kern- wie für Formherstellung dienen. Es wird in der Lehm-
formerei fast ausschließlich, in der Masseformerei häufig, in der Sand-

formerei wegen der Lockerkeit des Magersandes seltener angewendet. Genauere Belehrung liefert der Augenschein. Hier soll nur eine Andeutung gegeben werden, wozu diese hölzernen Bretter mit ausgesägten Profilen, „die Schablonen", die in der Tischlerei gefertigt werden, bestimmt sind.

Formmaschinen. Der Praktikant sieht bald ein, daß die Formerei sich in einer Beziehung den neueren Fabrikationsgrundsätzen gegenüber spröde zeigt: nämlich in der Unentbehrlichkeit der handwerksmäßig geübten Handarbeit. Trotzdem macht auch hier die Einführung der Formmaschinen stete Fortschritte. Im Wesen der Formerei mit ihrem unendlich abwechslungsreichen Formenschatz liegt es jedoch begründet, daß hier die immer einseitige, anpassungsunfähige Formmaschine niemals ganz die Handarbeit verdrängen wird. Gerade um dieser Unterschiede willen ist jedoch die Formerei mit der Maschine und die Bedingungen, die für ihre Verwendung bei dem Entwurf der Gußkörper durch den Ingenieur berücksichtigt werden müssen, der eingehendsten Beachtung wert. Wir möchten diese Betrachtungen, die schon etwas technisches Verständnis voraussetzen, insbesondere solchen Praktikanten empfehlen, die nach Erledigung einiger Hochschuljahre einen zweiten Blick in die Werkstatt tun.

Zur Übersicht sei nur hervorgehoben, daß man unterscheidet: Hilfsformmaschinen (Zahnradformmaschinen), die mittels Modellteilen Teile der Form ohne vollständiges Modell herstellen kann. Zu ihrer Bedienung gehört ein gelernter Former. Voraussetzung ihrer Anwendung ist ständige Wiederkehr einer Profilierung an der herzustellenden Form (Zähne am Zahnrad). Ihr Hauptvorteil beruht im genau senkrechten Aufheben des Modellteiles. Die Kastenformmaschinen ersetzen am weitgehendsten die Handarbeit. Häufig trifft man die Einrichtung so, daß der frische Sand, unmittelbar am Modell, von Hand gestampft und dann der Kasten mit altem Sand maschinell gefüllt wird (durch Pressen, Stampfen, Rütteln oder Schleudern).

Schmelzöfen. Nachdem wir so einen kurzen Überblick über die Herstellung der Formen gewonnen haben, wenden wir uns der zweiten Vorbereitung des eigentlichen Gusses zu: dem Einschmelzen.

Das Einschmelzen geschieht in den Gelbgießereien noch heute in dem ursprünglichen Schmelzgefäß, dem Tiegel, der sich nur zum Tiegelofen entwickelt hat. In der Eisengießerei ist der sogenannte Kupolofen heute durchaus vorwiegend (L 41). Das Kennenlernen dieser Öfen geschieht besser durch Anschauung als durch ein Buch. Der Kupolofen ist in allen wesentlichen Teilen lediglich eine Nachbildung des Hochofens in kleinerem Maßstabe. Im Unterschied vom Hochofen, der ununterbrochen betrieben wird, pflegt das Einsetzen in den Kupolofen täglich neu zu erfolgen. Über die Beschickung eines Kupolofens verschaffe sich der Leser aus eigener Erfahrung Kenntnis, indem er den Gießereibetriebsingenieur bittet, ihn ein paarmal auf der Beschickbühne an der Arbeit teilnehmen zu lassen.

Das Gießen. Wir können nach Herstellung der Form und Schmelzung des Metalles zum eigentlichen Guß schreiten.

Die vier Hauptpunkte, die beim Guß Berücksichtigung erfordern, sind: 1. die Schwere des flüssigen Eisens, 2. seine Zähflüssigkeit, 3. seine Gasabsonderung beim Erkalten, 4. das sogenannte „Schwinden".

Auftrieb. Die Schwere des Gußgutes ist eine unabänderliche Tatsache. Sie verhindert, daß man das Eisen einfach in die Form von oben hineingießen kann: damit die leichte Form nicht durch den Aufprall des eingegossenen Eisens zerstört wird, beschwert man sie durch aufgelegte Gewichte. Oft führt man das Eisen auf Umwegen von unten her in die Form: vermittels eines seitlich angebrachten senkrechten Kanals gelangt es in eine kleine Erweiterung, die besonders fest gestampft ist und welche den Aufprall aufnimmt. Nunmehr fließt es ruhig durch einen waagerechten Kanal, den „Anstich", der Form möglichst am untersten Punkte zu. Immerhin steigt es nach dem Gesetz der kommunizierenden Röhren mit beträchtlichem Druck nach oben. Alle Kerne und Vorsprünge müssen daher sorgfältig gelagert und versteift sein, um dem Auftrieb des Eisens zu widerstehen. Der Deckel der Form wird mit Gewichten beschwert, um sein seitliches Austreten in der Teilfuge zu hindern. Sind Kanten oder Kerne ungenügend befestigt, so schwimmen sie oben auf dem Eisen weg, setzen sich an der höchsten Stelle fest und ergeben „Ausschuß", unbrauchbaren Guß.

Zähflüssigkeit. Weniger Veranlassung zu Ausschuß gibt die zweite unangenehme Eigenschaft des Gußeisens: die Zähflüssigkeit. Erstens hat man es in der Gießerei in bestimmten Grenzen in der Hand, das Eisen leichtflüssiger zu machen: einmal durch Erhöhung der Temperatur. Je weiter ein Körper über seinen Schmelzpunkt erhitzt wird, desto leichtflüssiger wird er. Dieses Mittel ist aber in der Gießerei ein zweischneidiges Schwert. Abgesehen von dem Mehraufwand an Brennstoff, den es bedingt, bringt es auch stärkere Gasabsorption, stärkeres Schwinden beim Erkalten mit sich — zwei Übelstände, die mit allen Mitteln bekämpft werden müssen. Das zweite Mittel ist chemischer Natur und kommt in der Gattierung zum Ausdruck. Phosphorbeimengung macht das Eisen dünnflüssig, leider auch spröde.

Zweitens hat bereits der Konstrukteur für Unschädlichkeit der Zähflüssigkeit des Gußeisens Sorge zu tragen, indem er alle Formen mit weichen, allmählichen Übergängen entwirft und für die notwendigen Kanten Abrundungen vorschreibt. Der Modellschreiner hat ihn hierbei zu unterstützen. So wird die Zähflüssigkeit des Eisens im allgemeinen ein unschädliches Übel.

Gasabsonderung. Wir kommen jetzt zu den beiden lästigsten und oft genug geradezu verhängnisvollen Eigenschaften des Gußeisens: der Gasabsonderung und dem Schwinden. Entstehen durch sie sichtbare Fehler, so ist das Stück Ausschuß. Entstehen aber unsichtbare, so ist es noch das kleinere Übel, wenn bei der letzten Bearbeitung in den mechanischen Werkstätten die Löcher und Risse zum Vorschein kommen und das oft mit großen Kosten bearbeitete Stück weggeworfen werden muß, soweit keine Ausfüllung der Löcher durch Schweißen in Frage kommt; — das kleinere Übel trotz des Ärgers der dadurch häufig verursachten verspäteten Lieferung. Viel gefährlicher ist es, wenn das innerlich kranke Stück im Betrieb bricht.

Schnell und langsam Abkühlen. In die kalte Form fließt das glühende Eisen. An den Wänden kühlt es sich sofort ab und wird fest — zumal wenn diese feucht sind, also durch Wasserverdampfung dem Eisen die Wärme kräftig entziehen. Die Bildung einer festen Kruste verhindert das Ausströmen des Gases. Die Gefahr, daß es drinnen bleibt und das Eisen schwammig macht, ja geradezu Höhlen bildet, ist also sehr groß.

Freilich ist das Entstehen der Kruste häufig an sich nicht unerwünscht. Diese sogenannte „Gußhaut" gibt eine harte Oberfläche, weil bei dem plötzlichen Abschrecken der Kohlenstoff nicht Zeit findet, sich graphitisch auszuscheiden. Häufig begünstigt man deshalb geradezu die Wärmeabfuhr durch teilweise oder ganz eiserne Formen, sogenannte Kokillen[1]. Es muß daher mit der sofortigen Entstehung der Gußhaut gerechnet werden, selbst wenn man sie durchschnittlich vermeiden könnte: nämlich durch getrocknete Formen. Glücklicherweise ist die immerhin noch glühende Gußhaut fähig, den Gasen den Durchtritt zu gewähren. So sieht man denn noch geraume Zeit nach dem Guß aus den mit dem Luftspieß gestochenen Kanälen rings die Flämmchen der brennbaren, weil wasserstoffreichen Gasabsonderungen herauszüngeln. Immerhin ist besonders bei großen Stücken Sorge zu tragen, daß die Gasbläschen an eine flüssige Oberfläche gelangen. Dies geschieht durch den „Anguß" oder „verlorenen Kopf", einen möglichst dicken Fortsatz, der vom höchsten Punkt des Modells nach oben führt und möglichst lange in flüssigem Zustand erhalten wird. Dieser Fortsatz wird dann beim Putzen abgeschlagen.

Schwinden. Leider findet die Gasabsonderung einen Bundesgenossen im „Schwinden" des Materials. Gußeisen dehnt sich, wie fast alle Körper, bei Erwärmung aus. Beim Erkalten tritt daher Zusammenziehung, „Schwinden" ein, und zwar kann man den Vorgang in zwei wichtige Stadien

---

[1] Die Sandformen heißen, weil nur einmal verwendbar, „verlorene Formen". Die Anwendung von Dauerformen für Grauguß, Kokillen, ist gering, einmal wegen der meist unerwünschten Härte der Gußhaut und dann wegen der Beschränkung auf einfachere Formgebung.

teilen: das Schwinden im teilweise flüssigen Zustand und das Schwinden im festen Zustand.

Das Schwinden im teilweise flüssigen Zustand ist mit bloßem Auge deutlich wahrnehmbar: die Ränder der im Anguß oder im sogenannten „Steiger" befindlichen Eisenmenge erstarren sogleich nach dem Guß. Die flüssig bleibende Mitte sinkt dagegen mit dem „Zusammensacken" des Forminhaltes herab, so daß die kennzeichnende trichterförmige Oberfläche sich zeigt. Diesem Schwinden in flüssigem Zustande kann und muß man zu begegnen suchen, indem man einige Zeit nach dem Guß flüssiges Eisen nachfüllt. Bei großen und verwickelten Gußstücken dauert solches Nachfüllen oft stundenlang und wird von ständigem „Pumpen" begleitet: um sicher zu sein, daß die Ergänzungsflüssigkeit zu den Stellen dringt, die ihrer am nötigsten bedürfen, stochert man mit Stäben in alle senkrechten Kanäle: Steiger, Eingüsse, verlorene Köpfe.

Das Material bedarf dieser Nachhilfe. Die Wärmeaufnahmefähigkeit des Formstoffes ist ja begrenzt. Nun wird an den hohlen Ecken und Kanten dem Formstoff mehr Wärme angeboten als auf den glatten Flächen, denn das Gußeisen bestürmt dort den Formsand von zwei oder drei Seiten aus gleichzeitig. Die Wärmeabfuhr ist dort ungenügend, das Material ist dort noch flüssig, während es auf den Flächen bereits erstarrte. Sackt sich nun das flüssige Innere, so wird das flüssige Gußeisen aus den hohlen Kanten weggesogen. Die Kante bekommt ein Loch, das Stück wird Ausschuß, wenn nicht durch den Druck des „Pumpens" neues Gußeisen hineingedrückt wird.

So kann man bewirken, daß wenigstens die Löcher (die natürlich durch Anfüllen mit Gas zum Schwellen neigen) nur in die Angüsse kommen, wo sie unschädlich sind. Und als Konstruktionsregel für später möge sich der Praktikant gleich merken, daß man keine Gelegenheit versäumen soll, die beim Gießen zu oberst liegenden Teile der Gußstücke so zu gestalten und anzuordnen, daß wenigstens die Festigkeit nicht gefährdet wird, wenn sie blasig werden.

Das Schwinden, das sich nun im festen Zustande fortsetzt, ist der werkstattechnisch am schwersten zu bekämpfende Feind gesunden Gusses. Über den ganzen Körper hin gleichmäßiges räumliches Schwinden wird ohne weiteres berücksichtigt. Die Modelltischler benutzen keine gewöhnlichen Maßstäbe, sondern „Schwindmaßstäbe", die entsprechend dem Schwindmaß (bei Gußeisen 1%, bei Stahlguß 2%, bei Bronze und Elektron 1,5%) länger sind.

Damit ist es aber leider nicht abgetan. Tatsache ist, daß eine völlig gleichmäßige Abkühlung wegen der unvermeidlichen Hohlkanten unmöglich ist. Infolgedessen werden einzelne Teile sich zusammenziehen wollen, während andere ihnen nicht zu folgen vermögen. Es entsteht genau dasselbe wie bei der einseitigen Erwärmung eines Stückes Karton. Die erwärmte Schicht dehnt sich, die kalte folgt nicht mit; es entstehen innere Spannungen zwischen den Molekülen, die darin zum Ausdruck kommen, daß sich das Stück stark wölbt, „es zieht sich" oder „es wirft sich". Auch Gußeisen wirft sich, doch selten wahrnehmbar. Aber die Spannungen sind da und keine geringen. Mitunter sind sie so groß, daß sie die Festigkeit des Gußeisens übersteigen; dann zerspringt das Gußstück mit lautem Knall, oft noch in der Form. Meist sind sie geringer und unerheblich. Oft genug tritt aber der verhängnisvolle Fall ein, daß die „Gußspannung" nahe an die Grenze der Festigkeit herankommt. Dann springt der Körper nicht von selbst — aber bei der ersten namhaften Betriebsbeanspruchung. Diese Gefahr zwingt daher zu so vorsichtiger Bemessung der Gußkörper und zu verhältnismäßig geringen Zumutungen an ihre Festigkeit.

Das einzige, was der Konstrukteur zu tun vermag, ist die ängstliche Beobachtung folgender Regeln:

1. Alle Hohlkanten (Hohlkehlen) mit großem Radius abrunden.

2. Gleichmäßige Materialstärke über das ganze Stück hin beibehalten oder wenigstens beim Zusammentreffen verschiedener Querschnitte gute Übergänge vorsehen.

3. Ausgesprochene Materialanhäufungen unbedingt vermeiden.

So ist einigermaßen die Gewähr für gleichmäßig schnelle Abkühlung, für „spannungsfreien Guß" gegeben.

Die Werkstatt kann in Fällen, wo dem Konstrukteur in dieser Richtung die Hände gebunden sind, ihn wirksam unterstützen, indem die dicken, wärmeaufspeichernden Teile gleich nach eingetretenem Erstarren von Sand befreit werden. Der kühlende Einfluß der bewegten Luft läßt sie dann etwa gleich schnell sich abkühlen, wie die im Sand geborgenen dünnen Teile.

Im vorstehenden wurde versucht, Hauptgesichtspunkte zu geben. In das technische Gefühl und vollkommene geistige Eigentum den überreichen Anschauungstoff der Modelltischlerei und Gießerei zu übermitteln, das vermag die Buchform überhaupt nicht, dazu bedarf es aufmerksamen, verständnisvollen Schauens und eigenen Handanlegens.

Guß-Putzerei. Die Gußstücke werden nach dem Erkalten von Steiger, Einguß und Kern befreit. Dies geschieht in der Gußputzerei entweder durch Abschlagen oder bei großen Stücken mit Metallbandsägen. Ein Entfernen des anhaftenden Formsandes, der die Schneidwerkzeuge rasch stumpf machen würde, erfolgt mittels Drahtbürsten oder im Sandstrahlgebläse. Ein Aufenthalt in der Putzerei ist für den Praktikanten sehr empfehlenswert.

Die größere oder geringere Schwierigkeit und dem Zeitaufwand proportionale Kostspieligkeit des Entfernens der Sandkerne aus dem Gußstück ergibt manche Lehre für zweckmäßige Konstruktion der Kerne und vor allem Kernlöcher. Besonders von Vorteil ist die Gegenwart beim Aussondern des Ausschusses. Wie wir an den Fehlern stets am meisten lernen, so auch hier. Vor allem übt sich das Auge, die feinen, oft kaum wahrnehmbaren Zeichen kranken Gusses aufzufinden, eine Fertigkeit, die auch dem außerhalb des Betriebes stehenden Ingenieur vonnöten ist.

Im Anschluß an den zusammenhängenden Text dieses und der folgenden Kapitel wird je eine Anzahl Hinweise, meist in Frageform, gegeben werden, die den Praktikanten bei seiner Werkstattätigkeit auf einige Hauptpunkte aufmerksam machen wollen, die für gewöhnlich leicht übersehen werden oder besondere Beachtung vor allem verdienen. Besonders gegen den Schluß der jeweils in einer Werkstätte verbrachten Arbeitszeit wird dieser Kreis von Fragen als eine Art Maßstab empfohlen, an dem der Leser selbst zu beurteilen vermag, wie weit er den Wahrnehmungsstoff nunmehr beherrscht.

Beobachtungswinke

a) Modelltischlerei. Bei jedem fertig daliegenden Modell frage man sich oder den Verfertiger: Aus welchen Einzelteilen ist es zusammengesetzt? Welche Maße braucht man zu der Herstellung? Wie entstand es?

Welche Maße sind insbesondere zu geben, um die Lage des Kerns zur Form eindeutig zu bestimmen?

Bedeutung des häufig losen Zusammenhangs zwischen Augen, Nasen, Flanschen, Arbeitsleisten mit dem übrigen Modell?

Wie wird eine beliebig gekrümmte Fläche in Holz oder anderem Modellmaterial erzeugt (Turbinenschaufeln, Zahnflanken, Propellerschrauben)?

Wie werden Hohlkantenabrundungen und wie solche erhabener Kanten erzeugt, und welches Maß ist dafür anzugeben?

Wozu dienen die folgenden **W e r k z e u g e :**

Feilkloben	Rauhbank	Schränkeisen	Ziehmesser (Gerad-
Stechbeitel	Raspel	Fuchsschwanz	eisen und
Nutenhobel	Krauskopf	Quersäge	Krummeisen)
Falzhobel	Zentrumsbohrer	Rückensäge	Kugeltaster
Simshobel	Schneckenbohrer	Stichsäge	Streichmaß
Profil- oder	Löffelbohrer	Bogensäge	Anschlagwinkel
Fassonhobel	Drillbohrer	Hohleisen	Schmiege

b) Gießerei. Welche Mittel stehen (außer den im Text erwähnten) der Formerei zur Verfügung, um trotz ungleichmäßiger Materialverteilung im Gußstück einigermaßen spannungsfreien Guß zu erzielen (Schreckplatten)?

Welcher Mittel bedient sich der Kernmacher zur Versteifung des Kerns?

Man versuche ein Urteil zu gewinnen, bis zu wie geringem Querschnitt im allgemeinen ein Kern konstruiert werden darf, um Wegschwimmen zu verhindern und seine Entfernung beim Putzen noch zu ermöglichen.

Welche Mittel hat der Putzer, um die ausgeleerte Höhlung auf etwaige Formsandreste zu prüfen?

Welche Mittel stehen dem Former zur Verfügung, um bei dicht überdeckten Kernen den Zwischenraum zwischen Kern und Form auf durchgehende Gleichmäßigkeit und Vorschriftsmäßigkeit zu prüfen? Und besonders bei gekrümmten Wandungen?

Welche Mittel stehen für Untersuchung eines äußerlich tadellosen Stückes auf etwaige Risse oder blasige Stellen zur Verfügung?

Welches ist die Zusammensetzung des Formsandes in der betreffenden Fabrik?

Abschätzung des Gewichtes und Belehrung über die Lohnkosten besonders großer Gußstücke?

Welche Regeln gelten für die Temperatur des Eisens beim Gießen?

Woran erkennt der Former, daß sein Eisen die rechte Temperatur zum Eingießen hat?

Woran erkennt der Kernmacher, daß der im Ofen trocknende Kern „gar" ist?

10. Schmiede

Verwendung geschmiedeter Stücke. Die Schmiedetechnik hat durch Ausbildung des Gesenkschmiedens und der Stauchmaschinen in den letzten Jahren sehr beachtliche Fortschritte gemacht. Ferner bietet das geschmiedete Stück infolge der Durchknetung und der an sich größeren Zähigkeit des Stahls für viele Zwecke so erhebliche Vorteile, daß die Schmiede stets ein wichtiger Teil der Maschinenfabrik neben der Gießerei bleiben wird.

Durch die Schwierigkeit, Lehrlingsnachwuchs für das Schmiedehandwerk heranzuziehen, stellt sich der Schmiedebetrieb mehr und mehr vom Hand- auf den Maschinenbetrieb um. Es ist daher ganz besonders wichtig, daß sich der Praktikant in der Schmiede über die Gesichtspunkte klar wird, die der Konstrukteur berücksichtigen muß, um seine Anforderungen den maschinellen Hilfsmitteln der Schmiede anzupassen, damit gut und billig geschmiedet werden kann.

Freiformschmiede. Im folgenden sei zunächst die Rede von den mit der Hand bzw. in freier Formgebung unter dem mechanischen (Dampf-, Feder-, Luft- usw.) Hammer ausgeführten Schmiedearbeiten. Diese werden aus den angegebenen Gründen seltener, während das Pressen, Gesenk- und Maschinenschmieden an Anwendungsmöglichkeiten gewinnen.

Man läßt hauptsächlich solche Stücke von Hand schmieden, bei denen 1. allseitige Bearbeitung stattfindet, 2. einfachste Formgebung möglich ist, 3. die Stückzahl so gering ist, daß sich die Herstellung der kostspieligen Gesenke nicht lohnt. Solche Maschinenteile sind z. B. gewisse Wellen und Achsen an größeren, nur in wenigen Ausführungen gebauten Maschinen.

Ein weiterer Grund zum Ausschalten der Schmiede liegt in dem Aufschwung, den die Verwendung der Schnellstähle bei den Werkzeugmaschinen genommen hat. Mit diesen kann man gewaltige Mengen dicker Späne in so kurzer Zeit und so billig von den Stücken herunter„schruppen", daß man mehr und mehr dazu übergeht, die Maschinenteile „aus dem Vollen zu schruppen". Das will sagen: Es ist billiger und geht schneller, beispielsweise von einem Stück fertig vom Walzwerk bezogenen Rundeisens ringsherum

20 mm auf eine bestimmte Länge auf der Drehbank herunterzuschälen, als durch Ausschmieden (Strecken) den Durchmesser um zweimal 20 mm zu verkleinern. Diese Erwägungen richten sich natürlich nach den Preisen des Ausgangsmaterials (Stangen, Knüppel), der Kohlen und Löhne.

Bei der Berechnung, was billiger wird: ein Stück vorzuschmieden oder vorzuschruppen, ist der Hauptpunkt: die Zeit. Daher ist es eine wichtige Aufgabe des Praktikanten, in der Schmiede sich ein möglichst genaues Urteil darüber zu bilden, wie schnell geschmiedet wird, wieviel „Hitzen" gebraucht werden, um das Stück fertigzustellen, usw.

Vor allem aber soll der künftige Konstrukteur sich das Gefühl dafür bilden, wie durch Benutzung der Abmessungen des Ausgangsmaterials, z. B. der handelsüblichen Stabeisenquerschnitte, Vorarbeiten und Brennstoffaufwendung in der Schmiede erspart werden können, und welche Mittel man anwendet, um die Ziele, die der Konstrukteur steckt, zu erreichen (L 14).

Gesenkschmieden. In höherem Maße als das Schmieden von Hand erlaubt das Schmieden im Gesenk oder mittels der Stauchmaschine die Ausführung recht verwickelter Formen und ergibt mindestens so saubere Oberflächen wie der beste Guß. So stellt man im Automobilbau z. B. vorwiegend „gekröpfte" (d. h. mit mehrfachen Kurbelschleifen (Kröpfungen) verlaufende) Kurbelwellen im Gesenk her. Kettenglieder für verwickelt geformte Patentketten, Steuerhebel, die große Sicherheit bieten müssen, usw. werden im Gesenk fertig zum Gebrauch geschmiedet. Manche Teile brauchen nicht einmal in den Bohrungen nachbearbeitet zu werden.

Wichtig sind aber für die konstruktive Verwendung dieser Maschinenschmiedearbeit hauptsächlich zwei Gesichtspunkte: Erstens folgt aus der Schwierigkeit, d. h. Kostspieligkeit der Herstellung der Gesenke, daß sie sich nur lohnt, wenn die im Gesenk geschmiedeten Teile in sehr großer Zahl hergestellt werden müssen, damit die Gesenkkosten sich auf möglichst viele Stücke verteilen. Zweitens — und das gilt insbesondere für die Stauchmaschinenarbeit — verbilligt sich die Arbeit sehr erheblich, wenn der Konstrukteur möglichst weitgehend die Maße benutzt, die das Ausgangsmaterial (Stangen, Knüppel) besitzt.

Auch in der allgemeinen Formgebung ist die genaue Kenntnis der Vorgänge beim Maschinenschmieden Vorbedingung für sachgemäßes Konstruieren. Alle Maßnahmen, die dem Ingenieur, will er werkstattgerecht, d. h. billig und gut entwerfen, in Fleisch und Blut übergegangen sein müssen, lernt der Praktikant in der Schmiede durch aufmerksames Schauen und Fragen. Es ist nicht nötig, sie hier im einzelnen zu beschreiben. Dagegen wäre es falsch, wenn der Praktikant seine Aufmerksamkeit allzusehr auf die Einzelheiten der Maschinen statt auf die der Vorgänge lenken würde (L 15).

Mechanische Hämmer. Die Hämmer der Freiformschmiede sind mit Dampf- oder Riemenantrieb (Lufthämmer mit Kompressor) versehen. Für Gesenkschmiedearbeiten verwendet man Brettfallhämmer und bei großen Stücken hydraulische Pressen. Die Einrichtung aller dieser Maschinen lehrt später bei geschultem technischen Verständnis das Buch und der Unterricht schneller und ausgiebiger, als es jetzt die mühevollen ersten eigenen Forschungen vermögen. Wenn auch ein aus gesunder Neigung zur Technik folgendes Interesse für die Maschinen dem Praktikanten von selbst innewohnen wird, so muß doch davor gewarnt werden, die maschinentechnische Erkenntnis während der Werkstattpraxis über die werkstattechnische zu stellen.

Warmpressen. Eine Abart des Gesenkschmiedens ist das „Warmpressen“ von Teilen aus Messing und Bronze. Dazu werden Stücke des Metalls, die genau das Volumen des Fertigfabrikats haben, in Muffelöfen rotwarm gemacht, einzeln in die Stahlform gelegt und unter großem Druck gepreßt. So stellt man z. B. kleine Flügelmuttern und ähnlich geformte Teile her. .

Die Technik des Pressens ist heute zu hoher Vollendung gediehen: das Verfahren liefert meist völlig maßgenaue Stücke, verbessert den Rohstoff durch gründliches Durchkneten, erspart Werkstoff und ist ungemein leicht zu handhaben, so daß die kostspielige Verwendung gelernter Arbeiter fortfällt. Schwierigkeiten liegen auf dem Gebiet der Herstellung von Stempeln und Matrizen. Ihr gelte daher vor allem die Aufmerksamkeit des Praktikanten. Der großen Wärme der Preßstücke sollen sie ebenso standhalten wie bei Härte an der Oberfläche doch einen zähen Kern besitzen, der die starken Stöße vertragen kann.

Kesselschmiede. In der Kesselschmiede tritt die Handarbeit noch weiter zurück. Sie beschränkt sich lediglich auf das Setzen von Nieten, Verstemmen mit dem Meißel, Ausschmieden eines Blechstoßes und das Umbördeln oder Einwalzen von Siede- oder Rauchrohren. Von Hand genietet wird nur dort, wo die Maschinennietung oder das Schweißen nach der örtlichen Lage der Verbindungsstelle durchaus nicht möglich ist. Hieraus folgt wieder, daß der Konstrukteur so zu konstruieren hat, daß solche Nieten möglichst wenig vorkommen. Voraussetzung hierfür ist das nur in der Werkstätte erlernbare Urteil, wieviel freien Raum die Anwendung der Nietmaschine erfordert.

Die Maschinennietung erfordert Preßluft oder Preßwasser als Kraftträger. Viele ziehen die Preßwassernietmaschinen im Interesse solider

Nietung vor. Sie besitzen jedoch den Nachteil, daß sie so gut wie unverrückbar an die Preßwasserzuführungsleitung gebunden sind, also das Werkstück zu ihnen gebracht werden muß, was sich bei schweren oder sperrigen Stücken häufig von selbst verbietet oder zu teuer wird. In dieser Beziehung ist ihnen die Preßluftnietung mit ihrer Energiezufuhr durch biegsame Schläuche überlegen, ohne dabei, halbwegs sorgfältige Handhabung vorausgesetzt, minder gute Arbeit zu liefern.

Nieten. Die Wirksamkeit eines Nietes beruht nämlich darauf, daß der glühende Niet beträchtlich länger ist als der erkaltete wegen der Wärmeausdehnung. Wird nun der Nietkopf so lange durch Hämmern oder Preßdruck gefestigt, bis er kalt und verhältnismäßig unnachgiebig geworden ist, so tritt folgendes ein: Der Schaft der Niete erkaltet allmählich und hat also das Bestreben, sich zusammenzuziehen, kürzer zu werden, d. h. die Nietköpfe einander zu nähern. Zwischen diesen liegen aber die zu verbindenden Bleche; sie können nicht näher zusammen. Die Folge ist, daß die beiden Nietköpfe die Bleche mit großer Gewalt zusammenpressen. Diese Kraft hält also die Bleche unverschiebbar zusammen.

Nietmaschinen. Es ist hiernach klar, daß beim Nieten das Hauptgewicht darauf zu legen ist, daß der frischgebildete Niet so lange von der ihn bildenden Kraft unter Druck gehalten wird, bis beide Köpfe nicht mehr glühen, also nicht mehr nachgiebig sind. Diese Bedingung erfüllt die etwas schwerfällige, nach Einschaltung des Wasserdruckes nur langsam wieder lösbare Preßwassernietvorrichtung besonders gut. Die Hand- oder Preßluftnietung hat eine gleich solide Wirkung nur dann, wenn sie lange genug ausgeübt wird. Hier ist man also von der Achtsamkeit und Geduld der Leute abhängig.

Zudem werden bei der Preßwassernietmaschine alle Kräfte im Bügel aufgefangen, während bei der (kleinen) Preßluftnietmaschine die Menschenkraft das Gegendrücken besorgen muß, eine den ganzen Körper durchschütternde Arbeit. Auch diese Unbequemlichkeit trägt dazu bei, daß der Nietende möglichst bald mit dem Nieten aufhört. Trotzdem erklärt sich die ausgedehnte Verwendung der Luftnietmaschinen aus ihrer außerordentlichen Handlichkeit.

Die Preßluft findet noch weitere ausgedehnte Anwendung in der Kesselschmiede. So der Preßluftmeißel zum Verstemmen der Nietköpfe und Nietnähte behufs Abdichtung, ferner als Antrieb tragbarer Bohr- und Rohreinwalzmaschinen.

Blechanreißen. Von den Vorgängen, deren Beobachtung für den späteren Ingenieur hier besondere Bedeutung hat, seien folgende hervorgehoben: Besonders ist große Aufmerksamkeit dem „Anreißen" der Blechplatten zu schenken, d. h. den Mitteln, deren sich die Vorarbeiter oder Anreißer bedienen, um auf dem Blech die Marken festzulegen, nach denen es geschnitten, gebohrt, gestanzt, gefräst werden soll. Das zu wissen ist später beim Zeichnen von größtem Nutzen, da man dann von vornherein über die richtigen Maße im klaren ist, die man anzugeben hat und die von vornherein festgelegt sind. Auch die Reihenfolge, in der die Maße nacheinander auf dem Blech markiert werden, ist beachtenswert. Insbesondere präge man sich ein, auf welche Weise der Kesselschmied die in seiner Werkstatt besonders oft vorkommenden flachen Bögen (mit großem Radius) festlegt. Der Ausdruck „richtige" Maße bezieht sich übrigens nicht nur auf die in der Werkstatt anzureißenden, sondern auch auf die der Bestellung von Teilen zugrunde zu legenden, die von auswärts bezogen werden, wie gepreßte Kesselböden, Flammrohre usw.

Die Bohrmaschinen, insbesondere solche mit vielen gleichzeitig arbeitenden Bohrern, und deren gegenseitige Einstellung nach Maß, ebenso die Blechbiegewalzen und die Hervorbringung und Prüfung der beabsichtigten Krümmungen sind der genauen Beobachtung und Erfragung zu empfehlen.

Rohrarbeiten. Eine ganz besondere Art Arbeiten, der meist wegen ihrer Unauffälligkeit viel zu wenig Aufmerksamkeit geschenkt wird, sind die Rohrarbeiten. Durch den Bau der Überhitzer hat dieser Zweig der Kesselschmiedarbeiten erhöhte Bedeutung erfahren. Das Biegen der Rohre und die Mittel zur Erhaltung des kreisförmigen Querschnittes auch an der Biegestelle, ihre Befestigung in Wänden oder Flanschen durch Einwalzen oder Umbördeln muß dem in die Hochschule Eintretenden genau vertraut sein, will er nicht vor den alltäglichsten Aufgaben ratlos dastehen und durch stundenlanges Bücherwälzen oder bloßstellende Fragen sich mühsam die Kenntnisse verschaffen, deren Aneignung ihm in der Werkstatt häufig nur ein paar Minuten des Zuschauens kostet.

Stehbolzen. Hierher gehören auch die Fragen, die mit der Anbringung der sogenannten „Stehbolzen" verknüpft sind, wie sie zur Versteifung der durch viele Löcher geschwächten großen Hochdruckflächen in Lokomotiv-, Wasserrohr- und Schiffskesseln gebraucht werden. Die Anfertigung der Stehbolzen — die Gründe für die Wahl so kostbaren Materials wie beispielsweise Phosphorbronze —, das Einziehen der Stehbolzen und ihreVernietung —, alles dies sei hier nur als Anreiz zu richtigem Schauen und Fragen erwähnt.

Zeit und Kosten. In weitestem Maße bietet die Kesselschmiede Gelegenheit zur Selbstbelehrung über die Zeit, die man zu den verschiedenen Arbeiten braucht, und demzufolge über das Kostenverhältnis, in dem sie zueinander stehen. Mit Hilfe der Uhr kann man beobachten, wie lange

Zeit die Fertigung einer Nietreihe von 100 Nieten, die Verstemmung eines Meters Nietnaht, das Bohren von 50 Löchern von bestimmtem Durchmesser und Lochlänge dauert. Nicht minder wertvoll ist die Beobachtung der Zeit, die für die Zurichtung der Stücke zur Bearbeitung (Anreißen, passend Hinlegen usw.) angerechnet werden muß. Bei dieser Gelegenheit sei schließlich noch darauf hingewiesen, daß sich der Praktikant vollkommen klar darüber wird, welche Schwierigkeit der Zusammenbau eines Kessels, z. B. allein das Einbringen eines Bodens in einem Rundkessel, bedeutet. Auf die Zusammenbauschwierigkeiten wird im allgemeinen auch im Hochschulunterricht noch zu wenig Wert gelegt. Wenn es sich ermöglichen läßt, daß der Praktikant einmal eine Woche oder zwei dem Einbau eines neuzeitlichen Röhrenkessels am Verwendungsorte beiwohnen kann, sollte er nicht versäumen, die Betriebs- oder Werksleitung zu bitten, ihm diese Vergünstigung zu gewähren.

Eisenkonstruktionswerkstätten. Für den späteren Maschinenbauer von nicht so unmittelbarer Wichtigkeit, dennoch aber höchst belehrend ist die Tätigkeit in den Eisenkonstruktionswerkstätten, die die Zusammensetzungen von gewalztem Stahl zu Gerüsten und Brücken vornehmen. Die Summe der hier auftretenden Verrichtungen ist trotz der Verschiedenheit des Zweckes von denen in der Kesselschmiede wenig verschieden, da es sich in beiden Werkstätten um die Verbindung durch Nieten handelt. Aus diesem Grunde und wegen des immerhin loseren Zusammenhanges dieser Werkstätte mit dem allgemeinen Maschinenbau soll daher auf ein besonderes Eingehen auf die Eisenkonstruktionswerkstatt hier verzichtet werden.

Beobachtungswinke

Man schätze grundsätzlich das Gewicht jedes Schmiedestückes und vergleiche den Schätzwert mit dem genauen.

Welche Nachteile hat das Stauchen?

Welche Biegeproben muß guter Stahl aushalten?

Wie groß ist der durchschnittliche Abbrand im Schmiedefeuer?

Wie zeigt sich „Verbrennen des Eisens am erkalteten und warmen Stück?

Warum steht der Amboß der Dampfhämmer unter 45° zur Ebene des Ständers?

Womit werden die Gesenke nach jedem Schlag bestrichen?

Gibt es äußere Beurteilungsmerkmale für gute oder schlechte Nietung und Verstemmung?

Welche Gewähr ist bei tragbaren Bohrmaschinen für die Genauigkeit der Bohrung gegeben?

Welche Vorteile und Nachteile hat a) das Stanzen und b) das Bohren der Nietlöcher?

Einnietung und Versteifung von Flammrohren?

Wie wird beim Biegen von Rohren die Aufrechterhaltung überall kreisförmigen Querschnitts erzielt?

Mit welcher Genauigkeit können Biegungen eines Rohres in mehreren verschiedenen Ebenen ausgeführt werden, und wie oft muß man sie durchschnittlich anpassen, ehe sie stimmen? Wie kann man gleichartige Biegungen durch Zusammensetzen von Normal-Rohrstücken erzielen?

Urteil über Kostenverhältnis der beiden letzteren Verfahren!

Inwieweit erlaubt die Wasserdruckprobe fertiger Kessel oder Kesselteile ein Urteil über ihre Dichtheit im Betrieb?

Welche Rücksichten müssen wegen der Transportmöglichkeit im Entwurf und Aufbau von Eisenkonstruktionen genommen werden?

Wie schmiedet man in ein massives Stück ein Loch nach Fasson, und wann ist Bohren billiger?

Bei welcher Mindestglut muß das Schmieden eingestellt werden, und welche Nachteile erzeugt Schmieden bei zu niedriger Temperatur?

Welche Verrichtungen erfüllen die folgenden Werkzeuge:

Flachzange	Bankhorn	Flachhammer	Gesenkhammer
Rundzange	Stöckel	Kreuzfinnen-	Holzhammer
Drahtschneider	Spitzstöckel	hammer	Setzeisen
Beißzange	Umschlageisen	Kugelfinnen-	Warm- und Kalt-
Kneifzange	Bördeleisen	hammer	schrotmeißel
Nagelzange	Boden- oder	Schlichthammer	Löschspieß
Stock- oder	Kesselamboß	Ballhammer	Herdhaken
Bockschere	Polierplatte	Kugelhammer	Löschwedel
Tafelschere	Gesenkplatte	Treibhammer	Kreuzmeißel
Lochschere	Streckhammer	Pinnhammer	Handmeißel
Drahtschere	Kreuzschlag-	Schellhammer	Durchschlag (Hand-
Amboßhorn	hammer	Lochhammer	und Bank-)
Sperrhorn	Schlägel	Kesselstein-	Lochscheibe
Angel	Spitzhammer	hammer	Locheisen

11. Stanzen, Ziehen, Drücken

Während die eben besprochenen Arbeitsverfahren des Gießens und Schmiedens als Grundlagen für alle Maschinen-Ingenieure von Wichtigkeit sind, betrifft die Blechbearbeitung bereits Sondergebiete (z. B. Elektromaschinenbau, Fernmeldetechnik, Flugzeugbau, Apparatebau) oder gehört zu den Fertigungsarten, denen sich alle Praktikanten, auch die allgemeinen Maschinenbauer, wenigstens bei der Werkstattausbildung nach dem Vorexamen einige Wochen widmen sollten. An anderer Stelle wurde bereits erwähnt, daß die Verwendung von Blech überhaupt zunimmt, daß aber auch andererseits immer neue Wege beschritten werden, um Blech als wesentlichen Konstruktionsträger auszubilden. Das setzt eine weitgehende Untersuchung und Vervollkommnung aller Verfahren voraus, nach denen Bleche bearbeitet werden, so daß jeder Ingenieur zukünftig über deren Grundlage unterrichtet sein sollte.

Patrize und Matrize. Während bei der spanabhebenden Bearbeitung die Urkörper der Werkstücke meist von Stangen bzw. Rohren abgeschnitten werden, geht die Blechbearbeitung stets von den handelsüblichen Tafeln aus, aus denen nun Scheiben bestimmter Form geschnitten werden müssen. In der Massenanfertigung kommt hierfür nicht mehr die kleine Blechschere des Klempners in Frage, vielmehr werden die gewünschten Scheiben aus dem Gefüge der Blechtafel herausgepreßt oder, anders ausgedrückt, der Werkstoff wird entsprechend dem Umfang der Scheiben abgeschert. Hierzu dienen Pressen (mit Kurbel-, Exzenter- oder Friktionsantrieb), die Stanzen. Zum Stanzen einer be-

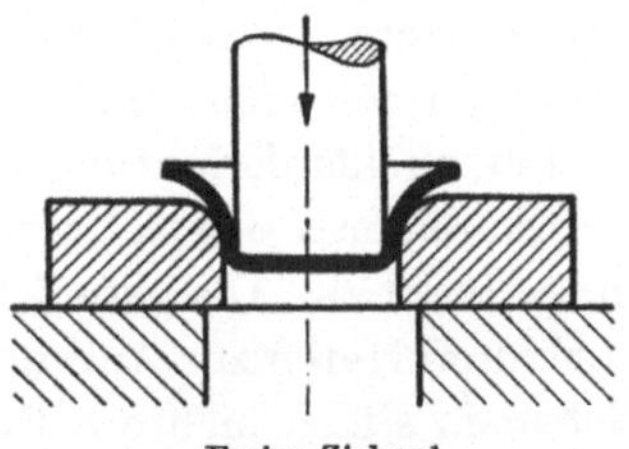

Freies Ziehen[1]

stimmten Blechform braucht man einen ringartigen Hohlkörper (Matrize oder Stempelplatte), dessen Loch der gewünschten Blechform gleicht, und einen Stempel (Patrize), der in die Matrize passen muß. Bei Betätigung der Presse trifft der in Führungen gleitende Stempel auf das Blech, das auf der Stempelplatte liegt, und schert eine Scheibe von der Form des Matrizenloches heraus.

Für den Praktikanten ist die Ausbildung der Stanzwerkzeuge (der sog. „Schnitte“) und die wirtschaftliche Anordnung der Blechzuführung von besonderer Wichtigkeit. Einmal sind die Werkzeuge schwer herstellbar (schwieriges Härten, zäher Kern), sodann erfordert die Mannigfaltigkeit der Erzeugnisse oder der Typen oft ein großes Lager verschiedener Schnitte. Eine Beschränkung der Werkzeugzahl und einfache Gestalt bei Neuanfertigung eines Schnittes vermindern daher das festliegende Kapital.

Vorschub mit Anschlägen. Bei freihändigem Zuführen der Blechtafel (oder des Streifens) würde häufig der Werkstoff zu viel oder zu wenig nach erfolgtem Hub vorgeschoben werden. Die Folge ist Ausschuß oder schlechte Ausnutzung der Halbfabrikate. Daher findet man an den Pressen Anschläge, die die Größe des Vorschubs regeln, oder die Maschine greift sogar selbst den Blechstreifen

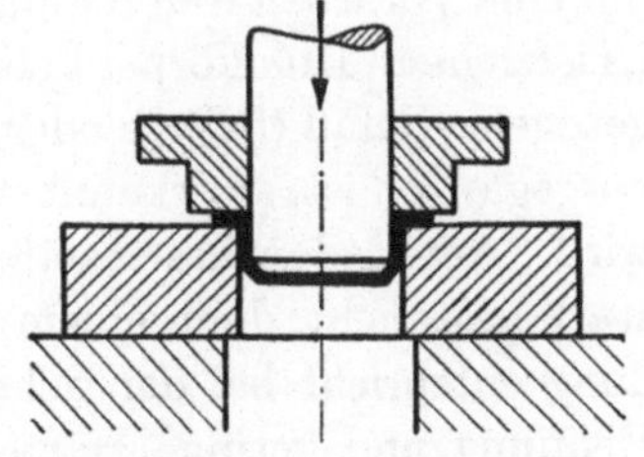

Ziehen mit Faltenhalter[1]

und zieht ihn jedesmal um so viel vor, daß größte Ausnutzung erreicht wird.

Hohe Blechausbeute. Durch aufmerksames Beobachten in der Stanzerei lassen sich für den Konstrukteur wichtige Erkenntnisse sammeln, wodurch

---

[1] Aus dem „Werkstoffhandbuch für Nichteisenmetalle“, hrsgeg. v. d. Gesellschaft f. Metallkunde.

erhebliche Ersparnisse zu erzielen sind. Bei vielen Stanzteilen der Feinmechanik (Hebeln, Bügeln und dgl.) kann man durch kleine Konstruktionsänderungen, die die Verwendung und Festigkeit nicht beeinträchtigen, sparen, indem der zwischen den einzelnen Hüben liegende Werkstoff besser ausgenutzt wird oder, anders ausgedrückt, auf die gleiche Fläche Blech eine größere Anzahl Stanzteile entfallen. Hierin ist das richtige Maß zu treffen, damit nicht ungünstige Stanzformen entstehen, ist nur möglich auf Grund reicher Erfahrung in der Werkstatt.

Ein anderes Beispiel wirtschaftlicher Stanzarbeit bietet sich im Elektromaschinenbau. Die geschichteten Bleche in den Generatoren und Motoren enthalten Nuten zur Aufnahme der Wicklungen. Am ganzen Umfang dieser Scheiben sitzen mehrere Dutzend Nutlöcher. Handelt es sich um geringe Stückzahlen, so stanzt man sie einzeln. Die Maschine schaltet nach dem Schnitt jedes Loches die Scheibe um den Nutabstand weiter (Hackschnitt).

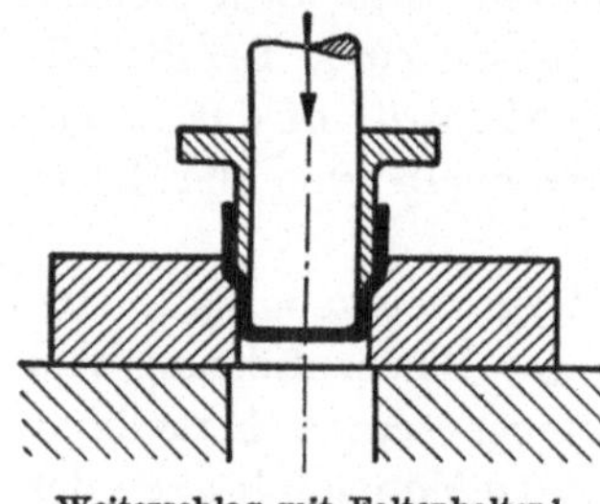

Weiterschlag mit Faltenhalter [1]

Bei großen Mengen lohnt es sich jedoch, falls die Bleche nicht zu groß sind, alle Nuten auf einmal zu stanzen (Komplettschnitt).

Wie schon ausgeführt, hat der Konstrukteur beim Entwurf und der Betriebsleiter bei der Wahl des Werkzeuges darauf zu achten, daß die Abfälle nicht zuviel unausgenutzte Blechfläche enthalten. Die langen Streifen mit den vielen Löchern werden meist, wie die Drehspäne, gesammelt, zu Paketen gepreßt und an die Stahlwerke verkauft.

Werkstoffbeanspruchung beim Ziehen. Das Stanzen stellt im allgemeinen nur eine Vorarbeit dar, da man aus den dabei erzeugten Blechscheiben durch „Tiefziehen" Hohlkörper herstellen will. Vergleicht man aber das einfachste gezogene Gefäß (Schale oder Napf) mit der ebenen Scheibe, aus der es hervorgegangen ist, so erkennt man, wie stark der Werkstoff dabei „verformt" wird. Am Boden des Gefäßes ist das Blech gestreckt, am Rand dagegen stark gestaucht, denn einem schmalen Streifen aus der zylindrischen Wandung entspricht bei der Scheibe ein Kreisausschnitt. Dies erfordert hohe Dehnung und geringe Härte des Werkstoffes (Tiefziehbleche).

Ziehwerkzeuge. Für die Herstellung von Hohlkörpern auf Pressen dienen wieder Stempel und Stempelplatte. Im Gegensatz zum Stanzen, wo die Werkzeuge scharf sind wegen des Abscherens, haben sie beim Ziehen gut gerundete Kanten, damit das Blech bequem abgebogen und gezogen werden

---

[1] Aus dem „Werkstoffhandbuch für Nichteisenmetalle", hrsgeg. v. d. Gesellschaft f. Metallkunde.

kann. Auch ist der Stempel um so viel kleiner als die Matrize, daß das Blech auf jeder Seite ohne allzugroße Reibung vorbei kann. Für verschiedene Blechstärken ist ein und dasselbe Werkzeug daher nicht verwendbar. Um ein gutes Fließen des Werkstoffes über die „Ziehkante" zu ermöglichen, werden Stempel und Stempelplatte häufig geschmiert.

Faltenhalter. Das Ziehen in der beschriebenen einfachen Form ist indessen nur bei dicken Blechen möglich (freies Ziehen). In den meisten Fällen ist noch ein „Faltenhalter" erforderlich. Dessen Notwendigkeit sieht man ohne weiteres ein, wenn man versucht, ein Stück Papier in den Hohlraum zwischen Daumen und gekrümmten Finger zu ziehen. Das Papier legt sich in Falten. Ein Gefäß kann so nicht entstehen. Bei den Ziehpressen befindet sich daher rings um den Stempel, wie ein Mantel, der ringförmige Faltenhalter. Er setzt sich nach erfolgtem Vorschub mit sanftem Druck (Feder) auf die Scheibe. Dann erst schlägt der Stempel herunter. Das Blech wird nun zwischen Faltenhalter und Stempelplatte durchgezogen, ohne daß Platz genug vorhanden wäre, Falten zu bilden.

Weiterschläge. Selten ist es möglich, den Blechscheiben mit einem Hub der Presse die gewünschte Gefäßform zu geben. Im allgemeinen sind mehrere Stufen erforderlich; man spricht dann von „Weiterschlägen" oder „Zügen". Ihre Zahl ist mitunter sehr groß, besonders bei tiefen Gefäßen; bei dünnen langen Hülsen (Patronen) kommt man sogar auf zwei Dutzend Schläge. Durch das Ziehen verfeinert sich das Korn des Werkstoffes, der dadurch federhart wird, so daß bei weiterer Beanspruchung Risse entständen. Deshalb ist es je nach Form des zu ziehenden Gegenstandes und nach Qualität des verwendeten Bleches nötig, nach einem oder einigen Zügen das Blech durch Glühen wieder weich zu machen. Daraus ergibt sich, daß das Ziehen tiefer Hohlkörper, ganz abgesehen von den Werkzeugkosten, recht teuer ist. Aus dem Grunde werden heute vielfach Gefäße aus Mantel und Boden zusammengeschweißt.

Schutzeinrichtungen. Die Stanz- und Ziehpressen verbergen große Gefahren für die Arbeiter, die sie bedienen. Um zu vermeiden, daß eine Hand unter den Stempel kommt, während die andere die Maschine auslösen könnte, ist dafür gesorgt, daß zum Betätigen zwei Hebelgriffe mit beiden Händen gleichzeitig erfolgen müssen. Vielfach sind auch für das Einlegen von Blechscheiben zum Ziehen lediglich Schlitze angebracht, die ein Dazwischenstecken der Finger unmöglich machen. Leider ist die Anbringung derartiger Schutzeinrichtungen bei großen Pressen häufig undurchführbar.

Revolverpressen. Bei aufmerksamem Beobachten wird der Praktikant feststellen, daß oft in derselben Maschine gestanzt und gezogen wird. Während eine Scheibe gestanzt (und vielleicht gleichzeitig gelocht) wird, kommt daneben der Ziehstempel und bearbeitet die zuvor gestanzte Scheibe fertig. Soweit sich dies bei kleineren Werkstücken durchführen läßt, lohnt es sich trotz höherer Maschinenkosten, da das besondere Einlegen der gestanzten Scheiben in eine zweite Presse durch einen weiteren Arbeiter fortfällt (L 43).

Drücken. Eine andere Art, Hohlkörper aus Blech herzustellen, ist das Drücken. Man setzt hierfür eine runde Scheibe auf einer Art Drehbank (Drückbank) in Bewegung, indem man sie durch ein zentrales Loch im Futter festschraubt oder durch ihren Rand am Umfang des Futters festklemmt. Das Futter ist ein runder Hohlkörper, der das fertig gedrückte Stück entweder innen ausfüllen (Drücken über das Futter) oder es außen umgeben würde (Drücken in das Futter). Bei hoher Drehzahl der Scheibe drückt man nun mit einem einfachen Werkzeug, dem Drückstahl, gegen die Scheibe und gibt ihr durch allmählich tieferes Drücken die gewünschte Form.

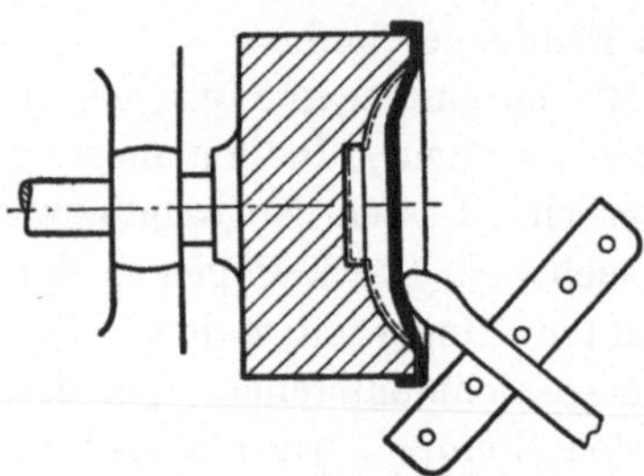

Drücken in das Futter[1]

Vor- und Nachteile. Es ist leicht ersichtlich, daß das Drücken wegen der einfachen, stets verwendbaren Werkzeuge billiger ist als das Ziehen, besonders bei geringen Stückzahlen, wo der hohe Preis des Ziehwerkzeuges noch mehr ins Gewicht fällt. Dagegen erfordert das Drücken bedeutend größeren Kraftauwand und kann nur von geübten kräftigen Männern ausgeführt werden. Durch eine exzenterartige, patentierte Vorrichtung ist es allerdings möglich, den Kraftaufwand bedeutend herabzusetzen und ungelernte Leute in kurzer Zeit anzulernen. Sehr vorteilhaft ist beim Drücken der Umstand, daß man den Gefäßen durch Umlegen der Blechkante gleich einen verstärkten Rand geben kann, was beim Ziehen nicht möglich ist.

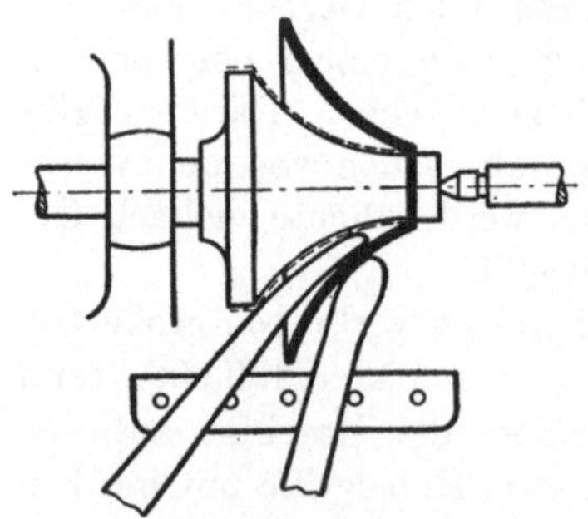

Drücken über das Futter[1]

Sofern die gezogenen oder gedrückten Teile maßgenauen Abschluß haben sollen, muß auf Abstechbänken noch etwa überschüssiger Werkstoff oder auf Pressen der Grat von ihnen entfernt werden.

---

[1] Aus dem „Werkstoffhandbuch für Nichteisenmetalle", hrsgeg. v. d. Gesellschaft f. Metallkunde.

IV. Werkstätten für spanabhebende Formung

12. Allgemeines über Werkzeugmaschinen

Es wäre wenig angebracht, den Versuch zu machen, in dem hier gewählten Rahmen auch nur ein annähernd erschöpfendes Bild der Vorgänge und der Maschinen in den mechanischen Werkstätten zu geben. Abgesehen davon, daß es nicht Zweck und Absicht dieser Zeilen ist, das Schauen zu ersetzen, würde hier die Beschreibung nur langweilen, noch dazu neben dem anregenden Vielerlei der Umgebung.

Mit den heutigen Werkzeugen und Arbeitsverfahren erstklassige Maschinen herzustellen, ist an sich kein Kunststück. Die Schwierigkeit liegt darin, sie billig und konkurrenzfähig zu erzeugen, unbeschadet der höchsten Vollendung. Der Schlüssel liegt im Ausnutzen aller Möglichkeiten der Maschinenarbeit. Billigere Maschinenarbeit muß wachsende Löhne ständig wettmachen. Deshalb muß die an den Stücken vorzunehmende Arbeit von vornherein vom Konstrukteur für die Maschine zugeschnitten werden. Die vollkommensten Maschinen nutzen der Fabrik nichts, wenn sie nicht ausgenutzt werden. In der Anpassung der Zweckform des Maschinenteiles an die Arbeitseigentümlichkeit der Werkzeugmaschinen, die ihn herstellen, besteht in erheblichem Maße die Aufgabe des Ingenieurs sowie in zweckmäßiger Verteilung der Arbeit, so daß möglichst selten eine Maschine unbeschäftigt dasteht und jede Arbeit auf der Maschine ausgeführt wird, die sie am billigsten ausführt. Darin liegt die Kunst des Betriebsleiters.

Voraussetzung für die geeignete Form der Maschinenteile ist somit die Kenntnis der Arbeitsweise der Maschinen. Sie allein genügt nicht. Es muß dem Konstrukteur in gleichem Maße wie dem Betriebsleiter auch in jedem einzelnen Fall die Entscheidung möglich sein, welche Maschinenart die betreffende Arbeit am billigsten leistet. Dieser Maschine muß er seinen Entwurf anpassen. Vor seinem geistigen Auge muß hierfür der gesamte Arbeitsvorgang stehen, wie ihn das Stück an jeder einzelnen Maschine durchmacht, und die Reihenfolge, in der die einzelnen Bearbeitungsabschnitte an einer oder mehreren Werkzeugmaschinen vor sich gehen.

Aufspannen. Der erste Vorgang an dem zu bearbeitenden Rohguß- oder Rohschmiedestück ist seine „Aufspannung" auf der Spannplatte der Werkzeugmaschine. Daß der Transport dorthin so billig wie möglich geschieht, dafür trägt der Betriebsleiter und der Erbauer des Werkes die Verantwortung. Aber das „Aufspannen" ist wesentlich abhängig von der Geschicklichkeit des Konstrukteurs. Da das Stück bei der Bearbeitung sehr erheblichen Kräften gegenüber völlig unbeweglich sein muß, so muß von vornherein Sorge getragen werden, daß es möglichst ausgedehnte Flächen besitzt, mit denen es auf der festen Spannplatte im Maschinenschraubstock oder im Spannfutter der Werkzeugmaschine ruhen kann. Auch muß es so widerstandsfähig in sich sein, daß es nicht Gefahr läuft, durch die Kraft der Befestigungsschrauben zerstört, dauernd oder vorübergehend verbogen zu werden. Denn auch eine vorübergehende Formänderung muß für genaue Arbeit verhängnisvoll werden: eine Fläche, die am eingespannten Stück z. B. genau eben war, wird uneben werden, falls „Verspannung" vorlag, d. h. falls Formänderungen beim Aufspannen hervorgerufen waren, die sich erst beim Lösen des Spannfutters oder der Klauen bemerkbar machen. Anderseits müssen die Hilfsmittel zum Spannen so benutzt werden, daß sie auch wirklich das Werkstück zuverlässig halten. Die verschiedene Höhe der Stücke sollte durch entsprechende Ausbildung der Spannklauen berücksichtigt werden und nicht durch Unterlegen zahlloser Flacheisenstücke. Für das Aufspannen insbesondere länglicher, schmaler oder dünner Stücke kommt neuerdings die elektromagnetische Einspannung sehr in Anwendung, bei der das Stück einfach auf der Spannplatte, die den Pol eines Elektromagneten bildet, bei Einschaltung des Stromes „kleben" bleibt.

Vorrichtungen. Mit den einfachen Spannmitteln kommt man indes nicht immer aus. In solchen Fällen muß sich die Werkstatt helfen, wie es eben geht, solange es sich um die Anfertigung weniger Stücke handelt. Bei Massenfabrikation macht es sich aber bezahlt, für schwierig aufzuspannende Stücke ein Sonderaufspannwerkzeug, eine „Vorrichtung", herzustellen, deren Entwurf dann ebenfalls genaueste Kenntnis der Bearbeitungsvorgänge erfordert und vielfach sogar erst nach eingehender Beratung mit dem betreffenden Arbeiter entsteht. Denn entschließt man sich einmal zu einer Sondervorrichtung, so will man sie auch zu möglichst vielen Erleichterungen und Beschleunigungen der Arbeiten gleichzeitig ausnutzen. In der Tat bieten Sondervorrichtungen zum Aufspannen so hohe Vorteile, daß man sie häufig auch für solche Stücke baut, die recht wohl in normaler Weise aufgespannt werden könnten.

Denn der Kernpunkt beim Aufspannen und Herrichten des Werkstückes zur Bearbeitung ist ja der, daß während der ganzen Zeit, die es beansprucht, die Maschine notgedrungen stillstehen muß. Jede Minute, die für Aufspannen verbraucht wird, ist verlorene Zeit, verlorenes Geld. Vielfach herrschen bei dem Anfänger völlig unklare Begriffe darüber, ein wie hoher Prozentsatz der gesamten Bearbeitungsdauer denn eigentlich auf das Aufspannen zu rechnen ist. Der Praktikant wird sehr gut tun, möglichst oft zu schätzen und dann bei geschickten Arbeitern zu verfolgen, wieviel Zeit für Aufspannen und Umspannen draufgeht und wieviel Zeit die eigentliche Maschinenarbeit beträgt. Derartige Feststellungen bilden allmählich das Urteil heraus und werden vermutlich einen erschreckend hohen Prozentsatz der „toten" Arbeitszeit ergeben. Erst bei dieser Erkenntnis wird es klar, wieviel sich durch Konstruieren auf leichtes Einspannen hin und erforderlichenfalls durch Herstellen von Sonderaufspannvorrichtungen ersparen läßt. Man befrage nur einmal den Betriebsingenieur, um wieviel schneller dies oder jenes mit Sondervorrichtungen aufgespannte Stück sich heute „gegen früher" herstellen läßt.

Häufig ersparen die Vorrichtungen auch das Anreißen. Sollen z. B. in ein immer wiederkehrendes Werkstück Löcher in bestimmtem Abstand gebohrt werden, so legt man die Werkstücke in eine passende Vorrichtung, deren Deckel gehärtete Buchsen enthält, in die der Bohrer eingeführt werden kann. Jedes Anreißen und Ankörnen der Löcher entfällt.

Berücksichtigt man, daß hierdurch Messungen erspart und Irrtümer ausgeschlossen sind, so wird man begreifen, einen wie hohen Wert die geschickte Anwendung zweckmäßiger Vorrichtungen für billige Erzeugung hat, und wird ihnen die gebührende eingehende Beachtung schenken. Denn die oft unscheinbaren Vorrichtungen bleiben sonst leicht unbeachtet (L 22).

Schnellarbeit. Wird mit den Überlegungen des sparsamsten Vorgehens schon bei den Vorbereitungen (Spannen) begonnen, wieviel mehr werden die Köpfe angestrengt, um die Maschinenarbeit selbst zu vereinfachen und zu verbilligen! Vor allem war man von je bedacht, so schnell wie möglich zu arbeiten. Aber die obere Grenze der Schnelligkeit ist bald erreicht. Sie liegt in unzulässiger Erwärmung von Arbeitsstück wie von Werkzeug. Durch Anwendung der „Schnelldrehstähle", durch Erforschung der günstigsten Gestalt von Schneide und Werkzeug überhaupt sowie durch gute Instandhaltung sind immerhin gute Fortschritte gegenüber früher gemacht.

Die Erwärmung des Arbeitsstücks bringt die große Gefahr mit sich, daß es sich „wirft". Denn mit der Erwärmung ist naturnotwendig Dehnung verknüpft. Die starre Befestigung des Stücks auf der Spannplatte verhindert aber die Dehnung. Es bleibt dem Werkstück nichts anderes übrig, als sich zwischen den starren Befestigungspunkten irgendwie so zu krümmen, daß die krumme Linie gegen die gerade um so viel länger ist, wie die Temperaturdehnung beträgt. Die Folgen sind dieselben wie bei „verspanntem" Stück. Die am „verzogenen" Stück eben erzeugten Flächen zeigen sich als uneben, wenn das Stück aus der Einspannung gelöst und erkaltet ist. Bei der Genauigkeit, welche in den heutigen Maschinenwerkstätten Durchschnitt ist, hat solche Ungenauigkeit sehr leicht „Ausschuß" zur Folge.

Kühlen und Schmieren. Aber es gibt ein Mittel abzuhelfen. Man kann ja durch einen Flüssigkeitsstrahl kühlen. Hierzu nimmt man „Seifenwasser" oder „Bohröl". Dieses einfache Mittel wird daher an fast jeder Werkzeugmaschine zur Kühlung verwendet.

Das Seifenwasser hat noch einen anderen Zweck. Es „schmiert" die

Schnittstelle. Die Schmierung hat allgemein bei den Maschinen den Zweck, den Verschleiß und die Wärmeentwicklung infolge Reibung trockner Oberflächen zu vermeiden. Das Schmiermittel tritt zwischen die beiden reibenden Stellen und verhindert so die unmittelbare Berührung von Metall mit Metall. Bei bestimmten Arbeiten und Metallen werden statt Seifenwasser Pflanzen- (Rüb-) und Mineralöle verwendet. Eine gute Kühlung erleichtert die Fortbewegung des abgeschälten Spanes und ist deshalb gerade bei Schnellarbeit von großer Wichtigkeit. Und dann nimmt sie die Wärme unmittelbar beim Entstehen vom Stahl und Werkstück fort. Deshalb sind an modernen Hochleistungsmaschinen Pumpen angebracht, die in kräftigem Strahl die Kühlflüssigkeit der Schnittstelle zuführen. Das abgeflossene Kühlmittel sammelt sich in tiefgelegenen Behältern und wird von der Pumpe im Kreislauf wieder hochgefördert. So wird auch hier mit dem geringsten Verbrauch an Schmier- und Kühlmitteln die größtmögliche Wirkung angestrebt (L 32).

Schneidleistung. Kann man sich durch Kühlung der Grenze der gefährlichen Erhitzung sehr weit nähern, so ist immerhin die Schneidleistung je Minute begrenzt. Der Werkzeugmaschinenbauer mißt sie durch die folgenden drei Größen: Die Schnittgeschwindigkeit, das ist die Strecke, um die sich die augenblickliche Schnittstelle nach einer Minute von der Schneide (in der Richtung des Schneidens) entfernt hat. Zweitens der Vorschub, d. h. der seitliche Abstand zweier benachbarter Schnittfurchen. Und drittens die Spantiefe, ein wohl ohne weiteres verständlicher Begriff. Schnittgeschwindigkeit (Länge) mal Vorschub (Breite) mal Spantiefe (Höhe) ergeben ohne weiteres den Körperinhalt der in der Minute abgeschälten Metallmenge. Mit einem Schnelldrehstahl erreicht man beispielsweise beim Drehen von Flußstahl (50 ... 60 kg/mm²):

Schnittgeschwindigkeit 13 m/min
Vorschub   1,5 mm
Spantiefe   7 mm

Also in der Minute abgeschältes Stahlvolumen:

$$13\,000 \cdot 1,5 \cdot 7 = 136\,500 \text{ mm}^2 = 136,5 \text{ cm}^3$$

Gewicht davon:

$$136,5 \times \text{spez. Gewicht} = 136,5 \times 7,8 = 1064,7 \text{ g.}$$

Stündliche Schneidleistung:

$$1064,7 \times 60 = \text{rund } 64 \text{ kg Stahlspäne.}$$

Mit guten Schnellstählen sind Dauerleistungen von 450 kg Eisenspäne pro Stunde erreicht worden. Trotzdem die Stähle selbst bedeutend teurer sind als Gußstahl und trotzdem sie voll ausnutzbar nur durch sehr kräftige Schnelldrehbänke sind, die eigens für sie angeschafft werden mußten, so ergibt sich dennoch aus dieser außerordentlichen Leistungssteigerung eine ungeheure Verbilligung durch die Schnell-arbeit bei der Bearbeitung.

Scharfes Werkzeug. Wesentlichen Einfluß auf die Schnelligkeit und Leichtigkeit des Schneidens hat die Verfassung, in der sich das Schneidzeug befindet. Die Akkordentlohnung gibt zwar dem Arbeiter ein großes Inter-esse daran, daß er nur scharfes Werkzeug nimmt und dieses richtig ein-stellt. Die Güte der Arbeit leidet und der Stahl wird ganz anders abgenutzt, wenn er nicht in scharfem Zustand ist, selbst wenn der Arbeiter schnell mit ihm arbeiten kann. Es liegt daher sehr im Sinne sparsamen Werkstattbe-triebs, wenn man auch hier die Arbeitsteilung verfeinert, indem man dem Maschinenarbeiter die Fürsorge für das richtige Schleifen, Härten und Ein-stellen der Schneidwerkzeuge möglichst abnimmt. So hat sich immer mehr die Einrichtung einer besonderen Abteilung der Werkzeugmacherei eingebür-gert, in der von bestimmten, eingearbeiteten Leuten und mit Anwendung ge-nau arbeitender Schleifmaschinen die Werkzeuge geschliffen werden. Durch planmäßige, geradezu wissenschaftliche Untersuchung hat man für die meisten vorkommenden Fälle die jeweils günstigsten „Schneidwinkel" erforscht. Die Winkel, die die Flächen des Werkzeugs untereinander und mit Schaft und Vorschubrichtung bilden, sind nämlich so wichtig für voll-kommenes Schneiden, und auch nur geringes Abweichen von dem besten Wert ergibt sofort so bedeutend schlechteres Schneiden, daß selbst der ge-schickteste Dreher nicht mehr nach Augenmaß und „Gefühl" sie richtig treffen kann. Die Gesetze, denen diese Winkel unterliegen, wird der Stu-dierende auf der technischen Hoch- oder Mittelschule kennenlernen. Ihre Erläuterung würde hier viel zu weit führen.

Einstellen der Werkzeuge. Das richtige Einstellen der Stähle an der Maschine wird wohl stets dem gelernten Facharbeiter verbleiben. Der Praktikant wird durch selbständiges Arbeiten sehr bald merken, welche Bedeutung ihm zukommt. Häufig besteht die Einrichtung, daß ein gelernter Arbeiter (der „Einrichter") für eine Reihe ungelernter die Einstellung an deren Maschinen vornimmt. Die Ersparnis ist einleuchtend.

Spanbildung. Einen großen Einfluß auf Schnelligkeit des Arbeitens, Abnutzung der Stähle, Anstrengung und Verschleiß der Maschinen haben die Bearbeitungseigenschaften des Werkstoffs der zu bearbeitenden Stücke. Je fester, hauptsächlich aber je härter ein Werkstoff ist, desto lang-samer muß er bearbeitet werden, und desto schneller stumpft er alle Schneiden ab. Einen lehrreichen Einblick in das technologische Verhalten der Metalle liefert die Spanbildung. Auch für den Laien springt der Unter-schied zwischen den trockenen, brockigen Gußeisenspänen, den langen zähen Locken der schmiedbaren Stoffe und dem kurzen, gebogenen Span der Kupferlegierungen sofort ins Auge. Hier bietet sich dem Neuling ein reiches Lerngebiet, dessen Bedeutung gerade von Praktikanten oft unterschätzt wird.

Schruppen und Schlichten. Man unterscheidet eine grobe Bearbeitung, das Schruppen mit rauher Oberfläche des Werkstücks infolge Wegnahme grober, dicker Späne, und die saubere, maßgenaue Bearbeitung, das Schlichten. Häufig verlegt man die letzte Spanabnahme von der Drehbank oder Fräsmaschine auf die Schleifmaschine. Bei dem großen Querschnitt der Schruppspäne ergibt sich natürlich ein höherer Kraftbedarf als beim Schlichten. Ebenso sind die Stahlformen für beide verschieden.

Formgebung. Der Ingenieur wird bei der Wahl des Werkstoffs natürlich nach Möglichkeit auf dessen Bearbeitbarkeit auf den Werkzeugmaschinen Rücksicht nehmen. Die Kenntnis ihrer Eigenheiten ist daher Voraussetzung für wirtschaftliches Konstruieren bereits bei den Übungen auf der Hochschule. Hier liegt einer der Hauptvorteile der Fortsetzung praktischer Ausbildung nach Erledigung einiger Hochschulsemester. Dann achtet der Student ganz von selbst auf alle diese Fragen und bringt ihnen um so mehr Verständnis entgegen, je mehr er beim Konstruieren gemerkt hat, „wo es fehlt“.

Hier sei nur auf eine allgemein beachtenswerte Tatsache der Werkzeugmaschinen hingewiesen, deren Berücksichtigung in erster Linie unumgänglich ist. Das ist die starke Komplikation, die jedes anscheinend geringfügige Abweichen von den Grundbewegungsrichtungen und Grundformen mit sich bringt. Der rechte Winkel, die geradlinige Flanke und der kreisförmige Querschnitt: das sind die Grundlagen, von denen nie ohne triftigen Grund abgewichen werden darf. Man beobachte daher genau, welche Verstellung an den Maschinen, welche Hilfsvorrichtungen und welches schwierige Messen erforderlich werden, wenn, etwa bei Herstellung eines Keiles, eine Flanke gegen die andere um einen spitzen Winkel geneigt ist oder wenn an der Drehbank ein kegeliger Körper erzeugt werden soll. Die Bearbeitung von prismatischen Körpern mit krummlinig begrenzter Grundfläche macht meist besondere Vorrichtungen (Kopierfräser, Schablonen usw.) nötig.

Andererseits sind einige verwickelt erscheinende Formen mit der Maschine ohne weiteres herstellbar, so vor allem die Schraubenflächen. Der Grund liegt darin, daß sie durch Zusammenfügen der rein drehenden Bewegung mit geradliniger Verschiebung entstehen. Was der Praktikant also vor allem auf die Hochschule mitbringen muß, das ist die Unterscheidungsfähigkeit, ob eine Körperform im werkstattstechnischen Sinn einfach oder verwickelt ist, d. h. ob sie leicht und schnell herstellbar ist oder nicht. In diesem Sinn ist das Wort „technisches Formgefühl" und „technisches Formempfinden" zu verstehen. Der geschulte Ingenieur denkt und entwirft nur noch in Formen, die werkstattstechnisch einfach sind, und diese innige, wesentliche Verknüpfung der Form mit ihrer Herstellung durch einfachste Mittel unterscheidet das Formgefühl des Ingenieurs so völlig von dem des Malers oder Architekten, das man besser „Stilgefühl" nennen würde. In dieser aus der Entstehung herausgeborenen Einheit von Form, Zweck und Herstellung beruht das unbewußte Empfinden von Harmonie beim Anblick gut durchkonstruierter Maschinen. Da nach den Lehren der Ästhetik der ästhetische Eindruck in dem Empfinden einer verborgenen Gesetzmäßigkeit besteht, so ist die Ästhetik der maschinentechnischen Formgebung auf die festeste Grundlage gegründet. Sie bedarf keiner Stilregeln, denn sie ist von selbst „stilvoll", ästhetisch aus sich selbst.

Dies nebenbei. Wichtig ist also, daß der junge Ingenieur, wenn er auf die Hochschule kommt, vertraut ist mit den Entstehungswegen der Formen. Ungemein übend ist hierbei die ständige Überlegung beim Betrachten der verschiedenen fertig bearbeiteten Stücke, wie sie eingespannt gewesen sind und wie ihnen die Formen verliehen wurden, die sie nunmehr besitzen. Ganz besonders lehrreich ist die Vertiefung in die Herstellungsvorgänge der Werkzeuge selbst, also z.B. der Spiralbohrer, der Messerköpfe, der Spezialfräser usw. Allerdings wird man vielfach diese Entstehungsart nur in Werkzeug- und Werkzeugmaschinenfabriken, öfters aber auch in gut eingerichteten größeren Werkzeugmachereien der Maschinenfabriken verfolgen können. Von den Werkzeugen abgesehen, findet man ja aber meistens das Stück in der Nähe der Werkzeugmaschine, die es bearbeitete, und kann sich sofort davon überzeugen, ob man sich die Bearbeitungsweise richtig vorgestellt hat, da man vermutlich noch ein unvollendetes Stück in Arbeit beobachten kann. Hierin liegt der unersetzliche Wert und die so bald nicht wiederkehrende Lerngelegenheit der praktischen Arbeitszeit.

Behandlung der Werkzeugmaschinen. Besondere Beachtung erfordert die Behandlung der Werkzeugmaschinen. An Stelle der Meisterschaft in handwerksmäßigen Fertigkeiten tritt die nicht minder schwierige vollendete Beherrschung einer Werkzeugmaschine. Je empfindlicher und verwickelter die Werkzeugmaschinen werden, desto größer wird der Einfluß, den die jeweils gute oder unsorgfältige Behandlung auf tadelloses, rasches Arbeiten hat. Weil nun die komplizierten Maschinen für Sonderwerke gegenüber den alten einfachen Bauarten immer mehr vordringen, ist es doppelt notwendig geworden, den Mann zu veranlassen, seine Maschine gut zu pflegen. Er erhöht dadurch die Schnelligkeit seiner Arbeit und folglich seinen Verdienst, und das Unternehmen hat die Möglichkeit, die Tilgungsfrist für das in den Maschinen steckende Anlagekapital lang zu bemessen und so die Bilanz zu verbessern.

Für den Praktikanten hat die Übung in vorschriftsmäßiger Behandlung der ihm zum Lernen überwiesenen Werkzeugmaschine den hohen Wert, ihm den großen Einfluß der sachgemäßen Wartung eines Mechanismus auf seine Nutzbarkeit handgreiflich zu zeigen. Es genügt nicht, eine Werkzeugmaschine vor Überlastungen zu schützen, sondern es sollte allgemein noch auf „Kleinigkeiten" geachtet werden, die in ihrer Gesamtheit und ständigen Wiederholung ebenso schaden. So gehören Zeichnungen und Schraubenschlüssel ebensowenig auf Drehbankbetten, wie Späne in die Führungen und Getriebe. Bei Schlägen sind keine Bank-, sondern Holz- oder Zinkhämmer zu benutzen. Der Praktikant lernt auch, jede Maschine als ein besonderes Einzelwesen mit Sonderlaunen und Sonderfehlern zu erkennen. So wird er davor bewahrt, später allzusehr beim Konstruieren zu theoretisieren. Er möge ferner darauf achten, welche Teile Ölung gebrauchen, welche nicht, wo und mit welchen Vorrichtungen jeweils am angemessensten Schmierung zugebracht wird usw. Solcher Grundstock technischer Kenntnisse wird später sehr angenehm von ihm empfunden (L 12).

Zusammenbau der Werkzeugmaschinen. Auf alle Fälle sollte man versuchen, während des Aufenthalts in den mechanischen Werkstätten einer vollkommenen Werkzeugmaschinenzerlegung oder, noch besser, der Aufstellung einer neu angekauften Maschine beizuwohnen. Die in der Montagehalle durchgeführte Montage von Fertigfabrikaten der Fabrik erstreckt sich in der Mehrzahl der Fälle ja nur auf ein vorläufiges Zusammenstellen. Die eigentliche betriebsfertige Aufstellung geschieht mit allen Feinheiten erst an Ort und Stelle. Bei der Aufstellung von neuen Werkzeugmaschinen in den Werkstätten liegt nun dieser letzte Fall vor. Und zwar bietet gerade die Werkzeugmaschine ein Prachtbeispiel genauer Montage, sorgfältigster Aufstellung, und vor allem bietet sich hier Gelegenheit zur späteren Beobachtung im Betrieb: wo hier das Fundament „sackt", sich dort der Rahmen nachträglich „verzieht" usf. Zudem ist bei mittleren Größen und Durchschnittstypen auch dem konstruktiv und wissenschaftlich noch nicht ausgebildeten Praktikanten die Übersicht über das Ineinandergreifen aller Teile erleichtert. Es wird ihm sofort, oder spätestens beim Beginn des Arbeitens der neuen Maschine klar, welchem Zweck jeder Einzelteil dient. Diese oder jene technische Aufgabe ist bei der neuen Maschine vielleicht anders gelöst als bei den alten Typen in derselben Werkstatt. So wird die Anregung zu vergleichendem, verständnisvollem Schauen in passendster Form gegeben. Auf keinen Fall versäume daher der Praktikant, vorkommendenfalls seinen Meister zu bitten, daß er ihm Teilnahme an einer solchen Aufstellung gestattet. Es lohnt auch durchaus um einer solchen Neuaufstellung willen, falls sie nicht gerade in derselben Werkstätte stattfindet, wo man gegenwärtig arbeitet, diese auf ein paar Tage mit Zustimmung der Vorgesetzten zu verlassen (L 11).

Genauigkeit. Der größte Vorteil dabei ist die Erkenntnis, welchen Grad von Genauigkeit man bei derartigen Aufstellungen innehalten muß und — kann. Durch die hierbei zu verwendenden empfindlichen Instrumente, wie Wasserwaagen, Präzisionswinkel und -lineale, bekommt man erst einen Einblick in die erheblichen Schwierigkeiten, die die Formänderung des

Maschinengestells und der Einzelteile bei Aufstellung und Inbetriebsetzung machen, und über die vollendete Herrschaft des heutigen Werkzeugmaschinenbaues über diese Schwierigkeiten.

Die Genauigkeit der Maschine ist ja die erste und unerläßliche Vorbedingung der heute notwendigen raschen Maschinenarbeit mit Genauigkeit der Erzeugnisse. Man kann schließlich auch mit ungenauen, klapprigen Maschinen genaue Arbeit liefern. Vermutlich werden die meisten Leser dieses Buches selbst die Gelegenheit haben, das festzustellen, da man den Praktikanten unmöglich die besten und neuesten Maschinen zum Lernen zur Verfügung stellen kann. Aber auch der Geschickteste braucht an einer schlechten Werkzeugmaschine ungleich mehr Zeit zur Erzeugung guter Ware und wird leichter „Ausschuß" liefern als der Durchschnittsarbeiter an einer tadellosen Maschine. So bilden Genauigkeit und kräftige Bauart die Hauptforderungen, die zu erfüllen sind. Aber ohne sie wäre ein Arbeitstempo, wie es der Schnellstahl mit sich bringt, gar nicht möglich; so macht sich das höhere Anlagekapital einer guten Maschine durch volle Ausnutzung der wirtschaftlichsten Arbeitsgeschwindigkeit stets bezahlt.

Die Hauptpunkte, wo diese Genauigkeit zum Ausdruck kommt, sind: vollkommen ebene Aufspannfläche, starre Führung der Werkzeuge oder des bewegten Werkstücks, Vermeidung „toten Gangs" in den Verstellspindeln („Zügen"), genaues Zusammenfallen der Achsen gegenüberliegender Teile (Löcher oder Zapfen), die völlige Genauigkeit aller rechtwinkligen Neigungen und genaue Entfernungsgleichheit paralleler Flächen.

Antrieb. Während früher oft eine ganze Fabrik durch eine Dampfmaschine ihren Antrieb erhielt, wobei durch die einzelnen Stockwerke Seil- oder Riementriebe liefen, kommt heute nur noch der Gruppen- oder der Einzelantrieb in Frage. Beim Gruppenantrieb faßt man eine Reihe dicht beieinander stehender Maschinen zusammen und treibt sie durch Transmission an. Wenn die Maschinen sehr ungleichmäßig besetzt sind, ist die Anlage wegen schlechter Ausnutzung der Transmission unwirtschaftlich. Beim Einzelantrieb erhält jede Maschine ihren eigenen Elektromotor mit Getriebe. Der Motor muß verhältnismäßig etwas größer bemessen sein als beim Gruppenantrieb, da plötzliche Überlastungen keinen Ausgleich finden. Der Platzbedarf und die Raumverdunkelung durch Riementriebe fallen fort. Es ergeben sich helle, hohe Räume und weniger Verletzungsgefahren, da der Motor mit der Maschine zu einer Einheit verwächst (Flansch-, Einbaumotor). Der Einzelantrieb gestattet auch leichtere Regelung der Maschinendrehzahl.

Der wiederholt betonte letzte Hauptgesichtspunkt für die wirtschaftlichste Fabrikation von Maschinenteilen ist die Zuweisung der Bearbeitungen an diejenige Maschinengattung, die für ihren Vollzug jeweils die geeignetste ist.

Zusammenstellung der in mechanischen Werkstätten von Maschinenfabriken gebräuchlichsten Werkzeugmaschinenarten

		Das Werkstück bewegt sich	Das Werkzeug bewegt sich	Beide bewegen sich
Kreisend	Um waagerechte Achse	Drehbank (Abstechbank)	Universalfräsmaschine, liegende Bohrmaschine (Zylinderbohrmaschine), Kreissäge, Werkzeugschleifmaschine, Flächenschleifmaschine	Rundfräsmaschine, Rundschleifmaschine
Kreisend	Um lotrechte Achse	Karuselldrehbank, Vertikaldreh- und Bohrwerk	Vertikalfräsmaschine (Nutenfräsmaschine), Bohrmaschine (Gewindeschneidmaschine)	Rundfräsmaschine
Geradlinig	In waagerechter Richtung	Tischhobelmaschine	Shaping-Maschine oder Stoßhobelmaschine Räummaschine	—
Geradlinig	In lotrechter Richtung	—	Stoßmaschine	—

Leistungsverbrauch (N) und Gewicht (G) verschiedener Werkzeugmaschinen

Hobelmaschinen mit mittlerer Tischlänge			Drehbänke			Radialbohrmaschinen			Fräsmaschinen		
Hobelbreite in	N in	G in	Spitzenhöhe in	N in	G in	Bohrerdurchmesser	N in	G in	Tischfläche	N in	G in
mm	PS	kg	mm	PS	kg	mm	PS	kg	mm	SP	kg
500	2…3	1600	200	2… 5	1200 ..1600	25	2,5	2000	200 ×600	1	600
1000	7…9	6000	300	5…10	3000 ..4000	50	5	6500	250 ×1000	2	1200
1800	15…18	18000	500	12…15	15000	100	20	10000	300 ×1300	3…4	1900

Mittlere Leistungsfähigkeit verschiedener Werkzeugmaschinen

Mittelwerte bei Verwendung von Schnelldrehstahl

	Schnitt- bzw. Umfangsgeschwindigkeit des Werkzeuges in m/Minute bei		
	Gußeisen	Stahl	Bronze oder Messing
Hobelmaschinen	8 . . . 10	12 . . . 15	15 . . 25
Drehbänke	12 . . . 18	18 . . . 25	26 . . 60
Bohrmaschinen	14 . . . 16	20 . . . 22	35 . . 40
Fräsmaschinen	9 . . . 18	15 . . . 25	22 . . 35

Übersicht über die Werkzeugmaschinen. Die gemeinsame Grundlage aller Werkzeugmaschinen ist die Abtrennung von Spänen von den zu bearbeitenden Flächen. Um diese hervorzurufen, bedarf es stets einer gegenseitigen Verschiebung von Werkstück und Werkzeug. Bei dieser können sich entweder beide bewegen oder nur das Werkstück oder nur das Werkzeug, und zwar geradlinig oder kreisend, in lot- oder waagerechter Richtung.

Um dem zum erstenmal in eine mit Maschinen erfüllte Werkstatt Tretenden einen ersten Überblick zu geben und ihn davor zu bewahren, Allereinfachstem nachzufragen, ist auf S. 106/7 eine kleine Zusammenstellung gegeben, die keinen anderen Sinn und Zweck hat, als dem Praktikanten das erste Zurechtfinden in der Vielheit der unbekannten Werkzeugmaschinen zu erleichtern. Sie soll keine wissenschaftliche oder erschöpfende Klassifikation darstellen (L 10).

13. Drehen und Schleifen

Drehen. Bei der Drehbank wird schon durch die Bezeichnung „Bank" im Gegensatz zu den anderen „Maschinen" angedeutet, daß sie geschichtlich die älteste Werkzeugmaschine ist und auch ohne Antrieb durch Maschinenkraft verwendet werden kann, wennschon der Praktikant schwerlich noch in Maschinenfabriken Metalldrehbänke mit Fußantrieb finden dürfte. Die drei Hauptverrichtungen auf der Drehbank sind das Abdrehen, das Ausdrehen und das Plandrehen.

Abdrehen. Unter Abdrehen oder Längsdrehen versteht man die Bearbeitung der Außenseite eines Körpers. Sie vollzieht sich selbstverständlich am bequemsten und schnellsten, wenn der Körper rein geradlinig zylindrisch ist. Man beachte stets den Arbeitszuwachs durch Hinzutritt von kegeligen, kugeligen oder gar beliebig profilierten Drehflächen. Kommen für profilierte Drehflächen Sonderprofilstähle zur Verwendung, so achte man darauf, wie die Umdrehungszahl des Stückes entsprechend langsamer gewählt werden muß.

Es soll noch auf die Möglichkeit des Gewindeschneidens an der Drehbank hingewiesen werden. Die Erzeugung der verschiedenen Gewindeformen unterscheidet sich vom Abdrehen nur durch die beträchtlich größere „Steigung“. Die Furchen, die der Drehstahl hinterläßt, sind gegenseitig weiter entfernt und haben eine größere Tiefe (vgl. auch Abschnitt 16).

Ausdrehen. Besondere Aufmerksamkeit wende ferner der Praktikant dem Ausdrehen zu, d. h. dem Drehen an der Innenseite von Hohlkörpern. Für die spätere Konstruktionspraxis ist es wichtig, vor Augen zu haben, wie beschwerlich und verteuernd sauberes Ausdrehen ist. Der Konstrukteur muß auch aus der Werkstatt ein Gefühl dafür mitbringen, inwiefern das Ausdrehen eines erweiterten Innenraumes durch eine enge Vorderöffnung hindurch überhaupt möglich ist. Mit dem Ausmessen auf dem Zeichentisch ist da meist wenig geholfen. Der Entwerfende muß seinem Entwurf ansehen: „Komme ich noch mit dem Stahl hinein oder nicht?“

Plandrehen. Die dritte Gruppe von Verrichtungen ist das Plandrehen oder Querdrehen, d. h. die Erzeugung von Ebenen auf der Drehbank. Sie bedingt stets, daß der Drehstahl, sich senkrecht zur Drehachse verschiebend, immer größere Kreise (eigentlich eine Spirale) auf dem Stück beschreibt. Bleibt nun die Zahl der Umdrehungen in der Minute, die „Tourenzahl“, während der Abflächung sich gleich, so muß notwendigerweise mit dem zunehmenden Radius des Schnittkreises auch die Schnittgeschwindigkeit dauernd zunehmen. Zu geringe Schnittgeschwindigkeit ist unwirtschaftlich, zu große ergibt Gefahren für Stahl und Stück. Man schaltet daher nacheinander verschiedene Drehzahlen durch das Vorgelege ein, um die Schnittgeschwindigkeit möglichst gleich groß zu erhalten.

Sonderdrehbänke. Im übrigen fand auch innerhalb der Bauform der Drehbank eine Herausbildung von Sondergestaltungen für Sonderzwecke statt. So erblickt man in jeder größeren Werkstatt die durch die sperrige Form des Werkstückes bedingte „Wellendrehbank“ mit besonderen Stützen des Werkstückes, „Lünetten“, die den Zweck haben, eine störende Durchbiegung der Welle zwischen den Spitzen zu vermeiden. Im Gegensatz zu den langen dünnen Wellen stehen die kurzen scheibenförmigen Werkstücke. Für sie sind eigene Kopf- und Plandrehbänke konstruiert worden.

Bei schweren Werkstücken benutzt man Karusselldrehbänke oder Drehwerke (für Gehäuse, Schwungräder usw.). Hierdurch wird der Vorteil bequemsten Aufspannens erreicht, da das Stück während dieser Verrichtung aufliegt. Der Nachteil beruht darin, daß der Mittelpunkt der vom Stahl bearbeiteten Kreise gegen das Maschinengestell unverschiebbar ist. Die

Karusselldrehbank eignet sich aus diesem Grunde hauptsächlich für Stücke mit einer (zentralen) Bohrung. Sind mehrere Löcher nebeneinander zu bohren, so muß für jede Bohrung eine Neuaufspannung erfolgen.

Eine Sonderbauart stellen auch die „Abstechbänke" dar. Sie schneiden Stücke bestimmter Länge von Rundstangen ab zur weiteren Bearbeitung auf Drehbänken. Durch die automatischen Drehbänke haben sie jedoch einen Teil an Bedeutung eingebüßt.

Revolverdrehbänke. Sehr wirtschaftlich und bequem in der Bedienung wird die Drehbank dann, wenn es sich darum handelt, Maschinenteile ohne Umspannen fertigzustellen (z. B. längsdrehen, plandrehen, bohren, abstechen). Das Werkstück kann auf der Spannvorrichtung eingespannt bleiben, und nur ein Wechsel der Werkzeuge wird nötig. Das Einspannen des Werkstückes vollzieht sich allerdings an der Drehbank nicht gerade bequem, wie der Leser aus eigener Erfahrung bestätigen wird. Immerhin sind die Spannvorrichtungen sehr gut ausgebildet. Wenn beim Entwurf der Stücke auf leichte Anwendung dieser Vorrichtungen von vornherein geachtet wird, so vollzieht sich das Aufspannen im ganzen recht schnell. Auch das Studium dieser Einspannvorrichtungen ist daher wichtig.

Um nun auch den Wechsel der Stähle zu vermeiden, brachte man alle Stähle, die für eine Reihenfolge von Bearbeitungen nötig waren, in einem gemeinsamen „Revolverkopf"[1] unter, der nun einfach um je einen bestimmten Winkel gedreht wird, wenn das nächste Werkzeug gebraucht wird. Diese Werkzeuge können von einem gelernten Dreher eingestellt und das weitere einem ungelernten Arbeiter überlassen werden: eine wesentliche Verbilligung. Es liegt in der Natur der Sache, daß ein Werkzeug um so vielseitiger brauchbar ist, je einfacher es ist, und daß sein Anwendungsgebiet sich einengt, wenn es unter Sondergesichtspunkten hergestellt ist. So stellt denn auch der Entwurf von Maschinenteilen, die mittels Revolverbänken bearbeitet werden sollen, besondere Aufgaben für den Konstrukteur; beispielsweise wird die Herstellung eines Maschinenteiles mit einem sechsteiligen Revolverkopf gleich wirtschaftlich möglich sein, solange 3, 4, 5 oder 6 Werkzeuge zu seiner Bearbeitung ausreichen. Wird ein siebentes erforderlich, so tritt sofort die Notwendigkeit auf, einen Stahl auszuwechseln, und die Wirtschaftlichkeit der Herstellung ist unverhältnismäßig schwer beeinträchtigt. Der Konstrukteur muß deshalb die Bearbeitungen auf der Revolverbank beim Entwurf vor Augen haben. Hieraus ergibt sich für den Praktikanten der richtige Gesichtspunkt ihrer Betrachtung.

---

[1] So genannt, weil er durch Umschwenken gleich ein neues Werkzeug ohne Aus- und Umspannen liefert, wie ein Revolver mehrere Schuß enthält.

Automaten. Der letzte Schritt in der Weiterbildung der Werkzeuge und Einspannvorrichtungen und in der Ersparung von menschlicher Bedienung wurde mit der Erfindung der „Automaten" gemacht. Ein einziger gelernter Arbeiter vermag deren bis 20 Stück zu bedienen. Die Schnelligkeit der Bearbeitung ist aufs höchste gesteigert. Ein Automat spannt in seinem Futter eine Stange des erforderlichen Werkstoffs. Diese zieht er selbst um so viel wie nötig vor, wenn ein Werkstück fertig bearbeitet ist. Dann greifen nacheinander die Werkzeuge an und bearbeiten entsprechend ihrer Einstellung. Von z. B. sechs Werkzeugen ruhen also fünf, während eins arbeitet. Um auch diese fünf noch auszunutzen, hat man „Mehrspindelautomaten" gebaut, bei denen drei bis fünf Stangen Werkstoff gleichzeitig von den Werkzeugen bearbeitet werden. Die drei bis fünf im Entstehen befindlichen Werkstücke sind natürlich alle in einem verschiedenen Stadium ihrer Vollendung. Alle Werkzeuge müssen die gleiche Anzahl Sekunden für ihre jeweilige Funktion benötigen. Nach jedem Arbeitsgang schaltet sich der Spindelkopf weiter, d. h. die Stangen wechseln ihre Lage. Es schadet wenig, wenn der Jungpraktikant in dem Werk, wo er arbeitet, derartige Maschinen überhaupt nicht kennenlernt. Auch dann, wenn sie ihm vor Augen arbeiten, sollte er nicht unnütz seine Zeit damit vergeuden, in die Feinheiten ihres Mechanismus einzudringen. Das ist Aufgabe von Sonderstudien auf der technischen Hoch- oder Mittelschule (L 23).

Schleifen. Die ersten Schleifmaschinen zum Längsschleifen haben mit den Drehbänken die drehende Bewegung des Werkstückes gemeinsam. Sie wurden geboren aus der Notwendigkeit, glasharte Oberflächen zu bearbeiten. Die gehärtete Oberfläche muß höchsten Anforderungen gegenüber Druck- und Reibungsbeanspruchung genügen. Alle Härtungsvorgänge haben, wie bekannt, Änderungen in dem Gefüge der Oberfläche und gleichzeitig Zusammenziehung des Körpers, d. h. Änderungen seiner Abmessungen im Gefolge. Es ist also ganz unmöglich, einen Körper schon vor dem Härten so zu bearbeiten, daß er hernach völlig genaues Maß und spiegelglatte Oberfläche hat. Man ist gezwungen, vor dem Härten auf Bruchteile von Millimeter genau vorzuarbeiten und die letzte feine Arbeit erst nach der Härtung zu vollenden.

Die Maschine, welche diese Bearbeitung vollziehen soll, muß zwei Eigenschaften in sich vereinen: ihr Werkzeug muß härter sein als der härteste Stahl, und ihre Genauigkeit muß mindestens so groß sein, wie die vollkommenste Drehbank sie liefert.

Beide Anforderungen erfüllt die Schleifmaschine in ihrer heutigen Gestalt in so hervorragendem Maße, daß sie längst aufgehört hat, eine Neuheit zu sein, und nur für das Herunterschleifen von wenigen Hundertsteln von Millimeter zu dienen. Sie wird heute außer für gehärtete Gegenstände auch für ungehärtete Stücke verwandt und leistet Schneidleistungen, die denen einer Schruppbank nicht nachstehen (Diskusschleifmaschinen).

Dies liegt im folgenden begründet: Der Stahl leistet seine Arbeit unter großem Kraftaufwand und bei verhältnismäßig geringer Schnittgeschwindigkeit. Jede einzelne seiner Furchen weist einen erhöhten Rand und vertiefte Mitte auf. Wenn die Höhen und Tiefen der Wellenlinie des Furchenquerschnitts auch nur in Tausendsteln von Millimeter meßbar sind, so genügt doch diese Rauhigkeit der Oberfläche schon, der Genauigkeit eine sehr merkliche Höchstgrenze zu setzen. Die Schleifscheibe dagegen arbeitet mit geringem Kraftaufwand, aber mit der Umfangsgeschwindigkeit eines Expreßzuges (20 bis 30 m pro Sekunde). Die breite Schleiffläche läuft schnell über die Längenerstreckung der Werkstücke hin und leckt gleichsam nur ein dünnes Häutchen bei jedem Lauf herunter. Die Dicke dieses Häutchens ist im Gegensatz zur Spantiefe des Stahls von der Einstellung des Supports viel unabhängiger. Während der Dreher leicht mit dem Stahl zu tief in das „Fleisch" geraten kann, nähert sich der Schleifmechanismus der Maßgrenze ganz allmählich und der Schleifer kann mit aller Bequemlichkeit die Abnahme des Maßes Hundertstel für Hundertstel, Schleifgang für Schleifgang verfolgen. Bei normaler Schleifsteinbreite trifft zudem jeder Punkt des Schleifstückumfanges drei- bis viermal hintereinander auf die allmählich weiterrückende Scheibe. Hierdurch wird der bei der ersten Berührung erfolgende Schnitt sofort geglättet und poliert, so daß die verbleibende Rauhigkeit nur noch mikroskopisch ist und jedenfalls innerhalb der im Maschinenbau vorkommenden Anforderungen der Genauigkeit überhaupt keine obere Grenze mehr setzt.

Schleifscheiben. Dieser Triumph des schnell kreisenden Werkzeuges war natürlich zunächst mit Nachteilen verknüpft, deren mehr oder weniger vollkommene Überwindung das Verfahren erst wirtschaftlich lebensfähig gemacht hat. Vor allem handelt es sich um die Herstellung des Werkzeuges: der Schleifscheibe. Sie besteht entweder aus natürlichem Stoff (Schmirgel) oder aus dem Kunsterzeugnis Karborundum, d. h. auf elektrothermischem Wege hergestelltem Siliziumkarbid. In mehr oder weniger feines Mehl (je nach geforderter Feinheit der Schleifarbeit) zermahlen, werden die Schleifmittel mit einem Kitt als Klebstoff (Wasserglas, Harz oder gebrannte Tonmischungen) gemischt, unter hohem Druck in die gewünschte Form gepreßt und oft gebrannt (L 30).

Naßschleifen. In das Feld des Werkzeugmaschinenkonstrukteurs fällt die Beseitigung der beiden anderen Übelstände: der Wärme- und der Staubentwicklung. Gegen beide gleichzeitig wird wirksam vorgegangen, wenn man von der Trockenschleiferei übergeht zur Naßschleiferei, d. h. wenn man das Schleifen unter starker Berieselung des Werkstückes mit Wasser vornimmt. Vielfach wird ein Zusatz von Soda dem Kühlwasser beigefügt, hauptsächlich um die lästige Neigung zum Rosten einzuschränken. In manchen Fällen wird aber trocken geschliffen und der Staub durch besondere Absauger unschädlich für die Gesundheit und die Maschine gemacht.

Es versteht sich von selbst, daß eine Werkzeugmaschine, die derartig genaue Arbeit liefern soll, selbst ein Muster von Präzisionstechnik sein muß. Erschwert wird die dauernde Aufrechterhaltung der Maschinengenauigkeit durch den feinen Staub, der sich in alle Fugen setzt.

Die Bedingungen, die der Konstrukteur beim Festlegen der Form für zu schleifende Körper befolgen muß, beziehen sich vor allem auf noch weiter getriebene Einfachheit, d. h. Vermeidung aller kurvenbegrenzten Profile.

Werkzeug-Schleifmaschinen. Bei den allgemeinen Bemerkungen über Werkzeugmaschinen war schon auf die Wichtigkeit scharfer Werkzeuge hingewiesen. Nun sind die Schleifmaschinen, mit denen die Stähle, Fräser und Bohrer geschliffen werden, fast stets von den Maschinen getrennt, die der reinen Bearbeitung durch Schleifen dienen. Oft sind sie gleich an die Härterei angeschlossen. Sehr beachtenswert ist die Art, in der z. B. die Fräser aufgespannt werden, ebenso lehrreich die Vorrichtung zum Schärfen der Spiralbohrer.

Spitzenloses Schleifen. Um auch beim Schleifen das zeitraubende Spannen und Ausrichten zu vermeiden, hat man bei Werkstücken von kleinen Abmessungen, Rollen und Bolzen, ein Verfahren entwickelt, wodurch die Teile ohne jede Spannhülse oder dergleichen an der Schleifscheibe vorbeigeführt werden. Bei dieser Art, dem spitzenlosen Schleifen, dient ein Stützlineal und eine sich drehende Scheibe von kleinerem Durchmesser als die Schleifscheibe der Führung und der Längsbewegung der kleinen Werkstücke. Obwohl diese Maschinen für die Massenfertigung von größter Wichtigkeit sind, spielen sie doch für den Praktikanten, der erst die Grundlagen der Arbeitsverfahren kennenlernen will, eine untergeordnete Bedeutung. Naturgemäß gibt es auch viele Schleifmaschinen für Sonderzwecke. Hier seien nur die genannt, die automatisch die Flanken gehärteter Zahnräder schleifen.

Schleifen statt Feilen. Bemerkenswert ist, wie viel mehr die gewöhnlichen Schleifsteine zur Bearbeitung herangezogen werden. Während sie früher nur zum Schärfen der Stähle dienten, benutzt man sie jetzt gern, um rasch von Werkstücken in der Schlosserei oder Montage überstehende Mengen Werkstoff zu trennen. Bei kleinen Blechteilen, die wegen geringer Stückzahl von Hand gemacht werden, kann man auf diese Weise schnell die Kanten abrunden, Schrägen herstellen, kurz, viele Arbeiten vornehmen, die durch Feilen bedeutend länger dauern würden. Es muß jedoch darauf hingewiesen werden, daß solche Arbeiten wegen des Herumfliegens kleiner Splitter nur mit einer Schutzbrille ausgeführt werden dürfen (L 29).

Beobachtungswinke

a) Drehen. Was versteht man unter „Zentrieren"?

Wie sind die Teile der rotierenden Futter gegen Berühren geschützt?

Wie werden Verletzungen beim Laufen der Drehbank verhütet?

Vielfach entfernen die Dreher von dem sich drehenden Werkstück beim Einpassen das letzte Hundertstel mit der Feile. Kann dies ohne Beeinträchtigung der völligen Rundheit geschehen?

Welche Mittel hat der Dreher, um störende Durchbiegung sehr langer Stücke (Wellen) zu vermeiden?

Kann ein sauber gebohrtes Stück hernach auf der Drehbank so eingespannt und außen abgedreht werden, daß der Außenzylinder und die Bohrung absolut konaxial sind? Und umgekehrt?

Wie kann bei Drehen eines Profils nach Schablone der Dreher sich versichern, daß die Schablone nicht schief steht?

Welche Folgen hat eine Verschiebung der Reitstockspitze aus der Mittelachse der Drehbank?

Welchem Zweck dienen die folgenden

Drehwerkzeuge

Universal-Planscheiben	Kordierrädchen
Zentrierende Spannfutter	Stahlhalter
Drehdorn	Klemmfutter
Expandierender Drehdorn	Spitzenschleifapparat
Mitnehmer	Richtvorrichtungen für Spindeln usw.
Gewindesträhler und Halter dafür	Dornpresse
Kordierapparat	Bohrstange

Zentrierbohrer

Speziell Revolverdreherei:

Schneideisenhalter	Schwenkbarer Stahlhalter
Schneideisenköpfe (mit Kapseln)	Bohrfutter mit Spannbüchsen
Gewindebohrerköpfe	Abstechstahl
Gewindeschneidköpfe	Anschläge

b) Schleifen. Wie werden Schleifscheiben aufgespannt?

Welcher Schutz besteht gegen ein Zerspringen und Auseinanderfliegen der Scheiben?

Welche Funken beobachtet man beim Schleifen? Kann man daran den Werkstoff erkennen?

Wann nimmt man Scheiben mit weicher Bindung und wann solche mit fester Bindung?

Wie behandelt man stumpf gewordene Schleifscheiben?

Wie werden Spiralbohrer geschliffen?

Wie werden Fräser geschliffen?

Schleifen nach Schablone.

Schleifen kugeliger Flächen.

14. Hobeln und Stoßen

Die Hobel- und Stoßmaschinen haben geradlinige Bewegung des Stahls gegen das Arbeitsstück oder umgekehrt. Hierdurch erscheinen sie besonders geeignet zu sein, ebene Flächen wirtschaftlich zu bearbeiten. Denn während des ganzen Vorwärtsschreitens besitzen Werkzeug und Werkstück eine ziemlich gleichmäßige Geschwindigkeit gegeneinander. Wir werden sehen, daß dieser Anschein trügt, zumindest daß es Werkzeugmaschinen gibt, die dieselbe Arbeit noch wirtschaftlicher leisten als die Hobel- und Stoßmaschinen. Denn den Maschinen mit geradliniger, hin- und hergehender Bewegung haften schwere grundsätzliche Mängel an.

Hobeln oder Fräsen? Als Hauptübel ist zu betrachten, daß diese Maschinen die Hälfte der Arbeitszeit leerlaufen müssen; es folgt aus dem Grundgedanken, der ihnen zugrunde liegt, daß sie nach Vollendung eines Schnittes das Werkzeug um die gleiche Strecke arbeitslos zurückziehen, zu dem nächsten Schnitt gleichsam wieder ausholen, geradeso wie der Tischler beim Hobeln.

Der unwirtschaftliche Rücklauf. Man hat versucht, diesen Mangel zu beseitigen, indem man besondere Stichelhäuser und Stahlhalter schuf, die für Vorwärts- und Rückwärtsgang je einen Stahl enthalten, mit dem Rücken einander zugewandt. Aber trotz aller sinnreichen Umsteuervorrichtungen mittels Elektromagneten, Federn usw. gelang es nie, dem grundsätzlichen Mangel einer solchen Vorrichtung abzuhelfen. Beim Vorwärts- und Rückwärtshobeln kehren sich alle Kräfte im Maschinengestell um. Vor allem die seitlichen „Führungen" leiden auf die Dauer unvermeidlich unter diesem ständigen Wechsel. Die Zeit, in der die Arbeit vollzogen wird, ist und bleibt der Angelpunkt der Wirtschaftlichkeit. Deshalb beschritten die Hobel- und Stoßmaschinenfabrikanten mit besserem Erfolg einen zweiten Weg: die Maschinen vollziehen ihren leeren Rücklauf mit größerer Geschwindigkeit als den Arbeitslauf. Bei neueren Maschinen hat man die Rücklaufgeschwindigkeit stellenweise bis auf das Vierfache erhöht. Viel nützt auch dieser Notbehelf nicht, denn der ständige Wechsel der Geschwindigkeiten im Verein mit ihrer Richtungsumkehr erhöhen den Verschleiß aller Teile, besonders der Riemen und Räder, ganz ungemein, so daß eine viel kürzere Tilgungsfrist des Anlagekapitals für solche Maschinen angesetzt werden muß. Deshalb fällt ein Arbeitsfeld nach dem anderen, das bisher ausschließliches Herrschaftsgebiet der Hobelei und Stoßerei war, der Fräserei, dieser übermächtigen Konkurrentin, zu.

Aus dem verwickelten Vor- und Rückwärtsbetrieb folgt ein weiterer Nachteil der Hobelmaschine: sie behält für alle Metalle notgedrungen dieselbe Schnittgeschwindigkeit bei, falls nicht ein Sonderantrieb mit Regelbarkeit besteht. Für die Bearbeitung leicht schneidbarer Stoffe bedeutet das natürlich einen schweren wirtschaftlichen Verlust.

Auch die beiden in Werkstätten häufig zu hörenden Einwände: die Hobelmaschinen arbeiten genauer und seien billiger als die Fräsmaschinen, sind in dieser allgemeinen Fassung hinfällig. In der Tat ist bei der Fräsmaschine mit ihrer breiten, langsam vorwärtsschreitenden Schneidfläche die Gefahr des „Verziehens" durch Erwärmung größer als bei der Hobelmaschine, die schnell über die Arbeitsfläche hinfährt und nach jedem Schnitt während des Rücklaufes Zeit zum Abkühlen gibt. Aber die vorzügliche Kühlung der heutigen Fräser durch reichliche Seifenwasserberieselung vermeidet das Verziehen gänzlich. — Die Preise zweier für gleich große Arbeitsstücke geeigneter Hobel- und Fräsmaschinen sind durchschnittlich ziemlich gleich. Auch der Unterschied in Anschaffung und Unterhaltung der einfachen Hobelstähle gegenüber den verwickelten, schwierig herstellbaren Fräsern ist nicht ausschlaggebend. Denn ein Stoßstahl muß etwa sechsmal so oft aufgearbeitet werden wie ein Fräser: seine eine Schneide nutzt sich viel schneller ab als die zahlreichen des Fräsers, ganz abgesehen davon, daß der Hobelstahl vielfach von Hand, also nicht mit den vorteilhaftesten Schneidwinkeln geschliffen wird, während der Fräser nur von Maschinen geschliffen werden kann, also stets höchste Schneidfähigkeit besitzt.

Immerhin gibt es eine nicht unbeträchtliche Anzahl von Gebieten, die einstweilen das eigenste Arbeitsfeld der Hobelmaschine bleiben werden: die Erzeugung langer und schmaler Ebenen, die unter dem „würgenden" Fräser allzu leicht erzittern, also ungenau werden, und die Bearbeitung sehr großer Flächen (die allerdings nach Möglichkeit vom Konstrukteur vermieden werden sollte).

Neben alle Erwägungen dieser Art tritt natürlich vielfach die reine praktische Notwendigkeit: die vorhandenen Hobelmaschinen müssen bis zum Ablauf der für sie eingesetzten Tilgungsfrist schlecht und recht ausgenutzt werden; so wird vieles gehobelt, was vielleicht billiger zu fräsen wäre.

Beobachtungswinke

Welche Einrichtungen gibt es, um selbsttätig zylindrisch-konkave und zylindrisch-konvexe Flächen durch Hobeln zu erzeugen?

Hobeln und Stoßen von Zahnrädern und Kegelrädern.

Wieviel „Auslauf" muß der Konstrukteur neben dem Rand einer Arbeitsfläche für Hobel- und Stoßstahl zur Verfügung stellen?

Wie sind Hobelstähle für besonders zähen Werkstoff geformt (federnde Kröpfung, z. B. zum Hobeln von Rotornuten)?

Wie werden große Werkstücke auf dem Bett der Hobelmaschine gespannt und ausgerichtet?

15. Fräsen und Räumen

Vorteile des Fräsens. Man könnte den Fräser als kreisende Feile mit sehr tiefen Kerben (oder sehr hohen Zähnen) bezeichnen. Hierdurch dürfte am besten der Wirkungsbereich bezeichnet sein, in dem diese Art der Maschinenarbeit die Handarbeit ersetzt. Die Vorteile sind leicht ersichtlich: Während bei einer Bewegung, z. B. des Hobelstahls, auch nur ein Span abgetrennt wird, vervielfacht sich diese Schneidleistung mit der wachsenden Zahl der Schneiden. Zudem vermeidet die kreisförmige Anordnung der Schneiden (gegenüber der Feile) den unwirtschaftlichen Rücklauf. Von anderem Standpunkt kann man sagen: In die gleiche Schneidarbeit teilen sich so und so viel Schneiden. Die einzelne Schneide leistet so und so viel mal weniger Arbeit, wird also so und so vielmal so wenig abgenutzt.

Stirnfräser. Der Fräser dient vor allem zur Herstellung gerader Flächen. Diese können in zweifacher Weise von ihm erzeugt werden: die Drehachse liegt entweder parallel zur erzeugten Fläche (Walzenfräser) oder sie steht senkrecht zu ihr (Stirnfräser). Beide Verfahren werden auch gleichzeitig oder abwechselnd von ein und demselben Fräser ausgeübt; Beispiel: Nutenfräsmaschine. Es ist Sache der eigenen Belehrung, welche Art des Arbeitens jeweils angebracht erscheint. Hier sei nur auf den grundsätzlichen Übelstand des Stirnfräsers hingewiesen, daß die Punkte des Stirnumfanges natürlich eine andere Schnittgeschwindigkeit haben müssen als die in der Mitte. Der Mittelpunkt des Stirnkreises steht sogar still. Die Abnutzung ist daher ungleichmäßig, stärker am Rand als in der Mitte. Dagegen gewährt der Stirnfräser den Vorteil, daß er von der Größe der zu bearbeitenden Fläche unabhängig ist. Er bleibt stets verhältnismäßig billig, besonders in der Form des sog. „Messerkopfes".

Formfräser. Ein großer (vielleicht der größte) Vorteil des Walzenfräsers fehlt ihm aber völlig. Für „Form- oder Fassonfräser" kann man nur Walzenfräser verwenden. Der Stirnfräser kann natürlich nur Ebenen erzeugen. Gibt man jedoch dem Walzenfräser statt gerader Flanke eine profilierte, so erzeugt der Fräser, auf einer zur Achse senkrechten Linie geführt, eine Schnittfläche, die, längs der Schnittrichtung durchschnitten, eine Gerade ergibt; quer zur Schnittrichtung durchschnitten zeigt sie ein Profil, das sich zu dem des Fräsers verhält wie Positiv zu Negativ. Die Profilkanten sind kongruent. Die ungeheure Zeitersparnis liegt auf der Hand.

Aber jede Mehrwirkung verlangt Mehraufwand; das ist unabänderlich. Hier liegt er in der größeren Kostspieligkeit der Formfräser. Selbstverständlich lohnt die Herstellung eines solchen Fräsers nur, wenn das betreffende Profilstück Massenware ist: z. B. Leisten, ganze Drehbankbetten; vor allem aber eignet sich dieses Verfahren für die Herstellung von Zahnrädern und Schnecken, da hier ja die Formen der Zahnflanken für verschiedene Räder doch gleich bleiben und das Schneiden aller Zähne mit einem und demselben Profilfräser größte Gleichmäßigkeit verbürgt. Zu der Gleichmäßigkeit des Schnittes kommt die Genauigkeit des Zahnabstandes hinzu, die sich auf jeder Universal-Fräsmaschine mühelos durch den sogenannten „Teilkopf" erreichen läßt. Er sei besonderer Beachtung empfohlen (L 21).

Man macht sich die Möglichkeit, wiederkehrende Teilprofile mit Formfräsern zu bearbeiten, noch in einer anderen, höchst interessanten Weise zunutze. Teils absichtlich, teils der Not gehorchend setzt man verwickelte und besonders ausgedehnte, breite Profile aus mehreren Einzelprofilfräsern zusammen. Jeder von ihnen ist einfach in der Form und kurz, daher billig und zuverlässig härtbar. Alle zusammen, in der rechten Reihenfolge hintereinander auf die Frässpindel gereiht, zeigen das erwünschte Profil. Aus wenigen dieser Profilteile kann man nun, wie aus Bausteinen, eine unendliche Anzahl verschiedener Gesamtprofile zusammenstellen und einen Sonderfräser großer Breite sparen.

Hinterdrehung. Mit dieser Seite der Verteuerung hat sich somit die Werkstattechnik sehr vorteilhaft abgefunden. Noch an einer anderen Stelle macht sich jedoch ein verteuernder Einfluß der Fräserprofilierung geltend. Schleift man einen gewöhnlichen Fräser, so ändert er sein Profil, wenn auch nur wenig, so doch genug, um genaues Arbeiten, vor allem bei Zahnrädern, auszuschließen. Man hat daher den Kunstgriff des „Hinterdrehens" erfinden müssen, ehe der Profilfräser überhaupt anwendbar wurde. Die Einzelheiten über Aussehen, Wirkungsweise und Kennzeichnung hinterdrehter Fräser erfragt und prüft der Leser am besten in der Werkstatt selbst. Zur Ausführung der Hinterdrehung bedient man sich einer Sondermaschine, der Hinterdrehbank (L 19).

Das Hinterdrehen hat sich so vorteilhaft erwiesen, daß man es auch für gewöhnliche Fräser jetzt häufig anwendet: ist auch der Preis hinterdrehter Fräser höher, so ist doch die Unveränderlichkeit der Schneidwinkel beim Schleifen in höherem Grade gewährleistet als beim gewöhnlichen, gefrästen Fräser mit spitzen Zähnen.

Rundfräsen. Größere Verwendung findet neuerdings die „Rundfräserei", die ganz auf den Errungenschaften der Profilfräser-Herstellung beruht. An profilierten Drehkörpern (Handrädern, Griffen usw.) zeigt sie vor allem dem Drehen gegenüber so große Zeitersparnis, daß ihre Anwendung lohnend wird. Ebenso werden heute Gewinde, besonders das Trapezgewinde, gefräst und erforderlichenfalls zur letzten Genauigkeit auf der Drehbank fertig geschnitten.

Abwälzfräsen. Für die massenweise Herstellung von Verzahnungen werden die „Abwälzfräser" benutzt. Das Werkzeug ist kein Scheibenfräser mehr mit dem Profil der Zahnlücke, sondern ein schneckenförmiger, der bei gleichzeitiger Bewegung des Werkstückes langsam die Flankenform des gewünschten Zahnes kontinuierlich durch immer tieferes Schneiden auf dem ganzen Umfang des Radkörpers erzeugt.

Räumen. Bei engen Nuten, vor allem bei Arbeiten im Inneren eines Maschinenteiles, ist für sich drehende Fräser kein Platz. Statt des früher in Anwendung gebrachten Stoßens wird ein neues Verfahren, das Räumen,

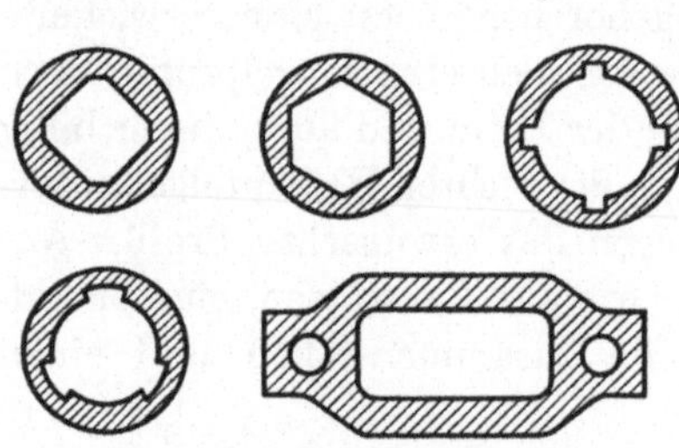
Arbeitsbeispiele für Räumen

bevorzugt. Das Werkzeug, die Räumnadel, kann mit einer Feile verglichen werden, die allseitig fräserartige Schneiden besitzt, die ohne Drehbewegung nur in gerader Richtung bewegt werden. Nebenstehende Abbildung zeigt Arbeitsbeispiele dafür. In ein vorgebohrtes rundes Loch wird die Räumnadel gesteckt. Dann wird sie mit passender Schnittgeschwindigkeit durch das Werkstück gezogen, wobei die letzten Schneiden die Form des mehr oder weniger eckigen Profils liefern. Für Nuten in Buchsen, Werkzeugen oder Ritzeln ist dieses Verfahren, das bedeutend schneller geht, dem Stoßen überlegen; allerdings sind die Räumnadeln, ihrer verwickelten Form wegen, teuer und für Stöße empfindlich (L 20).

Beobachtungswinke

Herstellung eines Keils?

Herstellung von Langlöchern, Nuten und Federn?

Erzeugung von Sechskantköpfen?

Fräsen von Zahn-, Kegel- und Schraubenrädern sowie von Schnecken?

Wie klein darf man beim Fräsen von konkaven Profilen den kleinsten Krümmungsradius höchstens wählen?

Wie vermeidet man eine unzulässige Durchbiegung der Frässpindel?

Warum verlaufen die Schneiden bei Walzenfräsern häufig schräg?

Wie teilt man bei breiten Fräsern den Span, und warum ist dies vorteilhaft?

Welchem Zweck dienen die folgenden

Fräser, Werkzeuge und Vorrichtungen:

Fräsfutter mit Spannbüchsen	Hinterdrehte Fräser
Winkelstirnfräser	Fingerfräser
Schaftfräser	Zahnradfräser
Zusammengesetzte Fassonfräser	Schneckenfräser
Zweischneider für Langlöcher	Außenfräser [Teilkreis
Fräser für Kupplungszähne	Lehren zum Messen der Zahnstärke im
Prismenstücke	Apparate zum Messen der Mittenentfer-
Scheibenfräser	nungen der Zahnräder
Nutenfräser	Apparate zum Kontrollieren der Achsen

16. Bohren und Gewindeschneiden

Bohren, Abflächen. Das Bohren hat viel Verwandtschaft mit dem Stirnfräsen. Die Bohrmaschine dient auch keineswegs nur dazu, Löcher zu bohren. Eine sehr oft anzuwendende Nebenverrichtung ist beispielsweise das Abflächen der zur Bohrungsachse senkrechten Endflächen, der „Augen“, auf denen meist die Schraubenköpfe und -muttern aufruhen, mittels Bohrstange und Schneidmesser oder Senker.

Aufreiben. Von allgemeiner Bedeutung ist die Frage der mit Bohrmaschinen erreichbaren Genauigkeit. Sie wird erzielt durch Nachreiben der Löcher mit den verschiedenen Sorten von Reibahlen, in denen man eine besondere Form von Walzenfräsern erblicken könnte. Das Arbeiten mit ihnen ist deshalb eine besondere Kunst, weil sie wegen ihrer eigenartigen, messerartigen Schneidwinkel und der ganz schwachen Kegelform, die sie häufig besitzen, große Neigung zum Festfressen im Loch haben (L 17).

Beim Konstruieren verbleibt erfahrungsgemäß für Anordnung der Schraubenlöcher der möglichst ungünstige Platz. Häufig ist es knapp möglich, das Loch überhaupt bohrbar zu machen, oder wenn das Loch noch eben hergestellt werden konnte, läßt sich an dieser Stelle keine Mutter anbringen oder anziehen. Es ist daher sehr von Vorteil, wenn sich der Praktikant durch Unterhaltungen mit geübten Bohrern und dem Meister genau über die Möglichkeiten unterrichtet, die für das Bohren schlecht zugänglicher Löcher vorhanden sind. Dasselbe gilt für das Schneiden von Lochgewinden mit der Gewindebohrmaschine. Sonst konstruiert man späterhin leicht Löcher und Gewinde, die nur von Hand oder auch gar nicht gebohrt und geschnitten werden können.

Bohrvorrichtungen. Wiederholt sei an dieser Stelle der Hinweis auf die Bohrvorrichtungen, von der Bohrschablone angefangen bis hinauf zu den ausgeklügelten Einspannvorrichtungen mit gehärteten Bohrbuchsen.

Vielfach-Bohrmaschinen. Für eine große Anzahl von Bohrungen sind die gewöhnlichen Bohrmaschinen, insbesondere der Normaltyp der Radialbohrmaschinen, nicht geeignet oder noch nicht auf der Höhe der Wirtschaftlichkeit. Man verwendet beispielsweise für das Bohren von langen Lochreihen, wie sie insbesondere bei Nietverbindungen nötig werden, Mehrfach- oder mehrspindelige Bohrmaschinen. Die Beobachtung ihrer Arbeitsweise lehrt unter anderm, welche entscheidenden Maße der Bohrer für das Bohren einer ganzen Reihe braucht. Diese Kenntnis ist wichtig für die Eintragung der Maße in den Zeichnungen.

Ortsbewegliche Bohrmaschinen. Niet- und Schraubenlöcher können häufig erst bei der Zusammenstellung (wenn die zu verbindenden Stücke in ihrer endgültigen gegenseitigen Lage festliegen) gebohrt werden. Hier kommen dann bei großen Arbeitsstücken die verfahrbaren und tragbaren Bohrmaschinen in Anwendung.

Bei ihnen ist ein grundsätzlicher Mangel der gewöhnlichen Bohrmaschinen aufs größte Maß getrieben: die unsichere „Führung" des Werkzeuges. Denn von allen anderen Fehlerquellen abgesehen, ist die hauptsächlichste die, daß naturgemäß immer der Bohrer nur an seinem einen Ende gefaßt werden kann, und auch an diesem wegen der Forderung schnellen Werkzeugwechsels nur mittels des bekannten kegeligen Bohrfutters. Sicher geführt ist daher der Bohrer erst, sobald seine Spitze im Bohrloch steckt. Aus diesem Grunde ist die Schwierigkeit beim Beginn des Vorganges am größten. Tiefes „Ankörnen" des Bohrungsmittelpunktes ist unerläßlich; der Konstrukteur hat streng auf diese Schwierigkeit Rücksicht zu nehmen, indem er stets eine zur Lochachse senkrecht stehende Angriffsfläche für den Bohrer schafft. Das erfordert häufig den Aufwand besonderer Angüsse („Augen").

Horizontal-Bohrmaschinen. Für eine große Reihe gerade der wichtigsten Bohrungen scheidet die Verwendung des durchschnittlich lotrechten Bohrers überhaupt aus. Wegen der sicheren Lagerung des Werkstückes und leichteren Führung des Werkzeuges zeigt beispielsweise die „Kanonenbohrmaschine" für Durchbohrung langer Wellen liegende Anordnung. Sie ist auch in anderen Beziehungen (Messen, Kontrollmessung, Bohrspanentfernung) höchst lehrreich. Von der einseitigen Lagerung des Bohrwerkzeuges ganz abgegangen ist man schließlich bei der Zylinderbohrmaschine, die von allen Bohrmaschinen die höchste Genauigkeit erreicht und ja auch erreichen muß (L 16).

Gewindeschneiden. Für die Herstellung von Innengewinden sind meist zwei oder drei Werkzeuge erforderlich (Vor- und Nachschneider). Zu beachten ist die geringe Schnittgeschwindigkeit und die sorgfältige Schmierung (Rüböl). Der Konstrukteur muß wissen, daß in sprödem Werkstoff (Gußeisen) die Gewindegänge leicht ausbrechen, weshalb man sie dort nach Möglichkeit ganz vermeidet. Statt der Schneideisen für Innengewinde benutzt man jetzt, besonders auf automatischen Drehbänken, „Gewindeschneidköpfe", die neben größerer Lebensdauer noch den Vorteil haben, die Späne besser abführen zu können (L 18).

Beobachtungswinke

Wie weit kann man Löcher vorgießen? Vor- und Nachteile?

Was geschieht, wenn man auf der Grenze zweier ungleicher Werkstoffe ein Loch bohrt (Bohrachse parallel zur oder geradezu in der Grenzfläche)?

Wie kann man sich helfen, wenn durchaus ein Loch schräg zur Oberfläche gebohrt werden muß?

Wie lang darf eine Bohrung im Verhältnis zu ihrem Durchmesser gemacht werden, damit noch normale Bohrer verwendet werden können?

Welche Mittel wendet man zum Bohren noch längerer Löcher an?

Welche Übelstände bringt das Bohren langer schmaler Löcher überhaupt mit sich?

Welche Bohrer sind für Massenfertigung vollkommen unzweckmäßig und warum?

Wozu sind die Nuten in Spiralbohrern?

Wie verhütet man beim Durchbohren eines Stückes das Herumschlagen des Werkstücks und dadurch entstehende Verletzungen?

Wie wird man bei großen Mengen von Muttern Gewinde schneiden?

Welchen Einfluß haben die verschiedenen Sorten Bohrer auf Genauigkeit usw. des Loches?

Wie stellt der Bohrer oder Anreißer die Stelle fest, wo er anbohren soll, wenn sich zwei Bohrungen in der Mitte des Körpers treffen sollen? Mit welcher Genauigkeit wird das Treffen durchschnittlich eintreten?

Welche Mißstände ergeben sich beim Anbohren gegenüber dem Durchbohren?

Kann mittels Gewindebohrers ein Gewinde bis völlig auf den Grund des vorgebohrten Loches geschnitten werden?

Welchem Zweck dienen die folgenden
Werkzeuge und Vorrichtungen:

Maschinen-Reibahlen	Bohrstangen zum Bohren in Vorrichtungen
Verstellbare Reibahlen	Gewindebohrer
Nachstellbare Grundreibahlen	Mitnehmer für Gewindebohrerköpfe
Kopf- und Halssenker	Kanonenbohrer mit Ölzuführung
Zapfensenker (mit Anschlag)	Krauskopf
Aufstecksenker mit Anschlägen	

V. Arbeitsverfahren ohne Verformung

17. Anreißen und Messen

Zweck des Anreißens. Die Metallstücke werden vor ihrer sauberen Bearbeitung auf ihrer Oberfläche mit genauen Zeichen versehen, die die unentbehrliche Grundlage für das „Einspannen" auf der Werkzeugmaschine bilden. Während und nach Vollzug der mechanischen Bearbeitung der Stücke muß sich zwar der Maschinenarbeiter noch besonders überzeugen, daß die Stücke „genaues Maß haben". Aber die Vorarbeiten für sachgemäßes Einstellen der bearbeitenden Werkzeuge, so daß sie nicht zuviel und nicht zu wenig Material wegnehmen, liegen ganz und gar beim Anreißen. Sehr wertvoll ist der Umstand, daß Auge und Hand eines geübten Anreißers es vortrefflich verstehen, etwaige Ungleichmäßigkeiten bei Guß, Schmiedung oder Pressung durch das Anreißen so zu berücksichtigen, daß das

Material allseitig ausreicht. Voraussetzung hierfür ist auch der gleichzeitige Überblick über die gegenseitige Lage von Maßmarken, die für verschiedene Werkzeugmaschinen in Anwendung kommen.

Auch hier ist also nichts anderes als eine Arbeitsteilung, die natürlich sofort den Hauptvorteil, höchste Vollendung des Spezialisten, zeitigt. Die Anreißer, die jahraus, jahrein nichts weiter tun als messen und Maßzeichen machen, haben ihre Hantierung nach Möglichkeit vereinfacht und sich besondere Werkzeuge geschaffen. Zu dem vielbegehrten, weil scheinbar wenig anstrengenden Amt des Anreißers wählt man nur ganz erstklassige Leute. Besonnenheit, Dispositionsvermögen, scharfes Auge, sichere Hand, bestes Verständnis der Werkzeichnungen und vor allem peinlichste Gewissenhaftigkeit und Zuverlässigkeit muß man von ihnen verlangen. Diese Leute sind bei ihrer den Durchschnitt überragenden geistigen Begabung selbstverständlich besonders fähig und darauf aus, die Maß- und Anreißverfahren so genau und einfach wie möglich zu gestalten.

Wichtigkeit des Anreißens für Praktikanten. Vor allem aber ist das Meßverfahren des Anreißers von unersetzlichem Wert für das richtige Eintragen der Maße in die Werkzeichnungen. Es ist ja ganz unglaublich, eine wie hohe Zeitersparnis und vor allem Ersparnis an Verdruß und Kosten aus Irrtümern die zweckentsprechende und klare Eintragung der Maße mit sich bringt. Die Fähigkeit hierzu ist das Zeichen eines konstruktiv wohlerzogenen und solid vorgebildeten Ingenieurs, abgesehen von ihrer Unentbehrlichkeit. Die Zeit, welche für den Konstrukteur notwendig ist, die richtige Anordnung und Auswahl der Maße zu treffen, ist um so kleiner, die Mühe um so geringer, je deutlicher ihm die Tätigkeit des Anreißers vor dem geistigen Auge steht, d. h. je sorgsamer er sich während seiner praktischen Ausbildung um sie gekümmert hat.

Die Hilfsmittel des Anreißers sind ja verhältnismäßig einfach: Zirkel, Streichmaß, Lineal, Winkel und Winkelschmiege und ein genauer Maßstab reichen im allgemeinen aus. Für Arbeiten an der Anreißplatte treten noch die sogenannten Parallelreißer und Spitzmaße hinzu. Aus ihrer Anwendung ergibt sich z. B. die Zweckdienlichkeit, gewisse Maßangaben stets auf die Endflächen des Körpers zu beziehen. Auch geht von vornherein die Anschauung in Fleisch und Blut über, daß man niemals Maße von Punkt zu Punkt, sondern nur Abstände von Linie zu Linie geben darf.

Kein Praktikant sollte versäumen, dem Anreißen besondere Aufmerksamkeit zu schenken. Nur die Anschauung setzt ihn in den Stand, späterhin richtige Maße schnell und an der richtigen Stelle einzuschreiben und so auf der Hochschule viele Mühe, im Leben viele Mark zu ersparen. Und ein aufmerksames Vergleichen der vorliegenden Werkstattzeichnungen mit dem angerissenen Stück fördert das Raumvorstellungsvermögen und die so unentbehrliche Fähigkeit, technische Zeichnungen schnell zu lesen, besser und bequemer, als es später die Hochschule vermag.

Steigende Anforderungen beim Messen. Die Werkstücke müssen mehr-

mals auf Einhaltung der vorgeschriebenen Maße geprüft werden. Dies ist
Aufgabe einer besonderen Wissenschaft, der Meßtechnik. Weil der
Maschinenbau Maßarbeit von erster Güte braucht, entstand die sicher und
genau arbeitende Werkzeugmaschine, die nun ihrerseits derart genaue
Maßarbeit lieferte, daß man an die Lösung von Aufgaben ging, an die man
bisher nicht gedacht hatte. Sie steigerten dann im Gang der Entwicklung
abermals die Anforderungen an die Genauigkeit. Diese endlose Kette
findet die Grenze teils durch die natürliche Genauigkeit der Werkzeug-
furchen (wie wir im vorigen Teil sahen), zum größten Teil aber in
den Kosten genauer Bearbeitung. Die Kosten der Genauigkeit immer
niedriger zu gestalten, Genauigkeit mit Schnellarbeit zu verbinden,
ist das Ziel der Entwicklung geworden. Gerade die beiden letzten Jahr-
zehnte zeigen in dieser Richtung bedeutende Fortschritte.

Genauigkeitsgrad. Die Genauigkeit des Messens richtet sich in erster
Linie nach der benutzten Maßeinheit. Der Architekt gibt seine Maße in m,
höchstens in cm an[1]. Abweichungen von 1 cm beeinträchtigen den Wert
der Arbeit des Maurers noch nicht. Der Möbelschreiner hat im allgemeinen
nicht zu fürchten, daß ihm Ungenauigkeiten von 1 mm Schaden bringen,
denn er arbeitet nach cm. Nur wenn er etwa einen Kasten in eine Lade
oder eine Schranktür in den Rahmen paßt, sind Abweichungen von 1 mm
unzulässig.

Ganz ähnlich, wie dieser Handwerker, arbeitete früher der gesamte
Maschinenbau. Waren Passungen zweier Stücke ineinander nötig, wie
Zapfen und Lager, so wurden sie bei der Herstellung Paar für Paar durch
Probieren aufeinander zugeschnitten oder bei der Montage sauber passend
gemacht. Es schadete nichts, wenn ein Loch ein Zehntel mm zu weit
geraten ist: man drehte dann von dem zugehörigen Zapfen ein Zehntel
weniger herunter. Beide wurden mit gleicher Marke „gekörnt“ und so als
zusammengehörig gekennzeichnet.

Austauschbarkeit. Dies Verfahren war früher für Einzelanfertigung
durchaus hinreichend. Wir sahen bereits, daß die Forderungen für die
massenweise Fabrikation von Maschinenteilen erheblich weitergehen:
Austauschbarkeit muß hier gewährleistet sein. Eine beliebige Reihe
von Zapfen zahlenmäßig gleichen Durchmessers muß in eine beliebige
Reihe von Bohrungen des gleichen zahlenmäßigen Durchmessers in beliebiger Vertauschung passen, ganz gleichgültig, welchen Zapfen ich aus der
Reihe herausgreife und in welche Bohrung ich ihn einführe. Welches

---

[1] Hierbei sei des Zolls gedacht (1 Zoll = 1″ = 25,4 mm). Obwohl große Schrauben
noch Zollgewinde besitzen, ist dieses Maß sonst völlig abgeschafft. Deshalb kaufe
man keine Maßstäbe, die noch neben Meter- eine Zollteilung besitzen.

ist der billigste Weg, auf dem man diese schwer erfüllbare Forderung erreicht?

Passungen. Betrachten wir noch einmal den Vorgang des einzelnen Einpassens ohne Austauschbarkeit. Hier stellt der Dreher, der beispielsweise eine Welle für ein Lager passend drehen soll, das ein anderer Dreher ausgedreht hat, zunächst dessen Durchmesser mittels Lochtaster auf etwa Zehntel-mm genau fest. Noch genaueres Messen erlaubt ihm das Messen mit der Schublehre oder mit der Mikrometerschraube. Die Schublehre gestattet je nach ihrer Ausführung das sichere Ablesen von Zehntel- oder gar Zwanzigstel-Millimetern, während die Mikrometerschraube das Ablesen von Hundertstel-Millimetern ermöglicht. Der Dreher dreht also das Werkstück vorsichtig ab bis in die Nähe des ermittelten Durchmessers und unter Benutzung seines Tasters, der Schublehre oder der Mikrometerschraube. Ist er auf weniger als 0,1 mm an das gemessene Maß heran, so probiert er, ob die Welle an der Lagerbohrung „anschnäbelt‟ oder ob sie etwa schon hineingeht. Je nachdem dreht er nach Gefühl so viel herunter, daß sie so leicht geht, wie vorgeschrieben. Zusammengefaßt bedeutet das: Der Dreher mißt in Zehnteln, allenfalls in roh geschätzten Teilen von Zehnteln; er fühlt Hundertstel-, ja Tausendstel-mm-Maßunterschiede, denn Feinmessungen lehren, daß selbst Laienhände genau merken, ob zwei in derselben Bohrung von ihnen hin- und herbewegte Zapfen im Maß um wenige Tausendstel-mm voneinander abweichen, und zwar am „leichteren‟ oder „strammeren‟ Gang.

Normallehren. Kaliber. Dieses „Gefühl‟ nutzt nun die Maschinenfabrikation in folgender Weise aus: Das Werk beschafft sich einen Vorrat von Musterzapfen und Musterbohrungen aus gehärtetem Stahl und aufs genaueste geschliffen. Mit Hilfe der Mikrometerschraube und besonderer Meßmaschinen werden diese Zapfen, die sog. „Kaliberdorne‟, und die zugehörigen Bohrungen, „Kaliber‟, vor dem Hinausgehen in die Werkstatt nachgeprüft, so daß ihre Fehler jedenfalls kleiner als Tausendstel-mm sind. Ihre Genauigkeit ist so groß, daß sie nur in wohl eingefettetem und geputztem Zustand ineinander eingeführt werden dürfen, da nur dann die zwischen Stahl und Stahl befindliche Fettschicht verhindert, daß sich die Adhäsionskräfte (deren „Saugen‟ man deutlich spürt) in Kohäsionskräfte verwandeln, d. h. daß sich die geschliffenen Oberflächen „ineinander fressen‟. Neu hergestellte Kaliberpaare können nur dann ineinander gefügt werden, wenn man den Ring zuvor durch die Wärme der Hand ausdehnt, den Dorn dagegen möglichst kühl hält. Erst nach längerem Gebrauch tritt trotz bester Härtung allmählich doch eine Abnutzung ein, die dann schließlich zur Ausscheidung des Kalibers und Neuschliff führt.

Mit diesem Hilfsmittel ist es nun möglich, Zapfen und Bohrung getrennt herzustellen und doch die Sicherheit zu haben, daß sie genau passen. Eine Reihe von 100-millimetrigen Wellen beispielsweise wird so gedreht, gefeilt und geschmirgelt, daß es eben möglich ist, das 100er Kaliber über sie zu schieben. Die dazu gehörigen Bohrungen werden in der Bohrerei so genau mit der Reibahle ausgerieben, daß der 100er Kaliberdorn eben in sie hineingesteckt werden kann: dann wird später in der Montagehalle jede Welle in jede aus der Menge gegriffene beliebige Bohrung passen. Trotzdem also nur auf Zehntel-mm gemessen und der letzte Rest an Hundertsteln und Tausendsteln nur gefühlt wurde, ist die Wirkung die gleiche, als hätte man auf Tausendstel genau gemessen.

Sphärische Endmaße. Das System ergibt für große Durchmesser unhandliche Dorne. Man ersetzt diese daher dann durch die sogenannten „sphärischen Endmaße", d. h. Stahlstäbe, deren Endflächen die Teile einer und derselben Kugeloberfläche sind, deren Mittelpunkt die Mitte der Stabachse ist. Zwei um genaues Maß entfernte Spitzen messen ja falsch, wenn man den Meßstab schief einführt. Diese Möglichkeit ist bei den sphärischen Endmaßen ausgeschlossen, da, in welcher Schräge sie immer die gegenüberliegenden Wandungen berühren, stets die Verbindungslinie der Berührungspunkte Durchmesser einer und derselben Kugel ist.

Rachenlehren. Für große und kleine Außenmaße bedient man sich vielfach der Rachenlehren, die infolge der Bügelwirkung sofort klemmen, wenn man sie etwa gewaltsam über die zu messende Rundung zwängen wollte. Infolgedessen ersetzen sie das bei den Kalibern notwendige Handgefühl durch ihre Gewichtswirkung: ein Drehkörper hat genau den auf der Rachenlehre angegebenen Durchmesser, wenn diese durch ihr eigenes Gewicht langsam über ihn herübersinkt.

Welches sind nun die Vorteile und Nachteile dieses Meßverfahrens? Der größte Vorteil gegenüber den Maßstäben, Tastern, Schublehren und Mikrometerschrauben ist vor allem der, daß die Einstellung des gewünschten Maßes dem Arbeiter abgenommen ist. Die Fehlerquellen durch falsches Ablesen sind dadurch beseitigt. (Dieser grundsätzliche Vorteil bestand übrigens schon bei den alten „Draht- oder Blechlehren", die der Praktikant vielleicht in der Schmiede vorfinden wird.)

Der Messung mittels Normalkaliber haften aber zwei große Mängel an: Jeder Mensch hat genaues Gefühl für den Grad der „Leichtigkeit", mit der ein Zapfen in einem Loch „geht". Aber die Benennung dieses Grades ist bei den einzelnen verschieden. Leider tritt diese individuelle Verschiedenheit am häufigsten und stärksten zutage zwischen Meister und Arbeiter. Der Arbeiter, für sein eigen Werk parteiisch, behauptet, ein Zapfen ginge „saugend", während der Meister ihn als viel zu leicht gehend verwirft. Die

Folge sind ständige Mißhelligkeiten. Der Grund liegt also in dem Ersatz der Maßzahl durch den Gefühlsgrad.

Der zweite Mangel ist mittelbar mit dem ersten verknüpft: Die Grenze für die schließliche Genauigkeit ist fließend; der Arbeiter, um sich vor „Ausschuß" zu bewahren, arbeitet lieber etwas zu genau, genauer, als für den vielleicht ganz einfachen vorliegenden Zweck erforderlich. Zu genaues Arbeiten bedeutet aber Verschwendung: an Zeit, Maschinenkraft und an Lohn. Der Meister vermag nicht zu hindern, daß zu genau, also zu langsam gearbeitet wird, solange er nicht seinen Leuten eine bindende Zusage geben kann: mit dieser **Mindestgenauigkeit** bin ich zufrieden.

Grenzlehren. Der Mangel des Normallehren-Systems war also das **Fehlen einer zweiten, unteren Genauigkeitsgrenze**, die mit dem Normalkaliber im Verein einen genauen Spielraum der „zulässigen Ungenauigkeit" gibt. Mit großer Schnelligkeit hat sich daher das „Grenzlehren"-System in den Maschinenfabriken eingebürgert. Unter einer Grenz- oder Toleranzlehre versteht man eine Doppellehre, deren eines Lehrmaß um etliche Tausendstel bis Hundertstel größer ist als das zahlenmäßige Maß der Lehre, während das andere um ebensoviel kleiner ist. Mit Hilfe dieses Kunstgriffes kann nunmehr einfach zur Regel gemacht werden: die „Gutseite" muß über den Zapfen (bzw. in die Bohrung) ohne Zwang gehen, die „Ausschußseite" darf nicht hinüber- bzw. hineingehen. Diese Bedingung erlaubt kein Drehen und Deuteln und hat als Ergebnis eine Genauigkeit, die sicher keinesfalls geringer ist als die Übereinstimmung beider Lehrenseiten. Durch die Bemessung der Differenz der beiden Seiten hat man den gewünschten Genauigkeitsgrad in der Hand. Dieser ist je nach dem Verwendungszweck des betreffenden Maschinenteiles sehr verschieden. Jede Maschinenfabrik muß die für ihre Erzeugnisse geeignetsten Spielräume aussuchen, was um so leichter ist, als durch die praktische Erfahrung mit den Grenzlehren die früheren Gefühlsbegriffe von „leichtem", „saugendem" und „pressendem" Sitz sich verwandelt haben in zahlenmäßig festgelegte Spielräume. Der Spielraum muß, wie die Erfahrung ergeben hat, nicht ein absolutes Maß, sondern eine bestimmte Beziehung zum Durchmesser besitzen, weshalb seine Angabe nicht in mm, sondern in „Paßeinheiten" erfolgt (1 Paßeinheit $= 0{,}005 \sqrt[3]{D}$).

Seit der Einführung der Grenzlehren ist, das darf man wohl sagen, das Hundertstelmm an Stelle des mm als Maßeinheit in den Maschinenfabriken getreten. Dementsprechend haben die letzten zwanzig Jahre eine ganz neue Entwicklung der praktischen Meßtechnik gesehen. Vor allem aber war dies deshalb der Fall, weil infolge der immer weitergehenden Einführung von Normen nicht mehr die Austauschbarkeit zwischen den Erzeugnissen der gleichen Fabrik, sondern der gesamten deutschen Maschinenindustrie erforderlich ist.

Kontrollehren. Da die Lehren sich abnützen, müssen sie von Zeit zu Zeit mit Normallehren, die überhaupt nicht in die Werkstatt kommen, verglichen werden. Dies erfordert aber praktisch die Anschaffung zweier Sätze der äußerst kostspieligen Lehren. Selbst dann ist man noch nicht sicher, daß sich nicht selbst die (zur Vermeidung von Verwechslungen mit den Werkstattlehren andersfarbig lackierten) Kontrollehren allmählich abwetzen, besonders die für die gängigsten Maße. Diese Gefahr wird verstärkt durch das Bestreben, sich wegen der Kostspieligkeit der Lehren auf möglichst wenige Genaumaße in der Anwendung zu beschränken, so daß gewisse besonders wichtige Lehren besonders häufig der Kontrolle bedürfen und schließlich die Kontrollehren gerade der wichtigsten und häufigsten Maße selber verschleißen.

Meßmaschinen. Das beste Kontrollmittel bleibt die Meßmaschine. Jede größere Maschinenfabrik, die austauschbare Arbeit liefern muß, besitzt daher wohl heute eine Meßmaschine zur letzten Kontrolle der Lehren. Dem Praktikanten kann nur empfohlen werden, sich von dem Betriebsleiter über diese Maschine einmal einen kurzen Anschauungsunterricht zu erbitten.

In diesem Zusammenhang ist es wichtig, daß der Praktikant sich noch über die folgenden beiden Grundbedingungen der absoluten Austauschbarkeit klar ist: Um sich über Passungen verständigen zu können und auch zwischen verschiedenen Fabriken Austauschbarkeit von Teilen gewährleisten zu können, ist eine Einigung über zwei Punkte erforderlich:

1. die Bezugstemperatur,
2. die Frage, ob Einheitswelle oder Einheitsbohrung.

Bezugstemperatur. Seit der Normung beziehen sich die im Handel erhältlichen Lehren auf 20° C. Mit Rücksicht auf die unvermeidliche Einwirkung von Wärme (Ausdehnung) war diese Festlegung notwendig, denn bei der Genauigkeit von Bruchteilen von Tausendstel-mm, auf die es hier ankommt, machen diese Unterschiede, besonders bei großen Maßen, viel aus.

Einheitsbohrung, Einheitswelle. Das System „Einheitsbohrung" geht davon aus, daß die Bohrung für alle Passungen stets gleich ausgeführt wird, während der Zapfen oder die Welle, die in sie hineingepaßt werden sollen, je nachdem, wie fest sie sitzen oder wie leicht sie laufen sollen, einen entsprechend kleineren oder größeren Durchmesser erhalten; ein in eine Bohrung von 50 mm Durchmesser hineinzupressender Zapfen würde demnach auf der Zeichnung das Maß „$50_{+0,05}$" erhalten; eine Welle, die leicht in einer solchen Bohrung laufen soll, würde auf „$50_{-0,05}$" bemaßt sein.

Anderseits wird beim System „Einheitswelle" für die Welle stets der gleiche Durchmesser behalten. Im obigen Beispiel würde demnach Zapfen und Welle jedesmal genau 50 mm dick sein, während die Bohrung im Falle des Preßsitzes „$50_{-0,05}$", im Falle des leichten Laufsitzes oder -spieles „$50_{+0,05}$" weit zu machen wäre.

Beide Systeme haben ihre Vor- und Nachteile. Häufig verdanken sie ihre Wahl wirtschaftlichen Erwägungen. So wird man z. B. bei leichten Transmissionen oder landwirtschaftlichen Maschinen, wo Wellen aus gezogenem, also nicht gedrehtem Stahl vorkommen, „Einheitswelle" bevorzugen. Sonst müßte ja die Welle Abstufungen besitzen, also bearbeitet werden (L 69).

Gewindelehren. Neben die Lehren für Rundkörper und Bohrungen treten noch die für andere wichtige Genauigkeitskurven, so vor allem die für Gewinde, bei denen man gleichfalls Gewindelehrdorne und Gewindelehrmuttern in Ringform unterscheidet. Mit ihnen müssen naturgemäß die Profile der zugehörigen Gewindestähle oder Gewindesträhler absolut übereinstimmen.

Der eigenhändige Gebrauch aller dieser Meßwerkzeuge macht ja den Praktikanten bald völlig vertraut mit den kleineren Nebenerfahrungen, die hier nicht erwähnt werden können und sollen.

Kontrollieren. Nach den einzelnen Bearbeitungsvorgängen werden die Werkstücke meist geprüft. Wo zwischen die Abteilungen ein „Lager" oder „Magazin" eingeschaltet ist, läßt sich hiermit leicht eine Kontrolle verbinden. Diese Tätigkeit der „Revisoren" setzt große Zuverlässigkeit und Pflichttreue voraus. Oft findet die Prüfung der Maßhaltigkeit gleich in der Werkstatt an der Maschine statt. Bei Massenartikeln beschränkt man sich auf Stichproben, an deren Ausfall zu erkennen ist, ob die Stähle an den Automaten nachgestellt werden müssen usw.

Beobachtungswinke
Werkzeuge und Vorrichtungen.

Fühlhebel	Parallelstücke	Anschlagleisten
Tiefenlehren	Anreißplatten	Meßuhr
Prismenstücke	Tuschierplatten	Parallel-Endmaße

18. Verbinden und Trennen von Teilen

Eine besondere Stellung in der Fertigung von Maschinen nimmt das Zusammenfügen der einzelnen Teile, die Montage, ein. Hierzu werden im allgemeinen die Werkstücke in lösbare oder unlösbare Verbindung zueinander gebracht. Diese Arbeiten finden teils innerhalb der Werkstätten zwischen zwei Bearbeitungsvorgängen statt, teils hat man eigene Abteilungen für sie schaffen müssen. Die Eigenart der Erzeugnisse ist dabei von ausschlaggebender Bedeutung. Passen diese Verfahren auch nicht in das Schema der formgebenden oder veredelnden Bearbeitung, ja, hat man sich sogar lange Zeit wenig um sie gekümmert, so sind sie für die sparsame, wirtschaftliche Fertigung doch ebenso wichtig wie jene. Durch Untersuchung ihrer Sonderheiten und durch geeignete Vorrichtungen lassen sich ebenso Zeit und Geld sparen wie an der Drehbank oder in der Formerei. Das setzt allerdings eine Kenntnis von den Grundzügen dieser Verfahren voraus.

Schweißarten. Beim Schweißen sind zwei Arten zu unterscheiden: Preßschweißen mit Erhitzen bis zum teigigen Zustand, dann Verbindung unter Druck (Hammerschweißen, elektrisches Widerstandsschweißen), und Schmelzschweißen mit Verbindung in flüssigem Zustand (Gasschweißen, elektrische Lichtbogen- und Thermitschweißung). Hier soll die kurze Besprechung aber nach der Art der benutzten Wärmequelle erfolgen.

Feuerschweißung. Das älteste Verfahren ist das Feuer- oder Hammerschweißen, wobei die zu verbindenden Teile im Schmiedefeuer erhitzt werden.

Das Schweißen besteht in einer Näherung der Moleküle zweier getrennter Körper auf so große Nähe und unter so vollkommener Ausschaltung von Fremdkörperteilchen, daß die Kohäsionskräfte, die die einzelnen Schichten eines homogenen Körpers untereinander verbinden, auch zwischen den beiden Schweißoberflächen wirksam werden. Die erforderliche, im molekularen Maßstab gemessene innige Annäherung hat zwei Voraussetzungen: Jede Oberfläche, und mögen wir sie noch so glatt schleifen, bleibt doch, im mikroskopischen Größenmaß betrachtet, uneben. Infolgedessen berühren sich zwei solche „genauen Ebenen" nur mit ihren Gipfeln, nur mit einzelnen Punkten. Adhäsionskräfte treten wohl auf, aber Kohäsion entsteht noch nicht. Infolgedessen muß man die Oberflächen bildsam machen und fest aufeinanderdrücken; dann platten sich die Berge ab, und die Unebenheiten greifen ineinander. Das heißt, wir müssen die beiden Schweißflächen hochgradig erwärmen und unter Presse oder Hammer aufeinanderpressen. Dieses Verfahren kann nur dann angewendet werden, wenn die zu verbindenden Stoffe keinen scharfen Schmelzpunkt haben, sondern beim Erhitzen allmählich erweichen wie z. B. Stahl, Kupfer, Platin und Glas. Die zu verbindenden Schweißflächen müssen metallisch rein sein, d. h. es dürfen sich keinerlei Fremdkörper irgend welcher Art zwischen denselben befinden. Jedes hoch erhitzte Eisen, und mag es vorher noch so sorgsam gereinigt, ja abgebeizt sein, „beschlägt" dennoch bei der kürzesten Berührung mit dem Luftsauerstoff mit Eisenoxyd oder -oxydul, dem bekannten Zunder oder Hammerschlag.

Das einzige Mittel, diese Bestandteile für die Schweißung unschädlich zu machen, ist neben der Vorbedingung an sich gesäuberter Schweißfläche und schnellsten Vollzuges der Kniff, daß man sie dünnflüssig macht, so daß sie beim Aufeinanderpressen der beiden Oberflächen seitlich herausgespritzt werden. Bei der Schweißtemperatur (Weißglut) sind nun leider die Eisenoxyde noch fest. Deshalb ist notwendige Zutat jeder halbwegs soliden Schweißung ein pulverförmiger Stoff, der bei der Schweißhitze sich mit Eisenoxydul zu einer flüssigen Verbindung chemisch verbindet. Diese „Schweißpulver" bestehen deshalb in der Hauptsache aus Kieselsäure (Quarzsand); vielfach enthalten sie daneben noch Borax, Potasche, Soda, Kochsalz, Salmiak, Flußspat, Glas.

Thermitschweißung. Einen grundsätzlich neuen Weg, den der chemischen Wärmeentwicklung und Schweißung, schlug Dr. Goldschmidt in Essen mit seinem schnell über die Welt verbreiteten patentierten Schweißverfahren ein. Sein Hilfsmittel, das „Thermit", ist ein Gemisch von Eisenoxyd mit Aluminiumpulver und läßt sich mit einem Streichholz entzünden. Es entwickelt bei der Verbrennung eine Temperatur von etwa 3000° C, die aber dem Eisen nichts schadet, da es, vor Luft geschützt, ganz in „Thermit" eingebettet liegt. Es erfolgt hier eine chemische Umsetzung: aus Aluminium + Eisenoxyd wird Eisen + Aluminiumoxyd (Tonerde). Das sich bildende kohlefreie Eisen verschmilzt mit den Schweißenden zu einem Ganzen. Wegen der flüssigen Form des Eisens ist kein Hämmern nötig. Am häufigsten ist seine Anwendung bei Schienenstößen (Straßenbahn).

Gasschmelzschweißung. Bei dem Gasschmelzschweißen verwendet man zur Erzeugung der erforderlichen Hitze Stichflammen, die bei der Verbrennung einer Mischung aus Sauerstoff und Wasserstoff, oder aus Sauerstoff und Acetylen entstehen. Acetylen findet immer mehr Verbreitung. Zu einer derartigen Anlage gehört ein Gasentwickler, in dem aus Calcium-Karbid mit Hilfe von Wasser Acetylen-Gas entwickelt wird. Man kann das Acetylen auch als sogenanntes Dissousgas (in Aceton gelöst) in Stahlflaschen beziehen. Das Sauerstoffgas wird ebenfalls in weitaus den meisten Fällen Stahlflaschen entnommen. Wegen der Explosionsgefahr ist sorgfältige Behandlung und Beachtung der Bedienungsvorschriften erforderlich. Aus demselben Grunde muß jeder Entwickler mit einer „Wasservorlage" ausgestattet sein, die sicher und zuverlässig das Übergreifen einer Flamme vom Brenner zum Gasbehälter sowie das Eindringen von Luft verhindern soll. Der Sauerstoff wird im allgemeinen Stahlflaschen, in denen er unter hohem Druck transportiert wird, entnommen. Besondere Beachtung verdienen die Flaschen- und Druckminderventile. Gas- und Wasserstoff werden in getrennten Schläuchen dem „Schweißbrenner" zugeführt und ihre Zuflußmenge durch Druckveränderung geregelt (L 24; 25).

Falls es den Praktikanten gestattet wird, selbst etwas zu schweißen, ist dieses Experiment sehr empfehlenswert. Es liefert nämlich einen Anhalt, wie aufmerksam und gewissenhaft ein Schweißer arbeiten muß. Dem Anfänger werden im allgemeinen statt sauberer Verbindungsnähte mehrere Löcher unterlaufen oder die Bleche werden sich vorzeitig krümmen und werfen.

Widerstandsschweißung. Beim elektrischen Widerstandsschweißen geschieht die Umwandlung in Wärmeenergie durch den inneren Widerstand der im Stromkreis liegenden Werkstücke und durch den Übergangswiderstand an der Vereinigungsstelle. Daher erfolgt das Einspannen der Teile in den stromführenden Spannklauen (Elektroden) kürzer oder länger, je nach Leitfähigkeit und Querschnittsverhältnis der Werkstücke, damit an der Vereinigungsstelle von beiden Seiten her gleichmäßig hohe Temperatur herrscht.

Die Widerstandsschweißung kann stumpf erfolgen, zur Verbindung von Querschnittsflächen an Stangen usw., oder punktförmig zur heftartigen Verbindung zweier aufeinander gelegten Bleche, endlich kontinuierlich, wenn die Blechnaht gleichmäßig dicht sein soll. Entsprechend sind die Elektroden ausgebildet: nur als Spannklauen oder als Spitzen bzw. Rollen.

Die Schweißmaschinen enthalten alle einen Transformator zur Herabsetzung der Spannung (auf 8 ... 10 Volt) und Kühlvorrichtungen, um den Verschleiß der kupfernen Elektroden gering zu halten. Um wirtschaftlich arbeiten zu können, muß der Strom stets rechtzeitig unterbrochen werden, jedenfalls ehe durch Fußhebel die Elektroden abgehoben sind. Wichtig ist die gute Vorbereitung der Werkstücke und Rücksichtnahme bei der Konstruktion, denn der Ingenieur muß aus seiner Werkstattserfahrung gelernt haben, wo die Anwendungsgrenzen liegen, welche Querschnitte günstig sind und wie man das Ausbeulen und Ziehen der Bleche verhindert (L 24; 26).

Lichtbogenschweißung. Beim elektrischen Lichtbogenschweißen wird durch die hohe Temperatur des Lichtbogens die Erwärmung besonders stark örtlich abgegrenzt, so daß die Gefahr unzulässiger Spannungen im Werkstück gering ist; daher vielfach Anwendung bei Gußstücken. Durch das Zuführen von fehlendem Werkstoff (Schweißdraht) kann man Blasen und kleine Lunker in Gußstücken ausfüllen und diese Stücke, die sonst Ausschuß wären, retten. In gleicher Weise Anwendung zur Ergänzung von Werkstoffverschleiß bei abgefahrenen Radkränzen, Schienenbögen und -kreuzungen (Auftragsschweißung).

Beim Verbinden von Teilen ist auch hier wieder gute Vorbereitung der Werkstücke nötig (richtiges Abschrägen), damit der Zusatzstoff die Lücke

gut ausfüllen kann (ein- oder mehrlagige „Schweißraupe"). Als Zusatzstoff
kommen blanke oder umhüllte Elektroden in Frage, wobei die Umhüllung
den Spritzverlust verringern und eine saubere Schweiße gewährleisten soll.
Es kann sowohl mit Gleichstrom wie mit Wechselstrom geschweißt werden.
Demgemäß braucht man einen regelbaren Schweißumformer (meist fahrbar,
um ihn an schwere Werkstücke heranbringen zu können) oder einen Transformator zur Herstellung der niedrigen Spannung von 15 . . . 60 Volt.

Die Lichtbogenschweißung ist außer zu der schon erwähnten Beseitigung von
Lunkern in Gußkörpern wichtig für Reparaturen an gebrochenen Maschinenteilen.
Ist die Zerstörung örtlich begrenzt, so läßt man das kranke Stück an sich kalt (Guß-
eisenkaltschweißung). Zur Erhöhung der Festigkeit verstärkt man die Schweißstelle
oft mit vorher eingelegten Stiften oder Klammern. Bei größerem Schaden und sobald
es auf größte Gleichmäßigkeit des Gefüges ankommt, muß der gesamte Gußkörper
angewärmt werden, ehe man zur Schweißung schreitet (Gußeisenwarmschweißung).

Die elektrischen Schweißverfahren nehmen im Maschinenbau neuerdings
einen immer größeren Umfang an, dank der Sauberkeit und Zuverlässigkeit
des Verfahrens, vor allem aber auch, wo die Schweißarbeiten in großer Menge
ausgeführt werden, wegen der damit verbundenen bedeutenden Ersparnis.
(Die elektrische Schweißung erfordert Wärmeentwicklung nur im Augenblick des Schweißens, während das Schmiedefeuer ständig brennen muß!)

Hartlöten. Eine immer noch recht große Rolle spielt das Verbinden durch
Löten. Man trifft je nach Schmelzpunkt, Festigkeit und Farbe die Auswahl
unter den verschiedenen Loten für den jeweils vorliegenden Zweck. Der
Maschinenbau bedarf im allgemeinen eines verhältnismäßig festen, harten
Lotes, das auch leichte Stöße und Schläge noch aushält. Als Hartlot
wird in der Hauptsache Kupfer- oder Messinglot (auch Schlag- oder Streng-
lot genannt), in besonderen Fällen Silberlot verwendet.

Schmelzpunkt des Kupferlots 1050°,
Schmelzpunkt des Messinglots je nach Kupfergehalt zwischen 620°—810°,
Schmelzpunkt des Silberlots je nach Silbergehalt zwischen 630°—780°.

Das Lot wird entweder in Form von Drähten, Blechstreifen oder in
gekörntem Zustand (granuliert) verwendet. Zur Reinigung der Lötstelle
verwendet man Borax oder gestoßenes Glas. Die Silberlote zeichnen sich
durch ihre besondere Dünnflüssigkeit aus

Weichlöten. Für untergeordnete Lötungen (Blechfugen u. ä.), die niemals größeren Krafteinwirkungen ausgesetzt sind, wird Weichlot verwandt, das aus Zinn-Bleilegierungen in verschiedensten Zusammensetzungen
besteht. Sein niedriger Schmelzpunkt (180 bis 250° C) macht es auch besser
geeignet für Lötung leicht schmelzender Legierungen.

Das Lot muß nämlich stets einen niedrigeren Schmelzpunkt haben als
die zu lötenden Metalle, denn seine Wirkung beruht in einer nur oberfläch-

lichen leichten Verschmelzung mit den gelöteten Metallen und ist durchschnittlich dem Leimen mit Kleister zu vergleichen, wenngleich bei einigen besonderen Lötverfahren auch wohl chemische Vorgänge mitspielen, die eine dem Schweißen ähnliche Wirkung hervorbringen. Voraussetzung guter Lötung ist wie beim Schweißen eine metallisch reine Oberfläche, die durch Feilen unmittelbar vor dem Löten und durch Abätzen erzielt wird. Die gebräuchlichen Ätzmittel sind Salzsäure, Lötwasser (Zink in Salzsäure gelöst). Diese Mittel darf man aber nur verwenden, wenn die Lötstelle nachher einwandfrei (am besten mit heißem Sodawasser) gereinigt werden kann, denn sie rufen auf Eisen Rost, auf Messing und Kupfer Grünspan hervor. Beim Weichlöten empfindlicher Teile verwendet man deshalb Kolophonium (meist aufgelöst in Spiritus) oder Salmiak. Die beim Löten sich entwickelnden Dämpfe sind, wie hieraus ersichtlich, häufig gesundheitsschädlich (L 27, 28).

Nieten. Zu den Verbindungen, die nicht im Gefüge der Werkstoffe ihre Stütze haben, sondern in Pressung und Reibung, gehören Nieten und Schrumpfen. Über das Nieten ist im Abschnitt 10, Schmiede, bereits Näheres gesagt, so daß hier darauf verwiesen werden kann.

Schrumpfen. Das Schrumpfen stellt wohl die festeste der lösbaren Verbindungen dar. Die beiden Teile werden so bemessen, daß sie kalt nicht aufeinanderpassen. Erst durch Erwärmen des Äußeren lassen sie sich zusammenfügen und halten dann durch die Spannung beim Erkalten fest. Anwendung hauptsächlich bei Radreifen und großen Zahnrädern. Als vorteilhaft muß der Fortfall aller Teile bezeichnet werden, die einem Verschleiß oder Rosten usw. ausgesetzt wären: Schrauben, Splinte, Keile.

Schrauben. Die lösbaren Verbindungen sind vor allem die Schrauben. Sie müssen mit besonderer Aufmerksamkeit „studiert" werden. Über die verschiedenen Arten des Gewindes, über ihre Formen sowie über die Form ihrer Muttern muß von dem Studierenden bereits bei dem Eintritt in das Fachstudium völlige Klarheit verlangt werden. Insbesondere ist wertvoll, wenn man aus eigener Erfahrung den großen Unterschied zwischen Paß-, Durchsteck- und Stiftschrauben kennt und den Grad der Zuverlässigkeit, mit der sie ihre Aufgabe erfüllen können. Und schließlich muß noch anempfohlen werden, daß man sich mit den Monteuren über die verschiedenen Sorten von Schraubensicherungen und ihre praktischen Erfahrungen damit unterhält. Selbst ein so unscheinbares und alltägliches Ding, wie ein Schraubenschlüssel, ist von großer Wichtigkeit für den Konstrukteur: denn besonders der Anfänger im Konstruieren pflegt den Platz, den das Anziehen der Muttern mit dem Schlüssel mindestens erfordert, leicht zu knapp zu bemessen.

Keile. Eine weitere Art der lösbaren Verbindungen ist die Verkeilung. Sie kommt vor allem zur Anwendung für die Befestigung von Rädern auf Wellen und Achsen. Die Herstellung von Nut und Keil, ihr Zusammenpassen, die Montage und vor allem die Demontage sind Dinge, deren genaueste Kenntnis von dem Praktikanten unbedingt erworben werden muß.

Trennen. Im Gegensatz zum Verbinden findet das Trennen von Teilen meist vor allen mechanischen Arbeitsprozessen statt. Es liefert entweder von Stangen oder Profileisen kurze Stücke als Ausgangsform (Rohling) in die Schmiede bzw. mechanischen Werkstätten oder gibt einem Ausschnitt aus einer Blechtafel Umrisse beliebiger Gestalt. Wenn geschnitten wird, tritt ein gewisser Werkstoffverlust ein (z. B. durch die Dicke der Kreissäge), beim Abscheren wird das Werkstück dagegen am Rand gequetscht und bekommt einen unerwünschten Grat.

Abscheren. Das Arbeitsverfahren des Abscherens, soweit Stanzpressen benutzt werden, ist bereits in Abschnitt 11 behandelt. Hier seien deshalb nur die Scheren kurz erwähnt. Von der Hebelschere für kleine Teile bis zu der größten Tafelschere findet man sie in jeder Eisenkonstruktionswerkstatt. Die großen Scheren haben einen breiten Tisch zur Auflage der Blechtafeln; beim Schneiden drückt ein Halter die Tafel fest auf den Tisch. (Schon bei jeder Handblechschere kann man beobachten, daß das Blech die Neigung hat, sich zu drehen und zwischen die Messer zu rutschen.)

Erwähnt sei noch, daß viele Scheren Löcher besitzen, in denen ⌐-, ⊏-, ⊥-Eisen geschnitten werden können.

Sägen. Beim Sägen ist zu unterscheiden, ob das Material dabei warm oder kalt ist. Warmsägen arbeiten vornehmlich in Walzwerken, wo sie die Schienen und Profileisen nach dem letzten Walzstich gleich auf Länge schneiden. Die Kaltsägen in Form von Bogensägen mit Handbetätigung kommen in jeder Schlosserei vor. Sie werden natürlich für größere Stücke mit Kraftantrieb versehen. Ihre Ausnutzung ist schlecht, da der Bügel mit dem Sägeblatt stets gleich langsam hin und her geht, gleichgültig, ob bei rundem Werkstück der Schnitt gerade begonnen hat oder schon in der breiteren Mitte des Querschnittes angelangt ist. Für das ständig vorkommende Abschneiden runder Stücke für die Dreherei sind daher an die Stelle von Sägen die Abstechbänke getreten. Weit verbreitet ist das Trennen mittels Kreissägen. Im Grunde ist eine Kreissäge nichts anderes als ein sehr dünner Walzenfräser. Zum Schneiden großer Querschnitte nimmt man Kreissägen mit eingesetzten Zähnen. Bei neueren Maschinen ist der Vorschub so geregelt, daß er sich jeweils dem Widerstand des Werkstoffes anpaßt, also alle Teile des Querschnittes gleich wirtschaftlich bearbeitet werden. Bei kleinen Kreissägen mit hoher Drehzahl zum Schneiden von Metallrohren oder zum Schlitzen von Schrauben usw. sind Hauben nötig, um Verletzungen zu vermeiden. In manchen Fällen findet man in Maschinenfabriken auch Bandsägen, die natürlich kräftiger gebaut sind als solche für Holzbearbeitung, auch haben sie bedeutend geringere Schnittgeschwindigkeit. Zum Abtrennen der Steiger und Eingüsse an Stahlgußstücken sowie zum Schneiden von Leichtmetall finden sie hauptsächlich Verwendung.

Schneiden. Eine zunehmende Verbreitung erfahren die Vorrichtungen und Maschinen zum Schneiden von Metallen mittels Schneidbrenner. Der Schneidbrenner weist neben den Teilen eines gewöhnlichen Schweißbrenners noch ein besonderes Rohr für die Zuführung von Sauerstoff unter hohem Druck auf. Mit der Flamme des Schweißbrenners wird der Werkstoff erhitzt, und durch die Flamme reinen Sauerstoffes wird dann der Stahl verbrannt, so daß ein Schlitz von 1—3 mm entsteht. Aus dieser Wirkungsweise folgt, daß der Schneidbrenner immer nur in Richtung Sauerstoffdüse-Vorwärmflamme bewegt werden darf. Um einen gleichmäßigen Abstand vom Werkstück zu haben, der für die Güte der Schnittfläche sehr wichtig ist, setzt man den Schneidbrenner auf Rollen. Wird er noch an einem Zirkel befestigt, so kann man leicht runde Scheiben aus Platten von einigen Zentimetern ausschneiden. Für immer wieder vorkommende Arbeiten werden sogar Maschinen gebaut, die automatisch beliebig geformte Stücke ausschneiden. Dies erfolgt am einfachsten durch eine Art Storchschnabelkonstruktion mit Schablone.

Reibsägen. Die neueste Methode des Trennens beruht nicht mehr auf Schneidwirkung (Kreissägen), sondern ebenfalls wie beim Schneidbrenner auf Verbrennung, aber nicht durch zugeführte Hitze, sondern durch Reibung. Das Werkzeug ist lediglich eine runde Scheibe mit leicht aufgerauhtem Rand, die bei hoher Drehzahl mit Druck gegen die abzuschneidende Stange geführt wird. Die Reibung am Scheibenumfang ist so groß, daß die nächstliegenden Metallteilchen in verbranntem Zustand fortgeschleudert werden. Der Vorgang vollzieht sich aber so rasch, daß die Erhitzung örtlich ziemlich beschränkt bleibt. An der Austrittstelle der Reibsäge bildet sich ein allerdings leicht entfernbarer Grat.

19. Schlosserei, Montage, Verschönerung, Verpackung

Wert der Handfertigkeit. Der Aufenthalt in Schlosserei und Montage hat andere Zwecke und ein anderes Gesicht als der Aufenthalt in den bisher besprochenen Werkstätten. Stand in diesen die Erlernung des rein Handwerksmäßigen und der Handgriffe bei aller Erwünschtheit doch an zweiter Stelle, so überwiegt hier die Notwendigkeit, die Handfertigkeiten zu erlernen. Es dürfte wenige Ingenieure geben, die die eigenhändige Ausübung des Schlosserhandwerkes nie gebraucht und denen besondere Fertigkeit darin nicht sehr willkommen gewesen wäre. — Diesen Unterschied will auch die Art der Besprechung in diesem Buche berücksichtigen, indem sie weit weniger eingehend sein soll.

Handarbeit und Nacharbeit. Wenn sich der Praktikant einmal ein paar Tage abgemüht hat, Handbohrungen oder Gewindeschneiden mit der „Knarre" oder „Ratsche" auszuführen, so wird er genau zu schätzen wissen, welchen Zeitaufwand und welche Mühe, d. h. welche Kosten es verursacht, wenn Bohrungen so angeordnet werden, daß sie nur mit der Hand ausgeführt werden können, und wird sich doppelt bemühen, sie, wenn irgend möglich, zu vermeiden. Und wenn der Praktikant mit durchgemacht hat, wieviel Ärger, Lauferei und Zeitverlust eine Unachtsamkeit der Konstrukteure in ganzen „Kleinigkeiten" verursachen kann, so wird er bei späterer eigener konstruktiver Tätigkeit den Wert der „Kleinigkeiten" von vornherein richtig einschätzen. Erst die umständliche Probiererei und Nacharbeit mit den unverhältnismäßig großen Kosten, die sie verursacht, wird ihm in vollem Umfang beweisen, welcher Wert in Genauigkeit der Arbeit in den mechanischen Werkstätten liegt.

Noch ein anderes lehrt aber die handwerksmäßige Vertiefung hier: Nirgends wird so viel „gepfuscht" und „gemogelt" wie in der Montage — sehr zum Schaden des Rufes des Fabrikats, wenn das Pfuschen überhandnimmt. Neben Überwachungspflicht der Werkstattleitung muß auch die Überwachungsfähigkeit des Ingenieurs stehen. Der Ingenieur muß bei genauer Prüfung die Pfuscherei aufzudecken und nachzuweisen imstande sein, er darf sich nichts „vormachen" lassen. Das schädigt sein Ansehen und gibt ihn im entscheidenden Augenblick völlig in die Hand des Monteurs, der die Lage natürlich erkennt und ausnützt. Solche Fähigkeit ergibt sich aber nur durch mühevolle, beharrliche Selbstarbeit.

Dichtungen. Neben dem Zusammenfügen von Einzelteilen in der Montage ist noch ein Gebiet von allgemeinster Bedeutung die Erzielung der Undurchlässigkeit der Verbindungsfugen gegenüber gepreßten Flüssigkeiten oder Gasen. Man unterscheidet bewegliche Dichtungen (Stopfbüchsen) und unbewegliche. Das Packen einer Stopfbüchse ist eine Sache, die jeder Ingenieur verstehen muß, wenn er die Bedeutung ihrer Zugänglichkeit, Wärme und Wirksamkeit richtig einschätzen soll. Als feste Dichtungen dienen Asbest, Klingerit, Gummi, Leder, Hanf, vor allem aber Metalle, wie Kupfer, Messing, Blei. Je nach dem Fabrikationsgegenstand seiner Lehrwerkstätte wird der Praktikant die eine oder andere kennenlernen.

Eine Art der Dichtung ist aber von allgemeinster Bedeutung und ihre praktische Kenntnis für gute Konstruktion wesentliche Voraussetzung, das ist die Dichtung ohne Dichtungspackung: das Einschleifen. Der Leser versäume nicht, sich über diesen Vorgang durch Anschauung zu belehren.

Schaben. Ein verwandtes Gebiet ist das Aufpassen von Fläche auf Fläche, welches überwiegend durch Schaben geschieht. Es ist für die Beobachtung der Formänderung des scheinbar so starren Baustoffes sehr lehrreich, und seine Langwierigkeit und vor allem seine von vornherein nicht vorauszusehende Dauer dürften eine eindringlichere Sprache zu dem Praktikanten reden als der beste Vortrag des Professors auf der Hochschule, wie ungeheuer wichtig es ist, so zu konstruieren, daß das Schaben womöglich ganz wegfällt.

Verschönern. Mit der Zusammenfügung der Einzelteile zur fertigen Maschine ist die Kette von Arbeitsprozessen, denen jedes Werkstück unterliegt, noch nicht geschlossen. Der mechanischen Bearbeitung und der Montage schließen sich bei Erzeugnissen des Maschinenbaues noch eine Verschönerung und ein Probelauf an, ehe an die Verpackung und den Versand zu denken ist. Man schätze die Bedeutung der Verschönerung nicht zu gering ein; abgesehen von der stärkeren Werbekraft einer schmuck aussehenden Maschine ist der Farbanstrich gerade für die Erhaltung und zweckmäßige Pflege von Wichtigkeit. Der Praktikant wird daher feststellen, daß fast ausnahmslos vor dem Verlassen des Werkes eine Verschönerung unserer Maschinen und Apparate vorgenommen wird (L 33).

Spachteln. Die Gußoberfläche von Maschinengehäusen, Rahmen, Lagerböcken und dergleichen ist zu rauh, als daß durch Auftragen von Farbe eine gleichmäßig glatte Außenhaut entstehen könnte. Man ist daher gezwungen, Gußteile an ihren hervortretenden Teilen, die das Auge sofort erfaßt, zu glätten. Man „spachtelt" diese Flächen mit einem dicken, ton- und schieferhaltigen Brei, der sich, wenn er genügend getrocknet ist, leicht zu einer brauchbaren, ebenen Haut schleifen läßt. Hierauf kann man nun ohne weiteres Ölfarbe streichen und den fertigen Erzeugnissen jenen warmen dunklen Ton verleihen, der sie sofort von jeder alten, öligen Maschine unterscheidet. Es wäre vielleicht darüber nachzudenken, ob hinsichtlich des Spachtelns gerade im Elektromaschinenbau nicht manchmal etwas zuviel des Guten getan wird, denn zweifellos ließe sich diese reine Handarbeit mitunter vermeiden, zumal die Maschinen dadurch um mindestens zwei Tage länger im Werk bleiben.

Galvanisieren. Im Apparatebau und besonders in der Feinmechanik ist eine Verschönerung häufig schon vor dem eigentlichen Zusammenbau notwendig. Viele Teile sind hier, teils des Aussehens, teils der Haltbarkeit wegen zu galvanisieren. Die Einrichtung der Bäder und ihre Sonderheiten zu beschreiben, ist nicht Aufgabe des Buches. Deshalb sei nur gesagt, daß außer dem bekannten Versilbern und Vernickeln (jetzt vielfach Verchromen) durch mehrfaches Galvanisieren in verschiedenen Bädern mit nachfolgendem Scheuern die nettesten Farbtönungen erzielt werden können (Altkupfer, Altbronze usw.). Auch ist bemerkenswert, daß neben den ruhenden Bädern, wo alle Teile Stück für Stück eingehängt und herausgenommen werden müssen, rotierende Trommeln (für Massenartikel) und Bäder mit durchlaufender Kette (fließende Fertigung) in Gebrauch sind. Zum dauerhaften Halt der dünnen Metallhaut ist eine vollkommen reine Oberfläche erforderlich. Aus diesem Grund werden die Teile vorher in Säuren gebeizt (gefährlich wegen der entstehenden Gase!). Oft wird auch eine Entfettung vorgenommen, indem man eine Behandlung mit Trichloräthylen vorausgehen läßt. Durch kräftiges Putzen mit Tuch (rotierende Lappen, die zu Scheiben gepreßt sind) verleiht man den Stücken den gewünschten Grad von Glanz. Dieses Putzen, das übrigens mit starker Staubentwicklung verbunden ist, nennt man Schwabbeln oder Polieren.

Lackieren. Wo irgend möglich, ersetzt man das teuere Galvanisieren durch einen zwar ebenso dauerhaften, aber nicht ganz so schönen Lackanstrich. Soll der Oberflächenschutz farblos sein, benutzt man den weit verbreiteten Zaponlack, sonst kommen spiritushaltige farbige Lacke in Anwendung. Für rohe Zwecke genügt ein Eintauchen in die Farbwanne, worauf überschüssiger Lack abträufelt. Es ist klar, daß dies Verfahren keine gleichmäßige Oberfläche liefern kann. Deshalb ist es für höhere Ansprüche ungeeignet. Statt des Auftragens mit dem Pinsel tritt immer mehr das „Spritzen". Der Lack befindet sich dabei in der „Spritzpistole" und wird durch Preßluft in fein zerstäubter Form aufgetragen. Der Vorzug liegt in der tadellosen Gleichmäßigkeit und der Ersparnis, da man mit bedeutend weniger Lack eine bessere Oberfläche erzielt als beim Tauchen.

Verpacken. Wenn von seiten der Fabrik keine Arbeiten mehr an den Maschinenteilen nötig sind, kommt die zusammengebaute Maschine oder ihre Einzelteile in die „Expedition", wo das Verpacken in Kisten und Waggons erfolgt. Eine unsachgemäße Verpackung kann dem liefernden Werk große Unannehmlichkeiten einbringen. Nicht nur, daß alle blanken Teile sorgfältig durch Einschmieren vor Rost geschützt werden müssen — bei weiten Transporten, besonders nach Übersee, ist es meist erforderlich, die ganze Maschine in einen dichten Holzkasten einzupacken; eine gewiß teure Maßnahme, um die man aber nicht herumkommt. Für das Verpacken kleiner Teile hat man bereits Untersuchungen über die zweckmäßigste und wirtschaftlichste Verpackung angestellt, denn bei hohen Stückzahlen kommt einer Verbilligung natürlich größere Bedeutung zu als bei gelegentlichen Sonderbestellungen. Eine Grenze ist dem Versand großer Maschinen, Kessel und Eisenkonstruktionen aber gesetzt, das ist die Leistungsfähigkeit unserer Verkehrsmittel. Bei Bahntransport zwingt das „Lademaß" schon bald zum Versand in Einzelteilen. Häufig ist ein Transport nur durch Spezialwagen oder auf dem Wasserweg möglich. Man sieht, daß es oft von der letzten Bearbeitung mit dem Stahl bis zum Laufen der Maschine noch zahlreiche Schwierigkeiten geben kann — Arbeiten, die der Ingenieur nicht dem Kaufmann überlassen soll, sondern die ihn selbst angehen, die er allerdings noch häufig durch Verbesserung seiner Konstruktion überwinden kann.

Beobachtungswinke

Wie entscheidet der Schlosser, ob das Schleifen eines „Sitzes" lange genug angedauert hat?

Was sind Paßstifte? Wann werden sie eingebracht, und wie kann man sie bei der Demontage herausbekommen?

Welchem Zweck dienen Paßringe?

Wie werden Stiftschrauben ein- und ausgeschraubt?

Welchen Zweck haben Abdrückschrauben?

Wie werden beim Beginn einer Maschinenmontage die Hauptachsen festgelegt?

Aufspannen von Kolbenringen.

Einbringen eines Kolbens in die Zylinderbohrung.

Wie weit kann die Bearbeitung sehr schwerer Stücke mit transportablen Werkzeugmaschinen bei unverrückt bleibendem Stück getrieben werden?

Werkzeuge und Vorrichtungen:

Körner	Spitzkloben	Scharnierfeile	Spitzbohrer
Durchschläge	Flachzangen	Nadelfeile	Spiralbohrer
Schraubenzieher	Lochscheren	Reibahle	Metallsäge
Verstellbarer Mutter-	Kreuzmeißel	Flachschaber	Hammerlötkolben
schlüssel	Flachmeißel	Hohlschaber	Spitzlötkolben
Vierkantschlüssel	Locheisen	Prismenschaber	Lötlampe
Steckschlüssel	Bastardfeilen	Versenker	Senklot
Schneidkluppen	Barettfeilen	Zentrumbohrer	Dosenlibelle
Reifkloben	Vogelzungen	Gasrohrschraubstock	

20. Werkstätten im Elektromaschinenbau und der Fernmeldetechnik

Die Fertigung in der elektrotechnischen Industrie und in der Feinmechanik hat dieselben Grundlagen wie der allgemeine Maschinenbau. Deshalb ist auch für die Praktikanten, die sich später diesen Studienrichtungen widmen wollen, zunächst die gleiche Ausbildung vorgesehen wie für jene. Wenn die allgemeinen Arbeitsverfahren genügend beherrscht werden, ist natürlich eine Beschäftigung in den Werkstätten der Fachgebiete am Platze, und es wird daher in den Richtlinien für die praktische Ausbildung empfohlen, für die Arbeit nach dem Vorexamen bzw. in den Ferien Fabriken aufzusuchen, die sich mit Erzeugnissen des Elektromaschinenbaues oder der Fernmeldetechnik befassen.

Einfluß auf die Konstruktion. Einmal treten zu den Konstruktionsregeln des allgemeinen Maschinenbaues noch gewisse Rücksichten, die sich aus den Anforderungen in elektrischer Hinsicht ergeben. Anderseits wird die Fertigung beeinflußt durch die kleinen Abmessungen vieler Teile in der Feinmechanik, durch besondere Werkstoffe, die der Großmaschinenbau nicht kennt, woraus sich nun die verschiedenen Verfahren entwickelt haben. Die wichtigsten Punkte, worauf der Praktikant in diesen Werkstätten achten muß, seien deshalb kurz angeführt.

Rücksicht bei Werkstoffwahl. Aus den elektrischen Eigenschaften, die eine Maschine haben soll, ergeben sich zunächst Rücksichten bei der Werkstoffwahl. Für die Kraftlinien haben die Eisen- und Stahlsorten eine verschieden hohe Durchlässigkeit (Permeabilität). Durch Benutzung von Stahl ergeben sich bei gleichen elektrischen Verhältnissen kleinere Abmessungen als beim Gußeisen. Ferner ist zum ständigen Ummagnetisieren (des Ankers) eine gewisse Arbeit zu leisten. Diese ist proportional einer für jeden Stahl charakteristischen Figur, der „Hysteresis-Schleife". Um nun wenig Arbeit aufwenden zu müssen, nimmt man einen Werkstoff, dessen Hysteresis-Schleife eine möglichst kleine Fläche hat, das ist ein Stahl mit etwa 1% Silizium (Dynamoblech). Oft ist aber, z. B. bei Wickelköpfen, gerade ein gänzlich unmagnetischer Werkstoff erwünscht. In diesen Fällen kommen Nickel- und Chromnickelstähle in Frage. Sehr große Sorgfalt ist auf gleichmäßigen Guß zu legen, da unsichtbare Blasen und Lunker durch ihre Querschnittsänderung leicht die Berechnung über den Haufen werfen könnten und die Maschine dann nicht die gewünschten elektrischen Daten einhalten kann.

Mechanische Festigkeit. Gegenüber den Ansprüchen in elektrischer Hinsicht treten die rein mechanischen Anforderungen bezüglich Festigkeit vielfach zurück. Der Konstrukteur muß sich ihrer aber stets bewußt bleiben, denn es gibt Grenzen, wo Eigengewicht, einseitiger magnetischer Zug oder Zentrifugalkräfte mechanische Beanspruchungen erzeugen können, die ohne besondere konstruktive Berücksichtigung gefährliche Formänderungen oder Bruch bewirken können. Die ersten beiden Ursachen finden sich meist bei den Gehäusen langsam laufender vielpoliger Maschinen von großem Durchmesser, die letzte Ursache bei den Rotoren schnell laufender sogenannter Turbomaschinen. Berücksichtigt man, daß sich zu den Zentrifugalkräften noch tangentiale Umfangskräfte der Belastung entsprechend gesellen, die sich in besonderen Fällen, beispielsweise bei Kurzschluß, zu ganz enormen Werten steigern können — im ersten Augenblick des Kurzschlusses bis zum 20- bis 50fachen des normalen Wertes —, daß ferner die Festigkeit selbst infolge der Querschnittsschwächung durch die Verbindungsmittel leidet und daß stets örtliche höhere Beanspruchungen an Querschnittsübergängen (sogenannte Kerbwirkung usw.) auftreten, so sieht man, daß auch der Elektromaschinenbauer außer Wellenberechnungen und rein konstruktiven Problemen der Formgebung noch genug Festigkeitsprobleme zu lösen hat.

Unterteilung in Bleche. Eine weitere Aufgabe erwächst dem Konstrukteur durch die „Wirbelströme“. Neben den beabsichtigten Induktionserscheinungen fließen nämlich in dem gesamten Gehäuse der Maschinen Ströme, die zu großen Verlusten führen würden, wenn man ihnen nicht zu Leibe ginge. Um diese Ströme, die das Eisen erwärmen, zu verhüten oder wenigstens zu vermindern, unterteilt man den Eisenkörper in der Richtung der Kupferleiter, und zwar indem man den betreffenden Teil aus dünnen Eisenblechscheiben zusammensetzt. Hierdurch ist der Stromweg für die Bildung von Wirbelströmen zum größten Teil unterbrochen. Die Bleche müssen gegeneinander isoliert sein, wenn der Zweck der Unterleitung durch Verwendung von Blechscheiben erfüllt sein soll. Zu diesem Zweck werden die Blechtafeln mit dünnem Papier beklebt.

Stanzen und Paketieren. Eine Werkstatt, die für den Elektromaschinenbau besonders typisch ist, stellt die Stanzerei dar, wo die Bleche in Form von Scheiben oder Segmenten geschnitten werden. Das Wesentliche dieses Arbeitsvorganges und der dazu benutzten Maschinen ist bereits in Abschnitt 11 behandelt. Hier sei nun besonders auf die Wichtigkeit scharfer Werkzeuge hingewiesen, denn jeder grobe Grat an den Blechen würde den Wirbelströmen den Übergang ermöglichen und die ganze Unterteilung illusorisch machen. Neben den Nuten sind die runden Löcher zu beachten, die zur späteren Aufnahme der Wicklungen in die Scheiben gestanzt werden. Sie dienen dazu, die richtig geschichteten Bleche aufeinander zu pressen und in ihrer Lage durch Bolzen festzuhalten. Nach dem „Paketieren“ stellt sich heraus, ob die Scheiben mit ausreichender Genauigkeit gestanzt sind, denn ein Überstehen der Bleche würde zu einem Nacharbeiten, Abdrehen oder Ausdrehen zwingen, wodurch natürlich wieder die Gefahr auftaucht, daß bei unsauberer Ausführung metallischer Kontakt zwischen den Blechen eintritt, ganz abgesehen von den überflüssigen Mehrkosten.

Wickelung. Das Entscheidendste in der Fertigung bildet aber die Herstellung der stromführenden Leitungen nach bestimmten Schemen: die

Wickelung. In die gestanzten oder ausgehobelten Nuten werden die sorgfältig isolierten Drähte eingelegt und befestigt. Entsprechend der Eigenart jeder Maschinenart werden die Lagen und Verbindungen der Leitungen hergestellt; dafür gibt der Konstrukteur der Werkstatt einen Plan mit der schematisch dargestellten Anordnung der Drähte, das „Wickelschema". Bei immer wieder vorkommenden Abmessungen ist man bemüht, die Spulen oder Drahtlagen maschinell anzufertigen. Dann ist in der Wickelei nur noch das Einlegen und richtige Verbinden erforderlich.

Ebenso wie die Leitungen bei Installationen von Innenräumen müssen auch die Drähte in den Nuten isoliert sein. Die Eigenart des Baues elektrischer Maschinen hat natürlich eine ganz besondere Isolationstechnik geschaffen. Die bestimmenden Gesichtspunkte sind wieder Preis und Güte. Der Preis verlangt eine möglichst hohe Ausnutzung des Raumes, um kleine Abmessungen der ganzen Maschine für eine gegebene Leistung zu erhalten, also schwache Isolation. Die Güte verlangt eine der gegebenen Spannung und den Prüfvorschriften gerecht werdende Isolierung. Das führt auf die Verwendung besonders hochwertiger Isolationsmaterialien bei möglichst geringer Dicke.

Die Nuten des Maschinenteiles, in dem die Leiter eingebettet liegen, müssen entweder vor dem Wickeln mit Isolation ausgekleidet werden oder die Wicklungselemente werden vor dem Einlegen mit Isolation umgeben und das Ganze in die Nuten der Maschine eingelegt. Letzteres Verfahren, das die Herstellung der Spulen mit Maschinen auf sog. „Schablonen" gestattet, also billige Herstellung ermöglicht, erfordert aber offene Nuten, denen wieder magnetische Nachteile anhaften. Die eingelegte Spule muß durch besondere Mittel (Keile, Bandagen) vor dem Wiederherausfallen gesichert werden. Auswahl der Materialien hierzu und Art der Anbringung haben große Wichtigkeit, und man versäume nicht, diesen scheinbar nebensächlichen Teilen die gebührende Beachtung zuzuwenden, wie überhaupt ganz allgemein der Praktikant dringend darauf hingewiesen werden muß, vor den Hauptteilen der Maschine nicht die oft nebensächlich erscheinenden Zubehörteile zu übersehen. Denn die Güte und Konkurrenzfähigkeit moderner Maschinen wird bei der weit entwickelten theoretischen Grundlage für den Bau der wesentlichen Maschinenteile in der Hauptsache nach der richtigen Anordnung und sorgfältigen Herstellung aller, auch der kleinsten, Nebenteile beurteilt.

Es gilt nicht nur den Stromübergang nach dem Gehäuse, nach der „Erde", den sog. „Erdschluß" oder „Körperschluß", zu verhindern, sondern es muß auch dafür gesorgt werden, daß der elektrische Strom im ganzen Verlauf seiner vorgeschriebenen Bahn keine Extrawege geht, d. h. daß der Strom nicht von einem Leiter unbeabsichtigt in einen anderen Leiter übertritt. Diese Gefahr liegt besonders vor beim Nebeneinanderliegen von

Windungen in Spulen, wo von Windung zu Windung bzw. von Lage zu Lage betriebsmäßig eine bestimmte Spannung herrscht. Ein solcher Windungsschluß oder Kurzschluß kann bei induzierten Windungen zu sehr großen Strömen in den kurzgeschlossenen Teilen oder in der Wickelung zum Verbrennen derselben oder deren Isolation führen.

Um also eine Berührung der Drähte zu verhüten, muß auch jeder Draht oder Leiter für sich isoliert sein. Da es sich in der Regel um verhältnismäßig kleine Spannungen handelt, genügt eine vergleichsweise schwache Isolation. Das Material hierzu besteht meist aus Baumwolle oder Seidenfaser, auf besonderen Maschinen einfach oder doppelt herumgesponnen oder geklöppelt, oder aus Papierbändern einfach oder überlappt spiralig auf den Draht gewickelt.

Es ist natürlich, daß durch diese Drahtumspinnungen kostbarer Wickelraum verloren geht. Deshalb geht auch das Bestreben der Konstrukteure dahin, möglichst dünne, aber dabei mechanisch haltbare Isolationen herzustellen. Man wendet deshalb häufig, besonders für dünne Leiter, sog. Emaille- oder Lackdraht an, das ist ein Draht, der bei hoher Temperatur mit einer Art Lack überzogen ist. Starke Kupferstäbe in Großmaschinen erhalten natürlich eine Isolierung, die elektrisch „fester" ist. Man wählt dazu Glimmer, der mit Kunstharzen zusammen „aufgebügelt" wird. Das Wichtigste ist dabei die Ausschaltung von Luftblasen, denn durch diese würde der Wert der Isolation stark herabgesetzt.

Verbindungsleitungen. Eine wichtige Arbeit beim Bau elektrischer Maschinen bildet die Herstellung der Verbindungsleitungen zwischen den Wickelungen untereinander und zwischen diesen, dem Kollektor und den Klemmen. Sofern sie betriebsmäßig beweglich sind, ist auf genügende Biegsamkeit zu achten und darauf, daß sie nicht unisoliert mit anderen Leiterteilen oder mit dem Gehäuse in Berührung kommen oder an rotierende Teile anliegen können. Unbewegliche Leitungen sind durch Verschnürungen oder genügend isolierte Laschen zu befestigen. Die in einer elektrischen Maschine vorhandenen Leiterelemente gleichen oder verschiedenen Querschnittes sind miteinander in zuverlässiger Weise metallisch zu verbinden. Feste Verbindungen werden daher in der Regel durch Verlötung oder Verschweißung hergestellt, Kupferverbindung meist durch Weichlot, in einigen Fällen auch durch Hartlot.

Spezialmaschinen und Vorrichtungen. Kennzeichnend für die Werkstätten im Elektromaschinenbau und der Fernmeldetechnik ist der Umstand, daß in ihnen zahlreiche Spezialmaschinen und Apparate zu finden sind. Diese sind nicht so allgemeiner Natur wie Drehbänke oder Fräsmaschinen, sondern sie sind alle im Bedarfsfall einzeln entwickelt worden, um Arbeiten zu erleichtern, die bis dahin nur von Hand erledigt werden konnten. Daher sind sie auch in einzelnen Fabriken untereinander nicht gleich. Neben den Arbeitsverfahren achte der Praktikant auch auf die vielen Vorrichtungen, die in diesen Werkstätten nötig sind, um ein leichtes Lagern, bei Rundkörpern eine Drehung und weitgehende Vereinfachung der Arbeit selbst zu ermöglichen. Bei der mannigfaltigen Ausführung ist es zwecklos, hier eingehendere Beschreibungen zu geben, doch sollen noch einige Bemerkungen über die Feinmechanik und Fernmeldetechnik folgen, die deren Eigenheiten in den Arbeitsverfahren erkennen lassen.

Verbindungen in der Feinmechanik. Der Konstrukteur feinmechanischer Geräte ist wegen der kleinen Abmessungen seiner Teile oft zu Kniffen gezwungen, die man im Bau anderer Erzeugnisse nicht kennt. Seine winzigen Wellen, Lager, Hebel und Bügel gestatten nicht die Verwendung von Schrauben, Nieten oder Keilen. Daher finden wir hier eine Reihe von Verbindungen, die besonders auf die Eigenschaften dünner Bleche und Stifte zugeschnitten sind. In starkem Umfang wird „gepunktet" (Punktschweißen z. B. von Fernsprechgeräten) und gelötet. Mitunter erfüllt sogar eine einfache Kittung die mechanischen Ansprüche. Wo Nieten vorkommen, sehen wir häufig Hohlnieten, deren Form eine größere Druckfläche liefert und das Ausreißen des Bleches erschwert.

Hatten die eben genannten Verbindungen noch gewisse Anklänge an den Maschinenbau, so ist das bei den folgenden kaum noch der Fall. Man denke nur an die Verspreizung, durch die Metallteile ähnlich wie Splinte gegen Lösen gesichert werden oder bei der zwei Klauen in die weichere Masse der Umgebung gepreßt werden (Befestigung von Schaltern unter Putz). Ferner ist von Wichtigkeit das Ineinanderstecken durch Falze, gegebenenfalls mit einer Einlage zur Dichtung (Beispiel: Konservenbüchse) und der einfache, flache Bajonettverschluß.

Eine ganz eigenartige Verbindung ist das Einbetten. Es ist zusammen mit den preßbaren Isolierstoffen entstanden. Aus den gummifreien Preßmassen werden in zunehmendem Maße Teile für die Installationstechnik, Schalterkappen, Stecker, aber auch schon ganze Stehlampen und Strahlöfen hergestellt. Es ist nun ohne weiteres möglich, in die Preßformen Stifte oder andere Befestigungsmittel einzulegen, die nach Herstellung der Preßstücke fest mit ihnen verbunden sind und Anschlüsse durch Gewinde oder sonstwie gestatten.

Bei der vielseitigen Verwendung von Blech ist natürlich an manchen Stellen eine mechanische Verstärkung erwünscht, um eine Ausbeulung oder ein Knicken zu verhüten. Man bringt daher rillenartige Pressungen an, sogenannte Sicken, die durch entsprechend geformte Rollen ähnlich wie beim Walzvorgang erzeugt werden.

Bei den geringen Drehzahlen, die vielfach im Apparatebau vorkommen, ist häufig eine besondere Schmierung nicht erforderlich. Ebenso sind aus demselben Grunde die Lager ganz anders ausgebildet. So finden wir oft eine Anordnung von zwei Kegeln an den Enden der Wellen, Spitzenlagerung, die ein leichtes Nachstellen gestattet. Bei besonderen Fällen, wo es auf höchste Präzision und Reibungslosigkeit ankommt, läßt man harte Spitzen in Diamanten laufen (Lagerung der Anker von Elektrizitätszählern). Mitunter ist eine Verlangsamung einer durch Stoß eingetretenen Bewegung erwünscht. Dann benutzt man, wie bei elektrischen Instrumenten, eine besondere Dämpfung.

21. Das Prüffeld

Nachdem die Montageabteilung die Maschine betriebsfertig hergestellt hat, geht sie nach dem Prüffeld, welches sich durch Ingangsetzen der Maschine mit den für dieselbe vorgeschriebenen Belastungswerten zu überzeugen hat, daß sie den an sie gestellten Bedingungen genügt.

Anpassung an das Erzeugnis. Bei kleinen Maschinen ist es meist ohne weiteres möglich, die Versuchsbedingungen den tatsächlichen Verhältnissen am zukünftigen Standort der Anlage anzupassen. Daß dies aber schwierig und mitunter undurchführbar wird, kann der Leser ermessen, wenn er an Riesenmaschinen, große Wasserturbinen oder Pumpen denkt. Andere Erzeugnisse wieder verlangen weitgehende Rücksichtnahme auf die Begleiterscheinungen des Probelaufes; daß diese nicht immer angenehm sind, sehen wir an den Prüfständen für Flugzeugmotoren, die wegen des gewaltigen Lärmes außerhalb der Werkstätten aufgebaut sein müssen. Ortsbewegliche Maschinen, wie Lokomotiven, verlangen eine längere Fahrt, um ihr Verhalten im Betrieb beurteilen zu können.

Im allgemeinen ist das Prüffeld für den Neuling in der Werkstatt mit Recht verbotenes Land. Abgesehen davon, daß Mißgriffe des Ungeschulten hier ganz besonders kostspielige Folgen haben können, sind auch die Gefahren hier, wo die üblichen Sicherheitsvorkehrungen häufig undurchführbar sind, so groß, daß die Fabrikleitung die Verantwortung nicht zu tragen imstande ist. Eigene praktische Betätigung im Prüffeld bleibt daher in der Regel einem späteren Abschnitt der Ausbildung zum Elektroingenieur überlassen. Wo sich aber Gelegenheit bietet, nach einigen Studiensemestern während der Ferien im Prüffeld arbeiten zu können, sollte diese Gelegenheit, sofern die Bearbeitungsverfahren genügend beherrscht werden, nicht versäumt werden.

Der Prüffeldingenieur. Im allgemeinen Maschinenbau ist die Ausrüstung eines Prüffeldes verhältnismäßig einfach, wenigstens im Vergleich zum elektrischen Prüffeld. Die mitunter recht schwierigen Aufgaben, vor die man im Prüffeld gestellt wird, haben dazu geführt, daß sich ein besonderer Fachmann dafür entwickelt hat: der Prüffeldingenieur. Die Anforderungen, die der Elektromaschinenbau an ihn stellt, sind: Genügende Kenntnis der elektrischen Meßtechnik, Kenntnis der Maschinen, ihres Baues, ihrer Eigenschaften, und, als Erfahrungsschatz, Kenntnis der auftretenden Fehler, der Krankheiten elektrischer Maschinen. Der Prüffeldingenieur ist ein Arzt, der bei fehlerhaftem Arbeiten der Maschine die richtige Diagnose stellen soll.

Dies ist gar nicht so leicht, da vielfach nur die Wirkung des Fehlers zu erkennen, die Ursache aber, die an einem Rechenfehler, Konstruktionsfehler, Materialfehler, Ausführungsfehler oder mehreren dieser Fehlerarten gleichzeitig liegen kann, meist nicht ohne weiteres erkennbar ist.

Ausrüstung. Das Prüffeld muß natürlich alle Hilfsmittel zur Verfügung stellen, die die vielseitige Anwendung der Elektrizität und die mannigfaltigen Ausführungsformen elektrischer Maschinen verlangen. Alle möglichen Stromarten (Gleichstrom, Einphasen- und Mehrphasenwechselstrom) von allen normalen und anormalen Spannungen und Frequenzen müssen erzeugt werden können.

Meßinstrumente für Gleich- und Wechselstrom, für Spannung, Strom, Leistung, Widerstand müssen in genügender Anzahl vorhanden sein, ebenso Belastungs- und Bremseinrichtungen, Einrichtungen zur Messung des Isolationswiderstandes mit Hochspannung usw.

Übersichtlichkeit. Ein Punkt erschwert das Arbeiten im elektrischen Prüffeld sehr: die unvermeidliche Anhäufung vieler loser Leitungen und bei deren behelfsmäßiger Verlegung ihre Unübersichtlichkeit. Durch verbesserte Formgebung der Meßinstrumente ist zwar wenigstens erreicht, daß die Klemmenanschlüsse hinten liegen und nicht das Ablesen und Bedienen behindern. Ein Nachteil bleibt noch die Tatsache, daß den zahlreichen hin- und hergehenden Leitungen nicht auf den ersten Blick anzusehen ist, was für Strom sie führen. In fertigen Schaltanlagen gibt man den Drähten verschiedene Farbe, je nach Stromart und Pol bzw. Phase, eine Maßnahme, die natürlich im Prüffeld, wo die Leitungen täglich für andere Zwecke verwendet werden, undurchführbar ist.

Verbandsvorschriften. Die in einem Prüffeld auszuführenden Messungen werden nun entweder besonders von der Konstruktions- oder Berechnungsabteilung vorgeschrieben oder sie richten sich nach allgemeinen Regeln, wie sie in den Prüfvorschriften des Verbandes Deutscher Elektrotechniker enthalten sind. Die deutsche elektrische Industrie hat nämlich zusammen mit Vertretern der Wissenschaft seit dem Aufblühen der Elektrotechnik überhaupt dafür gesorgt, daß durch geeignete Bestimmungen und Regeln

dem Pfuschertum entgegengetreten werden kann. Gleichfalls weisen diese
„Verbandsvorschriften" einheitliche Angaben über die Prüfung von Maschinen auf und brachten schon frühzeitig einheitliche Abmessungen und
Ausführungen für viele Kleinteile. Um leicht feststellen zu
können, ob ein Erzeugnis den Vorschriften des Verbandes
Deutscher Elektrotechniker (VDE) entspricht, ist eine Prüf-
stelle geschaffen worden, die Firmen, falls ihre Waren den
Bestimmungen entsprechen, das Recht verleiht, diese Erzeugnisse mit einer besonderen Marke, dem „VDE-Zeichen", zu versehen.

Obgleich die Verbandsvorschriften keine Gesetzeskraft haben, sondern
nur auf freier Vereinbarung beruhen, dienen sie doch allen Fabriken und
Abnehmern als Norm für die Güte einer Maschine, und es ist ein schönes
Beispiel von Selbstzucht, daß die elektrotechnische Industrie durch diese
selbstgeschaffene Beschränkung eine behördlich-gesetzliche Regelung vermieden hat, welche der raschen Entwicklung dieser jungen Technik nicht
hätte folgen können und ihr eher hinderlich im Wege gestanden wäre.

VI. Soziale und organisatorische Fragen

22. Die soziale Entwicklung der Maschinenfabrik

In den Betrachtungen der vorhergehenden Abschnitte war viel von der
Rücksicht auf bequemste und billigste Fertigung, wenig von der Rücksicht
auf die an der Fabrikation beteiligten Menschen — Arbeiter und Angestellte
— die Rede. Nicht nur in diesem Buch — auch in der geschichtlichen,
kulturgeschichtlichen Entwicklung der industriellen Erzeugungstätigkeit
war zunächst der Blick ausschließlich auf die Erzeugung der Ware gerichtet.
Manchesterlehre. Der Mensch wurde nicht vergessen — nein, ein
durchdachtes volkswirtschaftliches System, nach seinem industriellen
Geburtsort Manchesterlehre genannt, faßte auch die menschliche Arbeitskraft als Ware auf. Der Grundsatz der Wirtschaftlichkeit, „Erzeugung
des maximalen Effekts mit minimalem Aufwand", wurde von den Vertretern dieser Lehre so aufgefaßt, daß der Fabrikant erstreben müsse, dem
Arbeiter so viel Arbeitskraft wie möglich abzukaufen und so wenig wie
möglich dafür aufzuwenden. Dabei war diese Lehre, die noch in den 70er
und 80er Jahren des 19. Jahrhunderts vorherrschte, nicht etwa ohne ethisch-
philosophische Begründung. Sie besagt, daß der einzelne Mensch weiter
nichts ist als ein Rad im Getriebe der Volkswirtschaft. Sie behauptet

ferner, daß dieses Getriebe als Grundgesetz der Selbsterhaltung die Betätigung des Egoismus in sich trägt; es wird also am vollkommensten arbeiten, wenn jedem Individuum freier Spielraum zur Entfaltung seiner Kräfte, zur Wahrnehmung seiner Interessen gelassen wird. Diese Wirtschaftsanschauung betrachtet den Arbeiter lediglich als das Werkzeug zur Erzeugung. Seine Arbeit ist seine Ware, die er an den Fabrikanten verkauft. Mit Entlohnung seiner Tätigkeit hat der Fabrikant alle Verpflichtungen gegen ihn erfüllt.

Mit dem voranschreitenden 19. Jahrhundert zeigte sich jedoch immer deutlicher die Fehlerhaftigkeit dieser Lehre, und Deutschland war das erste Land, das die praktischen Folgerungen aus dieser Erkenntnis zog und gleichzeitig eine Periode fast beispiellosen industriellen Aufstieges erlebte.

Die alte Anschauung entsprach zweifellos auf den ersten Blick dem Grundsatz der Wirtschaftlichkeit besser als die neuere. Aber auch nur scheinbar. Der Arbeiter ist kein bloßer Warenverkäufer der Ware Arbeit. Denn er unterscheidet sich vom Händler dadurch, daß er mit seiner Ware untrennbar zusammenhängt. Erkrankt der Händler, so kann der Verkauf seiner Ware dennoch fortgeführt werden, er kann ihn selbst vom Krankenbett noch leiten. Erkrankt der Arbeiter, so besitzt er während der Dauer der Krankheit keine verkäufliche Ware; wird er invalide, so ist seine Ware ein für allemal vernichtet. Dieser Umstand zwang die Volkswirtschaft zur Berücksichtigung der Person und der Gesundheit des Arbeiters. Man sah ein, daß das richtig verstandene Interesse des Arbeitgebers beständige Rücksicht auf möglichst gute Lebenshaltung seiner Arbeiter erfordert. Die Grenze des „möglichst" liegt in einer solchen Höhe des Aufwandes für die Lebenshaltung der Arbeiter, daß er noch gerade eine gewinnbringende Erzeugung der Fabrikate erlaubt. „Lohn" war nicht mehr nur das ausgezahlte Bargeld, sondern die Summe aller Aufwendungen zugunsten der Arbeiter. Die Grenze des Lohnes liegt in der Differenz zwischen Materialkosten und allgemeinen Unkosten der Fabrikation einerseits und dem nicht überschreitbaren Verkaufspreis der Konkurrenz anderseits.

Zeit der sozialen Fürsorge. Diese Erkenntnis wurde um die Jahrhundertwende allgemein. Die praktischen Folgerungen daraus zog sowohl die Industrie privatim als auch die Gesetzgebung öffentlich. Die zweite große Periode der industriell-sozialen Entwicklung begann: die Zeit der sozialen Fürsorge.

Die Fabrikanten hatten einsehen gelernt, daß eine möglichst gute Arbeiterfürsorge ihnen allen mittelbar zugute kommt. Je gesunder die Arbeiterschaft eines Landes, desto blühender seine Industrie. Aber auch das einzelne Unternehmen zieht unmittelbare Vorteile aus den Arbeiter-Wohlfahrtseinrichtungen. Je besser die Lüftung und Heizung in den Fabrikräumen, je praktischer und zeitsparender An- und Auskleideräume, Aborte und Waschgelegenheiten eingerichtet und gelegen, je sauberer die Werkstätten sind, desto größer ist die Arbeitsmenge, die geleistet wird. Duschebäder erhöhen im Sommer die Arbeitskraft, während die Spirituosengetränke sie lähmen. Vorzügliche Lehrlingsausbildung gewährleistet guten Nachwuchs. Aussicht auf Altersrente, auf Dienstprämien usw. heben die Arbeitsfreudigkeit und machen, ebenso wie die Arbeiterwohnungen, die Arbeiter seßhaft.

Die Zahl und Güte der erhältlichen Arbeitskräfte schwankt bei freiem Arbeitsmarkt mit der Konjunktur, d. h. den Marktverhältnissen. Bei schlechter Konjunktur, d. h. wenn wenig Nachfrage nach den Erzeugnissen der betreffenden Gattung von Fabriken besteht, stehen Arbeiter jederzeit zur Verfügung. Die vorhandenen Lieferungsaufträge reichen für Beschäftigung der normalen Anzahl Hände nicht mehr aus. Der Überschuß wird entlassen. Umgekehrt sind in Zeiten der Hochkonjunktur, bei einem im Verhältnis zur Erzeugungsfähigkeit der vorhandenen Werke starken Bedarf der Welt für die Fabrikate, Arbeiter oft selbst gegen hohe Lohnverheißung nicht zu bekommen. Vor allen Dingen keine guten, brauchbaren Leute.

Seßhaftigkeit. Diesem Mißstand entgeht natürlich ein Werk mit einem festen, seßhaften Arbeiterstamm. Und langgediente Arbeiter sind in jeder Beziehung vorteilhaft für das Gedeihen des Werkes: sie sind eingearbeitet, arbeiten schnell und ruhig, halten bessere Disziplin und Ordnung und schonen ihre Werkzeuge und Maschinen. Der Geist des Vertrauens zieht ein. Hierin liegt die wirtschaftliche Berechtigung für die Arbeiter-Wohlfahrtseinrichtungen unserer großen Maschinenfabriken.

Zweifellos sind einige Arbeitgeber aus rein ethischen Beweggründen weiter gegangen. Vielfach findet man geradezu Luxus in der Anlage der Werke und Arbeiterkolonien.

Hatte im Zeitalter der Manchesterlehre der Fabrikant das unbedingte Verfügungsrecht über die von ihm gekaufte Ware Arbeit für sich in Anspruch genommen, so war hierin im Zeitalter der sozialen Fürsorge ein Wandel eingetreten. Der einzelne Arbeiter stand nicht mehr als einzelner Warenverkäufer dem Unternehmer gegenüber, sondern es bildeten sich allmählich Arbeiterkoalitionen, denen Unternehmerkoalitionen gegenübertraten. Gemeinsame Anstellungs-, Arbeits- und Entlassungsbedingungen traten an Stelle von Zufall und Willkür. Das Gewerbegesetz gestattete die Vertretung der Arbeiter eines Betriebes dem Arbeitgeber gegenüber durch einen Arbeiterausschuß.

Für die Fürsorge, die außer der Entlohnung die Arbeiter und ihre Familien gegen die Nöte des Lebens zu schützen bestimmt ist, wurden durch gesetzlichen Zwang Mindestleistungen in Gestalt der sozialen Versicherungen eingeführt, und hiermit wurde von Deutschland zuerst der Grundsatz der völligen gegenseitigen Freiheit im Arbeitsverhältnis durchbrochen. Bei der Wichtigkeit, die diese Regelungen für die Arbeiter wie für die Betriebsführung besitzen, ist es erforderlich, daß der Praktikant von den bestehenden sozialpolitischen Gesetzen wenigstens das Notwendigste kennt. Für diejenigen, die nicht wie in den großen Betrieben durch besondere Unterweisung von diesen Dingen Kenntnis erhalten oder sie von der Schule her besitzen sollten, seien hier einige Hinweise gegeben, die mehr zur genaueren Selbstbelehrung anregen als diese selbst ersetzen sollen.

Versicherungsgesetze. Seit 1881 datiert im Deutschen Reiche die planmäßige Arbeiterfürsorge auf gesetzgeberischem Gebiet. Dieses Jahr zeitigte die ausdrückliche Anerkennung eines Rechtes der Arbeiter auf Unterstützung in Krankheit, Invalidität und Alter. Die staatliche Fürsorge äußerte sich in dem Aufstellen eines Zwanges zu (auf Gegenseitigkeit beruhender) Versicherung gegen Krankheit usw. Die Beiträge werden teils von den Arbeitern, teils von den Arbeitgebern entrichtet.

Nach einigen Erweiterungen des Grundgesetzes wurde der heute bestehende Zustand geschaffen. Die Reichsversicherungsordnung umfaßt die Kranken-, Unfall-, Invaliden- und Alters- sowie die Hinterbliebenenversicherung.

Krankenkassen. Die Krankenversicherung gewährt im Erkrankungsfalle freie ärztliche Behandlung, Arzneien und kleinere Heilmittel, ferner für die Dauer der Erwerbsunfähigkeit Krankengeld, außerdem eventuell Sterbegeld, auch Wöchnerinnengeld. Ein Mindestbetrag ist gesetzlich festgelegt. Die Unterstützungen können durch die einzelnen Krankenkassen freiwillig höher festgelegt werden, wenn ihre Finanzen es infolge guten Gesundheitszustandes oder erhöhter Beiträge der Versicherten erlauben. Bei Zahlungsunfähigkeit der Kasse springt Arbeitgeber, Gemeinde oder Staat ein. Häufig erstreckt sich die Leistung der Kasse auch auf Gewährung freier ärztlicher Behandlung und Arznei an Familienangehörige des Versicherten.

Unfallversicherung. Die Unfallversicherung entschädigt Betriebsunfälle und leistet unentgeltliches Heilverfahren. Sie ist im Gegensatz zur Arbeiterkrankenversicherung eine Versicherung der Unternehmer untereinander auf Gegenseitigkeit.

Das römische Recht und das alte preußische Landrecht machten den Unternehmer nur für solche Fälle ersatzpflichtig, die er unmittelbar verschuldet hatte. Den Nachweis des Verschuldens hatte der Geschädigte zu erbringen. Unter diesem Gesetz bekam fast nie ein Arbeiter Entschädigung. Das deutsche Haftpflichtgesetz von 1871 machte den Unternehmer auch für mittelbar verschuldete Unfälle haftbar. Dies Gesetz verursachte fortwährend gerichtliche Klagen, Reibereien, Feindseligkeiten.

Berufsgenossenschaften. Der heutige Zustand ist demgegenüber ideal. Der Arbeitgeber muß jeden Arbeiter in die Versicherung der sogenannten Berufsgenossenschaft einkaufen. Der Versicherte selbst hat keinen Beitrag zu zahlen. Die Leistungen der Versicherung sind nach sehr eingehenden Vorschriften geregelt.

Der Arbeitgeber ist Mitglied der unter Aufsicht des Reichsversicherungsamtes stehenden Berufsgenossenschaft. Der Beitrag schwankt je nach der Gefährlichkeit seines besonderen Betriebes. Der Grad der Gefährlichkeit wird durch die Berufsgenossenschaft abgeschätzt. Hieraus ergibt sich in geschickter Weise die Möglichkeit für die Berufsgenossenschaften, einen Druck auf den einzelnen auszuüben. Die in allen Werkstätten auffällig angebrachten Vorschriften muß das Unternehmen daher im eigensten wirtschaftlichen Interesse beachten.

Unfallverhütung. Eng verbunden mit der Unfallversicherung sind die Maßnahmen zur Unfallverhütung. Da die meisten Verletzungen durch eigene Fahrlässigkeit entstehen, gilt es, nicht nur Schutzvorrichtungen anzubringen, sondern auch darauf zu achten, daß sie nicht entfernt werden. Die Belegschaft eines Werkes muß immer wieder in drastischer Weise belehrt werden, wie durch Leichtsinn Unfälle verursacht werden, wie man sie vermeiden kann und wie man sich bei Verletzungen verhält. Daher findet man seit einigen Jahren überall die „Unfallverhütungsbilder". Sie werden regelmäßig durch neue ersetzt und wecken dadurch das Interesse der Arbeiter, selbst Vorsicht zu üben und Gefahren zu vermeiden.

Invaliden- und Hinterbliebenenversicherung. Die Invaliden- und Hinterbliebenenversicherung bezweckt Gewährung von Alters-, Invaliditäts- und Hinterbliebenenrenten und übernimmt die Krankenfürsorge von der Krankenversicherung, wenn nach 26 Wochen Erwerbsunfähigkeit befürchtet werden muß. Hinterbliebenen- und Invalidenversicherung sind so miteinander verschmolzen, daß nur ein Beitrag erhoben wird (durch Einkleben von Versicherungsmarken in Quittungskarten).

Arbeiterschutzgesetze. Mit den Versicherungsgesetzen Hand in Hand gingen die sogenannten „Arbeiterschutzgesetze". Die wichtigsten waren: Für Frauen der allgemeine Maximalarbeitstag von 11 Stunden und das Verbot der Nachtarbeit. Die Regelung der Arbeitszeit für Männer in gesundheitsgefährlichen Betrieben (in normalen Betrieben war, wohlgemerkt, die Arbeitszeit für erwachsene Männer gesetzlich nicht beschränkt). Ferner der Schutz der Kinder (gegen Mißhandlung und Ausbeutung) innerhalb und außerhalb der Fabrik. Die Durchführung der Sonntagsruhe in Gewerbe und Handel. Die Fürsorge für Leben, Gesundheit und Sittlichkeit der Arbeiter in den Betriebsräumen. Die Erweiterung und Verschärfung der Fabrikaufsicht. Letztere dient zur ständigen Kontrolle der Durchführung aller gesetzlichen Bestimmungen in den Betrieben.

Gewerbeaufsicht. Die Kontrolle geschieht durch berufliche, sachlich ausgebildete Beamten oder Beamtinnen (Gewerbeinspektoren), denen Zutritt zu den Fabrikräumen und Einsicht in alle Fabrikeinrichtungen jederzeit zu gestatten ist. Sie sind Organe der Gewerbepolizei.

Berufsschulen. Von Jahr zu Jahr nahmen ferner an Wichtigkeit zu die gesetzlichen Bestimmungen über die Ausdehnung der Berufsschulen (früher Fortbildungsschulen). Vor allem war die Einführung eines Schulzwanges der beruflich tätigen Jugend beiderlei Geschlechts innerhalb einzelner Gemeinden möglich geworden.

In diesen Gang der Entwicklung traten Krieg und Umsturz mit ihrer Fülle von Neuerungen (Erwerbslosenfürsorge, Achtstundentag, Betriebsrat).

Erwerbslosenfürsorge. Eine Erwerbslosenunterstützung sollte bei Schaffung der Verordnung (1918) an alle infolge des Krieges arbeitslos gewordenen, über 14 Jahre alten Personen, die arbeitsfähig und arbeitswillig sind, gezahlt werden. Die Höhe der Unterstützung richtet sich nach Ortslohn und Tarifklassen. Die Erwerbslosenunterstützung war nur als Demobilisierungsmaßnahme gedacht. Die Geltungsdauer der Verordnung, die sich selbst als Notbehelf bezeichnete, war auf ein Jahr bemessen. Heute gilt (seit 1927) das Gesetz über Arbeitsvermittlung und Arbeitslosenversicherung.

Gewinnbeteiligung. In logischem Zusammenhang mit der veränderten Auffassung über das Wesen des Arbeitsverhältnisses steht auch das Streben vieler Kreise nach Gewinnbeteiligung der Arbeiter. Diese Frage ist viel schwieriger, als sie auf den ersten Anblick erscheint. Es sei ausdrücklich betont, daß die Gewinnbeteiligung ebensoviele, wenn nicht mehr Gegner bei den Arbeitern als bei den Unternehmern findet. Es ist nicht angebracht, diese Frage in diesem Rahmen zu behandeln. Jedenfalls wird sich schwer vermeiden lassen, daß dieses Mehreinkommen von ein bis zwei Wochenlöhnen im Jahr (um mehr handelt es sich nämlich in keinem praktischen Falle!), statt Beruhigung zu sichern, nur Quelle von Mißtrauen und Zwietracht wird. Ein aussichtsreicherer Weg ist aber in der Zuweisung von Prämien zu erblicken. Immer mehr bürgert sich die Sitte ein, Arbeitern die Möglichkeit zu Verbesserungsvorschlägen zu geben und diese zu belohnen. Die Vorschläge können sich ebenso auf Vereinfachung von Arbeitsverfahren beziehen wie auf Verbilligung durch Änderungen in der Verwaltung oder Organisation.

Arbeitsordnung. Am ersten Tage seines Aufenthaltes im Werk wird der Neueingetretene in die Liste der Werksangehörigen eingetragen. Gleichzeitig händigt man ihm meist eine gedruckte Arbeitsordnung ein. Sie ist nach dem Gesetz zwischen Werksleitung und Betriebsrat vereinbart und gilt ganz allgemein für alle betreffenden Werkstätigen. Ihre Bestimmungen sondern sich inhaltlich in zwei Arten: In die reinen Vertragsbedingungen des Arbeitsvertrages, der heute im allgemeinen ein Tarifvertrag, also ein zwischen der örtlichen oder fachlichen Gesamtheit der Arbeitgeber und -nehmer geschlossener Kollektivvertrag ist — und in disziplinare Bestimmungen.

Eine Arbeitsordnung in allgemeiner und jederzeit zugänglicher Form ist für jede Fabrik gesetzlich vorgeschrieben. Sie hat nach der „Gewerbeordnung" zu enthalten:

1. Bestimmungen über Anfang und Ende der regelmäßigen täglichen Arbeitszeit sowie der Pausen.
2. Zeit und Art der Abrechnung und Lohnzahlung.
3. Kündigungsfrist und Gründe für Entlassung oder Austritt ohne Kündigung.
4. Ausweis über die Verwendung der disziplinarischen Strafgelder (die übrigens 50% des täglichen Verdienstes nie überschreiten dürfen).

Freiwillig können beigefügt werden disziplinarische Betriebsordnungsbestimmungen. Auch dürfen Bestimmungen über Wohlfahrtseinrichtungen und über das Verhalten Minderjähriger außerhalb der Fabrik erlassen werden.

Die Arbeitsordnung wird gültig durch die Bestätigung seitens der Ortspolizei.

In welchem Umfange die Disziplinar-Bestimmungen der Arbeitsordnung auf die Praktikanten angewendet werden, ist natürlich verschieden. Den Praktikanten persönlich kann nur dringend empfohlen werden, die disziplinarischen Vorschriften, wie sie für den letzten der Arbeiter gelten, auch für sich selbst zur strengen Richtschnur zu machen. Dies ist nicht nur erforderlich im Sinne einer reibungslosen Einfügung in den Mechanismus des Werkes. Es ist vor allem wünschenswert für die späteren Betriebsleiter, die Wirksamkeit und — die Durchführbarkeit solcher Bestimmungen am eigenen Leibe zu erproben und sich fest einzuprägen.

Das Betriebsrätegesetz. Es werden in jedem größeren Betriebe Betriebsräte (Arbeiterräte und Angestelltenräte) gebildet. Die Zahl der Betriebsratsmitglieder beträgt mindestens 3 bis höchstens 30. Die Wahl erfolgt in unmittelbarer geheimer Abstimmung. Wahlberechtigt sind alle mindestens 18 Jahre alten männlichen und weiblichen Arbeitnehmer, wählbar die mindestens 24jährigen Wahlberechtigten, die nicht mehr in Berufsausbildung stehen und am Wahltag mindestens sechs Monate dem Unternehmen sowie mindestens drei Jahre dem Gewerbezweig oder Berufszweig angehören, in dem sie tätig sind. Versäumnis von Arbeitszeit infolge Ausübung des Wahlrechtes oder der Tätigkeit als Mitglied des Betriebsrates darf keine Minderung der Entlohnung zur Folge haben. Die Sitzungen des Betriebsrates sollen in der Regel und nach Möglichkeit, die Wahlen müssen außerhalb der Arbeitszeit stattfinden.

Der Betriebsrat hat laut Gesetz die Aufgabe, den Betrieb vor Erschütterungen zu bewahren, gegebenenfalls den Schlichtungsausschuß anzurufen, über die Einhaltung von Schiedssprüchen zu wachen, Beschwerden entgegenzunehmen und auf die Abstellung der ihnen zugrunde liegenden Tatbestände hinzuwirken, schließlich an der Verwaltung von Wohlfahrtseinrichtungen aller Art mitzuwirken. Ein Eingriff in die Betriebsleitung durch selbständige Anordnung steht dem Betriebsrat nicht zu. Das Gesetz enthält noch die Bestimmungen über die Beteiligung der Arbeitnehmer am

Aufsichtsrat, über die vierteljährliche Vorlegung eines Berichtes über die Lage und den Stand des Unternehmens und die Pflicht der Bilanzvorlegung. Es bestimmt die Mitwirkung des Betriebsrates bei notwendig werdender Einstellung oder Entlassung einer großen Zahl von Arbeitnehmern, bei Erweiterung, Einschränkung oder Stillegung des Betriebes oder infolge Einführung neuer Techniken oder neuer Betriebs- und Arbeitsmethoden.

Dem **Arbeiterrat** und dem **Angestelltenrat** fällt in der Hauptsache die Aufgabe der wirtschaftlichen und sozialen Interessenvertretung der von ihnen vertretenen Arbeitnehmergruppe zu.

Der Praktikant wird Gelegenheit haben, sich selbst ein Urteil zu bilden, wie Politik und Wirtschaft, Agitation und Sachlichkeit hier, wie in der breiten Öffentlichkeit und im internationalen Zusammenleben der Völker, sich bekämpfen und wie weit es berechtigt ist, zu hoffen, daß aus der Trennung von Politik und Wirtschaft und der vereinigenden Wirkung gemeinschaftlicher sachlicher Arbeit der Betrieb und die Welt bald auf eine dauerhaftere Grundlage des Friedens gestellt werden können. Der Praktikant begehe aber nicht den Fehler, die individuellen Eindrücke, die er in einem Betrieb — einer einzigen Zelle des Volkskörpers — gewinnt, voreilig zu verallgemeinern.

Gewerkschaften. Von erster Bedeutung für die heutigen sozialen Bewegungen sind die zahlreichen Arbeitnehmerverbände, die ihrerseits in Großorganisationen zusammengefaßt sind. Zum Teil bestehen die „Gewerkschaften" schon ziemlich lange, zum Teil sind sie, besonders solche der Angestellten, noch jüngeren Datums. Es ist zu unterscheiden zwischen den sozialistischen und den nationalen Gewerkschaften. Die ersten treten für Bekämpfung des kapitalistischen Wirtschaftssystems ein und haben voneinander völlig getrennte Verbände für Arbeiter und Angestellte. Hierzu gehören der Allgemeine Deutsche Gewerkschaftsbund, der u. a. den Deutschen Metallarbeiterverband umfaßt, und die Freie sowie die Allgemeine Arbeiterunion Deutschlands; ferner der Allgemeine freie Angestelltenbund (Afa-Bund), dem der Zentralverband der Angestellten (ZdA), der Bund der technischen Angestellten und Beamten (Butab) sowie der Deutsche Werkmeisterverband angeschlossen sind. Im Gegensatz hierzu kennen die nationalen Gewerkschaften keine getrennten Verbände für Arbeiter und Angestellte. Ihr Ziel richtet sich nicht auf Änderung der bestehenden Wirtschaftsordnung, sondern auf Besserung der Lebensverhältnisse des einzelnen unter Beibehaltung des herrschenden Wirtschaftssystems. Zu ihnen zählen: der Deutsche Gewerkschaftsbund (mit den „Christlichen Gewerkschaften"), der Gewerkschaftsring Deutscher Arbeiter-, Angestellten- und Beamten-Verbände (mit den „Hirsch-Dunckerschen Gewerkschaften) und der Reichsbund vaterländischer Arbeiter- und Werkvereine. Bezüglich ihrer politischen Orientierung stehen die Christlichen Gewerkschaften dem Zentrum nahe, die Hirsch-Dunckerschen den Demokraten.

Unternehmerorganisationen. Selbstverständlich haben auch die Unternehmer zur gemeinsamen Wahrung ihrer Interessen eine Organisation schaffen müssen. Ihre nach Landesteilen und Fabrikationsgebieten verschiedenen Vereinigungen wurden 1919 zum „Reichsverband der Deutschen Industrie" zusammengeschlossen.

Neben dieser wirtschaftlichen Organisation bestehen noch eine ganze Anzahl von Verbänden mit technisch-wissenschaftlichen Zwecken: Verein Deutscher Ingenieure, Verband Deutscher Elektrotechniker (VDE), Verein deutscher Eisenhüttenleute, Gesellschaft für Metallkunde, Schiffbautechnische Gesellschaft usw. Ferner bestehen als Zusammenfassung der Verband technisch-wissenschaftlicher Vereine sowie das Reichskuratorium für Wirtschaftlichkeit, dem u. a. der Deutsche Normenausschuß angehört.

23. Arbeitsparende Betriebsführung in der Fabrikorganisation

Ziele der Entwicklung. Mit dem Tage des Eintritts in das Gefüge eines neuzeitlichen Fabrikbetriebes erschließt sich einem großen Teil der Praktikanten eine neue Welt. Nach Empfang der Arbeitsordnung und nach Einreihung in die Reihen der Arbeiter muß sich nunmehr der Praktikant allmählich mit seiner Umgebung vertraut machen. Alle Einzelheiten der Arbeitsteilung, der Arbeits- und Zeitkontrolle, der Gleich- und Überordnung der Beamten und Arbeiter, Vorarbeiter und Gehilfen, ihre Gruppierung in Werkstätten und Kolonnen usw. sollen und können hier nicht beschrieben werden.

Aber beim Eintritt in die für viele Praktikanten gänzlich neue Welt der Werkstatt soll doch hier eine allgemeine Vorstellung vermittelt werden von den Zielen, die unsere neuere Betriebsentwicklung verfolgt. Es geht heute nicht mehr an, daß der junge Ingenieur den Betrieb durchläuft, ohne sich bewußt zu werden, daß der Ingenieur in der Organisation des Betriebes selbst — also einer technisch-wirtschaftlichen Aufgabe — zumindest gleichwichtige Arbeit leistet wie in der Lösung der rein technischen Aufgaben der Gestaltung des Rohstoffes im Betriebe. Auch hier gilt das gleiche, was bereits bei den wärmewirtschaftlichen Betrachtungen betont wurde: Der Praktikant lasse sich durch sein Interesse für die Werkstättenorganisation — deren Einzelheiten und Gestaltungsgründe er schon jetzt weder studieren kann, noch soll — nicht von den praktisch-technischen Aufgaben ablenken, für die er sich ein Verständnis erarbeiten muß. Aber einen gewissen Einblick in die Gedankenwerkstatt der Organisatoren braucht er, schon um inne zu werden, daß auch auf diesem Gebiet alles in stärkstem Fluß und drängendster Entwicklung begriffen ist und daß diese Entwicklung von jedem, der sie mitmacht, die Einsetzung des ganzen Könnens und des ganzen Menschen erfordert.

Der Grund, warum im folgenden einige Worte über die werkstattorganisatorischen Gedanken W. Taylors gesagt werden sollen, liegt darin, daß seine Gedankengänge von allgemeiner Gültigkeit sind und nicht nur die Grundlagen eines bestimmten, vielleicht guten, vielleicht schlechten Systems enthalten. Darum sollte auch der Laie von ihnen Notiz nehmen und jeder, der überhaupt mit wirtschaftlichen Organisationsgebilden höherer Ordnung in tätige Berührung kommt.

Konstruktionslehre und Betriebswissenschaft. Auch die Gedankengänge Taylors konnten, wie die Erkenntnisse der neueren Wärmewirtschaft und die Entwicklungstendenzen der sozialen Formen des heutigen Fabrikbetriebes, erst reifen, nachdem sich die Industrie in der technischen Gestaltung des Rohstoffes zum Fabrikat eine gewisse Gewandtheit angeeignet hatte. Das Durchdenken des Arbeitsgegenstandes, seine Gestaltung, die Konstruktion, überwog zunächst. Die Arbeitsteilung sondert hier schon die Leitung von der Ausführung: das Konstruktionsbüro übermittelt seine Anweisungen durch die Zeichnung an die Werkstatt. Deutschland, gezwungen durch die verhältnismäßige Armut an Bodenschätzen, entwickelt die krafterzeugenden Maschinen auf einen hohen Grad der Wirtschaftlichkeit. In Amerika führt der Mangel an geschulten Arbeitskräften zu einem schärferen Durchdenken des Arbeitsvorganges, der Fertigung. Die mechanischen Mittel für die Fertigung, die Arbeitsmaschinen und Werkzeuge, sind dort vorwiegend Gegenstand weiterer Durchbildung. Mit zwingender Logik mußte der steigende Wert der menschlichen Arbeitskraft — zunächst in Amerika, dann aber auch in Deutschland — zum planmäßigen Durchdenken auch der menschlichen Arbeit führen. In folgerichtigem Fortgang der industriellen Entwicklung liegt auch hier die Trennung der Leistung von der Ausführung. Der Betriebsleiter gibt nicht nur die Anweisungen für die mechanische, sondern auch für die menschliche Arbeit. An die Seite der Wissenschaft von der Gestaltung, der Konstruktionslehre, tritt mit voller Gleichberechtigung die Wissenschaft der Fertigung, die Betriebswissenschaft, die mechanische und menschliche Arbeit durchforscht.

Das gesamte Schaffen innerhalb des Unternehmens wird durch die arbeitsverbindende Organisation zur Lebensbetätigung gebracht. Es liegt in der Natur der Arbeit als solcher, daß die Fertigung ausschlaggebenden Einfluß auf die Organisation und umgekehrt ausübt. Die Betriebswissenschaft erfaßt daher neben den arbeitsteilenden Funktionen auch die zusammenfassenden, die organisatorischen.

Es ist eine selbstverständliche Forderung des werktätigen Lebens, die Vorgänge innerhalb eines Betätigungsfeldes festzuhalten, zum Bewußtsein und zur Kritik zu bringen. Im industriellen Organismus erleiden die eingebrachten Güter eine dauernde Umwandlung und verlassen den Betrieb, mit dem Mehrwert der geistigen und körperlichen Arbeit versehen. Die Niederschrift muß diesen Umwandlungsvorgängen laufend folgen. Diese Niederschrift in exakten Zahlen, das Abrechnungswesen, ist demnach ein organischer Bestandteil des industriellen Geschehens; es ist das Gewissen des Betriebes, das über die Verwaltung der ihm überantworteten wirtschaftlichen Güter in nicht anzuzweifelndem Nachweis wacht: das wirtschaftliche Manometer. Es ist daher unlogisch, widersinnig und nur aus der geschichtlichen Entwicklung verständlich, das Abrechnungswesen als einen Fremdkörper zu behandeln, es in die überkommenen Formen des Warenhandels zwingen und in ihm eine „kaufmännische" Betätigung sehen zu wollen. Der Wärmetechniker holt sich für seine Wärmebilanzen auch nicht den Kaufmann mit den diesem eignen Begriffen heran. Das Abrechnungswesen ist der logische Abschluß industrieller Betätigung im Sinne der innerbetrieblichen Güterumwandlung.

Abrechnung. Die Betriebsabrechnung hat zum Zweck: die Ermittlung der tatsächlichen Selbstkosten, die die Erfüllung eines Auftrages verursacht. Zu diesem Zweck werden festgestellt:

1. Die auf den Auftrag entfallenden Löhne,
2. die verbrauchten Werkstoffmengen,
3. die darüber hinaus erwachsenen allgemeinen Unkosten.

Die Summe der Löhne ergibt sich aus der Zusammenstellung der ausgefüllten Lohnkarten im Lohnbüro, die der Materialkosten aus der Zusammenstellung der Materialkosten im Lager; beide Sorten von Karten werden mit einer Ordnungsnummer (der „Auftrags-", „Bestell-" oder „Kommissionsnummer") versehen, damit man sie dort entsprechend sortieren kann. Die Schwierigkeit besteht nun in der Ausrechnung der auf den Auftrag entfallenden allgemeinen Unkosten. Früher herrschte das zwar sehr einfache, aber durchaus unzureichende System, daß der Gesamtjahresumsatz des Werkes um die gesamten, im Jahr gezahlten Löhne und die gesamten (auf die einzelnen Aufträge verbuchten) Materialien vermindert und die Differenz dann als „die allgemeinen Unkosten" bezeichnet wurde. Der Voranschlag darüber, was die Erfüllung eines neuen Auftrages kosten mag, wurde häufig nur nach dem Gefühl, nach dem Vergleich des vermutlichen Gewichtes der bestellten Maschine mit dem einer bereits ausgeführten, oder nach ähnlichen Faustregeln roh geschätzt. Nach Erledigung des Auftrages gab sich dann der Fabrikant mit einer rohen Nachprüfung zufrieden, ob Löhne + Material + Unkostenzuschlag mit dem Voranschlag einigermaßen stimmten.

Vor- und Nachkalkulation. Dieses Verfahren hatte eine große Reihe schwerster Nachteile. Die rationell hergestellten Stücke wurden mit dem gleichen Unkostenzuschlag belastet wie die unrationell hergestellten. Die Preisstellung, die auf der Selbstkostenschätzung beruht, war unsicher, konnte leicht zu Verlusten führen usw.

Diesem Zustand kann nur abgeholfen werden durch planmäßige Verbuchung auch der allgemeinen Unkosten auf die einzelnen Aufträge nach wissenschaftlichen Grundsätzen, — durch sorgsame Zerlegung der Arbeitsvorgänge in ihre Elemente (Vorbereitungszeit, Ausführungszeit, Transportzeit usw.) und Benutzung dieser Ergebnisse für den Voranschlag, der dadurch zur Vorkalkulation wird — und schließlich durch ständige Kontrolle der Vorkalkulation durch die Zusammenstellung der tatsächlich verbrauchten Kostenbestandteile (Nachkalkulation), damit die Vorkalkulation immer verfeinerter, immer treffsicherer wird.

Taylors Grundsätze. An einen gut geleiteten Betrieb stellt Taylor folgende Forderungen:

Die Verantwortung für die Ausführung der Arbeiten muß so geteilt werden, daß die Verwaltung alle Vorarbeiten besorgt, die den Arbeiter entlasten, und ihm die besten, durch technische Wissenschaft und Erfahrung zur Zeit bekannten Arbeitsverfahren angibt. Der Arbeiter muß hiervon bestmöglichen Gebrauch machen und die Einhaltung der erzielbaren Zeitersparnisse unterstützen. Die Tagesleistung, die vom Arbeiter auf die Dauer ohne gesundheitliche Schädigung erwartet werden kann, ist durch gewissenhafte Untersuchung festzustellen.

Zur Durchführung dieser Grundsätze dienen folgende Wege:

1. Die Auswahl der Arbeiter nach ihrer Eignung für die eine oder andere Tätigkeit, ferner ihre Aus- und Weiterbildung erfolgt systematisch.

2. Jede Werkstattbestellung wird von der Ausführung in Teilarbeiten zerlegt, und für jede Teilarbeit werden die günstigsten Erzeugungsbedingungen festgestellt.

3. Diese „Arbeitszerlegung und -anweisung" geschieht in einer besonderen Werkabteilung (Arbeitsverteilungsbüro) durch darin vorgebildete Beamte. Das Arbeitsverteilungsbüro hat auch die Lieferzeiten und Löhne festzustellen.

4. Die Verantwortung für die Ausführung der Arbeit nach dem im einzelnen festgelegten günstigsten Plan wird auf mehrere „Funktionsmeister" verteilt, von denen ein jeder nur einen bestimmten Teil der früher einem Meister zufallenden vielfachen Funktionen ausübt.

5. Das Lohnsystem muß derart sein, daß es als gerecht empfunden wird und den Arbeiter an der Benutzung aller zeitersparenden Einrichtungen

interessiert, ohne ihn zu einer gesundheitschädigenden Anspannung seiner Kräfte zu verleiten.

Durch diese Mittel soll die Zahlung guter Löhne bei gleichzeitiger Minderung der Herstellungspreise, erhöhter Zuverlässigkeit der Lieferzeitangaben und der Grundlagen für die Selbstkostenberechnung ermöglicht werden.

Es soll zugegeben werden, daß diese Grundsätze in vieler Hinsicht nichts Neues darstellen.

Auch in Deutschland gab es längst vor Taylor einsichtige Betriebsleiter, die mit mit Erfolg bemüht waren, die Arbeitsvorgänge zu zerlegen, für jeden Arbeitsvorgang die günstigsten Ausführungen, die geeignetsten Werkzeuge und Maschinen zu finden und hierfür genaue Anweisungen festzulegen. Dort, wo Massenfertigung vorlag, war ein solches Vorgehen für den vorgeschrittenen Betriebsleiter selbstverständlich. Diese Fertigungsart, bei der die einzelnen Arbeitsverrichtungen immer wiederkehren, ist auch für die Anwendung der Taylorschen Vorschläge in ihrem vollen Umfange am geeignetsten. In der geschickten Arbeitsvorbereitung liegt bei der Massenfertigung zum Teil das Geheimnis des wirtschaftlichen Erfolges.

Zeit- und Bewegungsstudien. Zu dem Grundsatze, alle oft wiederholten Arbeiten einmal vor der Ausführung in ihre kleinsten Elemente zu zerlegen und diese unabhängig von Gewohnheit und Überlieferung auf möglichste Ersparnis an Zeit und Kraft zu untersuchen, wurde Taylor durch das überraschende Ergebnis seiner eigenen Beobachtung an Schaufel- und Erzverladearbeitern geführt. Hierbei gelang es ihm, auf Grund genauer Zeit- und Bewegungsstudien, Erprobung der nach Form und Größe bestgeeigneten Hilfsgeräte und Ermittlung der günstigsten Dauerleistung das Tagewerk für einen Arbeiter auf ein Mehrfaches des vorher Festgestellten zu steigern. Es konnte daher bei Einhaltung der günstigsten Arbeitsweise ein beträchtlich höherer Lohn als vorher gezahlt werden, während gleichzeitig die Gestehungskosten für das Arbeitsstück stark verringert wurden; dies alles nicht als Folge erhöhter Anstrengung des Arbeiters, sondern zweckmäßigster Gestaltung des Arbeitsvorganges. Es ist selbstverständlich, daß die erforderlichen Arbeiten, besonders in großen und vielseitigen Betrieben, ein außerordentliches Maß von Mühe, Zeit und Sorgfalt erfordern, da sie sich auf eine zwangläufig arbeitende Gesamtorganisation, konstruktive Normung, zweckmäßigsten Aufbau der Werkstatteinrichtungen und günstigste Betriebsweise der Maschinen sowie auf alle Einzelheiten der Ausführung der Arbeit zu erstrecken haben. Die vielfach angefeindete Benutzung der Uhr zur Ermittlung der zweckmäßigsten, zeit- und kraftsparenden Arbeitsweisen wird besonders bei Massenfertigung kaum zu vermeiden sein; sie kann für den Arbeiter keine Herabsetzung bedeuten, wenn zwischen ihm und der Leitung vollkommene Klarheit darüber besteht, in welchem Sinne die Ergebnisse angewendet werden und daß bei Berechnung der Stückzeiten aus den Einzelelementen ausreichende Zuschläge vorzusehen sind.

Das Arbeitsverteilungsbüro. Die Beamten des Arbeitsverteilungsbüros, bei dem jede Bestellung vor der Ausgabe an die Werkstatt durchläuft, haben folgende Aufgaben zu erfüllen:

a) Festlegen der einzelnen Arbeitsvorgänge, ihrer Reihenfolge in den Werkstätten und innerhalb dieser an den einzelnen Maschinen; Bereitstellung des Rohstoffes der Vorrichtungen und Werkzeuge derart, daß vermeidbare Wartezeit und unnötige Wege für den Arbeiter vermieden werden. Beobachtung der Belastung der Werkstätten und Maschinen durch die einzelnen Werkstücke (Übersichtstafeln) und Ermittlung der Liefertermine.

b) Bestimmung der für die Teilarbeiten günstigsten Maschineneinstellung (Schnittgeschwindigkeit, Vorschub usw.) und der daraus sich ergebenden Bearbeitungszeiten. Um aus diesen und den Nebenzeiten für Werkzeugwechsel, Messen usw. sowie erforderlichen Zuschlägen die Gesamtstückzeit als Unterlage der Selbstkostenberechnung zu bestimmen, muß das Arbeitsbüro von den Abmessungen aller Maschinen, ihren Einstellungsmöglichkeiten und dem Ergebnis der gesammelten Zeitstudien usw. Kenntnis haben. Das Arbeitsverteilungsbüro hat auch den täglichen Eingang der Arbeitskarten für die Lohnberechnung zu überwachen.

c) Prüfung von Beschwerden seitens der Werkstatt, Abstellung von Mängeln.

Die Entlohnung. Grundsätzlich ist auszusprechen, daß die Anwendung der geschilderten Grundsätze wissenschaftlicher Betriebsführung nicht an ein bestimmtes Lohnsystem gebunden ist. Hier sei ein kurzer Überblick über einige der gebräuchlicheren Lohnsysteme eingeschaltet, der keinen Anspruch auf Vollständigkeit macht. Er ist für den Praktikanten nicht minder wichtig wie ein gewisser Anhalt für die Preise der Rohstoffe; denn die Erzeugungskosten sind und bleiben der Maßstab für den Erfolg des Ingenieurs.

Stundenlohn. Die einfachste Lohnform ist der Stundenlohn. Der Arbeiter erhält pro Stunde einen bestimmten Satz, gleichgültig, wieviel Arbeit er fertig bringt.

Vorteile für den Arbeiter: Er hat ein festes Gehalt. Enttäuschung ist ausgeschlossen. Er kann sich Zeit lassen, gemütlich arbeiten und überanstrengt sich nicht. Er kann seinen Lohn leicht berechnen.

Nachteile für den Arbeiter: Der Faule bekommt ebensoviel wie der Fleißige.

Vorteile für den Unternehmer: Einfachste Lohnberechnung. Die Vorteile fleißiger oder intelligenter und geschickter Arbeiter fallen ihm ungeschmälert zu.

Nachteile für den Unternehmer: Der Arbeiter tut schlimmstenfalls gerade so viel, daß er nicht an die Luft gesetzt wird, bestenfalls so viel, wie er bei bequemem Arbeiten gerade fertigbringt; keinesfalls gibt er die volle Leistungsfähigkeit. Da Steigerung der Leistung dem Arbeiter nicht zugute kommt, ruht das Bestreben, mit gleichem Aufwand schneller und mehr zu schaffen. Der Arbeiter sinnt nicht auf Verbesserung der Arbeitsweisen.

Diese Lohnform ist üblich und herrschend für alle solche Arbeiten, deren Effekt nicht ohne weiteres zu messen ist, die nicht stückweise bezahlt werden können und bei denen die gelieferte Arbeitsmenge nicht von dem Arbeiter abhängt.

Akkordlohn. In allen anderen Fällen herrscht in überwiegendem Maße das Akkordlohnsystem. Hierbei wird die Arbeit pro Stück bezahlt.

Vorteile für den Arbeiter: Der Fleißige, Geschickte und Intelligente verdient mehr als der Faule, Ungeschickte und Dumme. Die Erhöhung des Einkommens ist theoretisch ganz in seiner Hand. Er kann seinen Lohn leicht berechnen. Er beginnt nachzudenken, wie er bei gleichem Arbeitsaufwand mehr hervorbringen kann: die Arbeit wirkt anregender.

Nachteile für den Arbeiter: Das Gehalt ist Schwankungen ausgesetzt, je nach der Art der Arbeit, die gerade vorliegt. Er ist in Versuchung, sich zu überanstrengen. Er möchte seine Leistung nicht über eine gewisse Höhe steigern, sonst „verdient er dem Unternehmer zuviel", und sein Akkordsatz wird herabgesetzt. Folglich erlebt er häufig Enttäuschungen.

Vorteile für den Unternehmer: Die Leistung des Arbeiters steigt, die Zahl der Arbeiter sinkt. Die Arbeiter finden bessere Arbeitsmethoden heraus: die Erzeugung des Werkes wächst ohne Steigerung der Betriebskosten. Menschen und Maschinen werden voll nutzbar gemacht. Einfache Lohnberechnung.

Nachteile für den Unternehmer: Von der gesteigerten Leistung hat er nur mittelbaren Vorteil, da der Lohnzuschlag pro Stück konstant ist. Herabsetzung des Akkordsatzes, wozu die Konkurrenz und unter Umständen Wertzunahme des Geldes zwingen, ist nur möglich unter Gefährdung des Friedens im Werk. Die Maschinen und Werkzeuge sind ständig in Gefahr, überanstrengt und schnell abgenutzt zu werden.

Prämienlohn. Ein System, das den Anforderungen der arbeitsparenden Betriebsführung. besser entspricht und das geeignet ist, die Nachteile des Akkordsystems zu verringern, die Vorteile zu mehren, ist das Prämiensystem. Es tritt in mehreren Formen auf. Der Grundgedanke ist folgender:

Für jedes Stück Arbeit wird eine „Grundzeit" und ein „Grundlohn" festgesetzt. Der Höchstbetrag, der dafür bezahlt wird, ist das Produkt aus Grundzeit und Grundlohn. Die Grundzeit wird praktisch recht reichlich bemessen. Arbeitet der Arbeiter länger daran, als die Grundzeit beträgt, so erhält er doch nicht mehr an Grundlohn. Aber schafft er's in geringerer Zeit, so bekommt er für die verbrauchte Zeit den Grundlohn, für die ersparte einen Bruchteil (üblich $^1/_2$ bis $^1/_3$ des Grundlohnes. Sein stündliches Einkommen also steigt.

Beispiel: Für eine Arbeit ist festgesetzt: Grundzeit 10 Stunden, Grundlohn 2 RM., Prämiensatz $^1/_2$. Demnach wird höchstens für die Arbeit bezahlt: $10 \times 2 = 20$ RM. Also verdient der Arbeiter bei 15 Stunden gebrauchter Zeit 20 RM.:15 = 1,33 RM. pro Stunde; bei 10 Stunden gebrauchter Zeit 20:10 = 2 RM. pro Stunde. Aber wenn er die Arbeit schon in 6 Stunden fertigstellt, beträgt sein Gesamtlohn für das Stück

$6 \times 2 = 12$ RM. und als Prämie dazu: $(10 - 6) \cdot 2 \cdot {}^1/_2 = 4 \cdot 1 = 4$ RM. Also insgesamt 16 RM. Einnahme; stündliches Einkommen demnach $16 : 6 = 2{,}66$ RM.

Vorteile für den Arbeiter: Sämtliche Vorteile des Akkordsystems. Außerdem noch gegenüber dem Akkordsystem die Voraussicht, wenigstens im allgemeinen keine Herabsetzung der Bedingungen befürchten zu müssen. Bei einheitlichem Grundlohn und einheitlichem Prämiensatz für die ganze Werkstatt oder bei Tarifvertrag wird bei völliger Wahrung der Gleichheit der Bedingungen doch dem Fleiß, der Geschicklichkeit und Intelligenz die nötige Belohnung zuteil; gleichzeitig ist dadurch das Einkommen des einzelnen weniger starken Schwankungen unterworfen.

Nachteile für den Arbeiter: Das System ist etwas verwickelt, der Lohn also weniger leicht zu berechnen. Für die intelligenteren Arbeiter kommt dieser Nachteil weniger in Betracht. Der Arbeiter erhält (als Entgelt für die bessere Regelung seines Einkommens) nicht mehr den ganzen Gewinn der ersparten Zeit ausgezahlt.

Vorteile für den Unternehmer: Die Vorteile des Akkordsystems bis auf die Einfachheit der Lohnberechnung. Ferner Vermeidung der Reibungen mit der Arbeiterschaft, Erhöhung des Vertrauens: „Er verspricht weniger als beim Akkordsystem, aber er kann es halten".

Nachteile für den Unternehmer: Die umständlichere Lohnberechnung, die im Lohnbüro die Anstellung eines oder mehrerer Beamten mehr erfordert und Irrtümer wahrscheinlicher macht.

Die **scheinbare** Kompliziertheit des Systems ist der hauptsächliche Hemmschuh für seine allgemeinere Einführung. In Amerika mit seinem intelligenten Arbeiterstamm ist es bereits das bevorzugte System und seine Einführung häufig das Ergebnis des Friedensschlusses nach Streik oder Aussperrung. Die Erfahrungen, die damit gemacht wurden, sind durchweg vorzüglich.

Spezialingenieure. Der Grundsatz, jeden seinen Fähigkeiten und seiner Veranlagung entsprechend an den Platz zu stellen, wo er das Meiste leisten kann, darf nun nicht auf die Arbeitnehmer beschränkt bleiben. Tatsächlich können wir feststellen, daß unter den Ingenieuren, wenn sie erst festen Fuß im Leben gefaßt haben, eine mitunter noch weitgehendere Spezialisierung einsetzt. Es hieße aber den Begriff des Spezialistentums falsch verstehen, wollte man hieraus entnehmen, daß das Interesse an anderen Dingen wertlos würde oder die Wahl eines engeren Fachgebietes möglichst frühzeitig stattfinden müsse. Im Gegenteil, der junge Ingenieur und noch mehr der Student soll, aufbauend auf den Elementargrundlagen, seine Augen für alles offen halten, was in der industriellen Technik vorgeht, und dies möglichst lange. Die Beschränkung auf das Interesse an einem immer engeren Gebiete kommt nachher ganz von selbst und ergibt sich oft schon aus der Unmöglichkeit, ständig allen Ereignissen und Neuigkeiten die nötige Zeit zu widmen. Viele begehen aber den Fehler, von Anfang an einseitig auf einen Punkt zuzustreben. Dabei muß natürlich der Zusammenhang im großen verloren gehen. Mindestens sollte sich jeder darüber klar sein, daß mit der Zeichenarbeit am Reißbrett und der anschließenden Bearbeitung in den Werkstätten erst ein Teil der Arbeit getan ist, die insgesamt zu einem Auftrag gehört. Es ist hier nicht der Platz, darzulegen, wie stark dabei technische und kaufmännische Arbeit verbunden ist und ineinander übergeht. Zur Beleuchtung dienen lediglich die folgenden Stichworte: Werbung —Angebot — Auftrag — Konstruktion — Bestellung von Halbzeug und Fertigfabrikaten — Arbeitsverteilung — Gießerei, Schmiede, mechanische Werkstätten — Kontrolle — weitere mechanische Bearbeitung — Kontrolle — Probemontage — Probelauf — Demontage — Verpackung — Versand — Montage an Ort — Abnahme — Bezahlung.

Werkstättenorganisation. Arbeitsparende Maßnahmen lassen sich grundsätzlich auf zwei verschiedenen Gebieten ergreifen. Einmal kann man durch gänzlich neue Prinzipien in den Arbeitsmethoden sparen, wobei das Schwergewicht in der geistigen Vorbereitung zur Einführung der Neuerungen liegt. Hierzu zählen die Gedanken einer planmäßigen Vereinheitlichung und des allgemeinen Austauschbaues. Man kann aber auch in den Werkstätten beginnen, Verlustquellen aufzudecken und unproduktive Arbeiten zu vermindern. Dabei kommt man auf das Förder- und Lagerwesen, die Schaffung weiterer Vorrichtungen und die Umwandlung der sprunghaften Folge von Arbeitsprozessen in eine kontinuierliche.

Förderwesen. Der Idealzustand einer Fabrik wäre der, daß gar keine Mittel erforderlich wären, die Werkstücke von einem Ort an den anderen zu schaffen, die Teile gleichsam ohne Kraftaufwand durch die Luft flögen. Das würde den Fortfall aller Lager und Stapel bedeuten. Da wir aber wissen, daß wir hiervon weit entfernt sind, gilt es die bestehenden Verhältnisse möglichst wirtschaftlich auszugestalten.

Früher war mit jeder Werkstatt eine Reihe von Schienensträngen verbunden, in denen schwere Karren liefen, die von Hand zu schieben waren. Um ein schweres Werkstück von einer Werkzeugmaschine zur anderen zu schaffen, waren mehrere Leute nötig; der Transport dauerte unverhältnismäßig lange. Heute herrscht das motorbewegte Fahrzeug, der Elektrokarren, vor. Durch nur einen Mann bedient, durchquert er rasch die längsten Hallen und stößt bei seiner Wendigkeit doch nirgends an. Weiß man aus Erfahrung, wo und an welchen Stellen Mengen zu befördern sind, kann man die Elektrokarren nach einem festen Fahrplan laufen lassen, was ihre Wirtschaftlichkeit weiter erhöht. Man kann aber in der Zeit- und Arbeitsersparnis noch weiter gehen, indem man den Elektrokarrenführer nicht durch Auf- und Abladen aufhält, sondern auf besonderen Wagen stapeln läßt. Unter diese fährt der Elektrokarren einfach mit gesenkter Plattform hinunter und nimmt sie sogleich ohne Zeitverlust mit (Hubwagen). Die Gestelle zum Beladen, ehe der Wagen zum Abholen kommt, müssen natürlich dem Erzeugnis angepaßt sein: bei ringförmigen Werkstücken sehen sie anders aus als bei Wellen oder Scheiben.

Neben der Förderung in horizontaler Richtung sind oft vertikale Bewegungen erforderlich. Die großen Kräne sind natürlich nur für sehr schwere Teile zu benutzen.

Wo aber früher Werkstücke mit Flaschenzügen oder dgl. von Hand gehoben wurden, finden wir heute in zunehmendem Maße kleine Hebeanlagen (z. B. „DEMAG-Züge").

Auf eine besondere Art der Förderung, nämlich durch endlose Bänder und Ketten, soll weiter unten eingegangen werden.

Vorrichtungen und Hilfswerkzeuge. Auf den hohen Wert gut ausgebildeter Vorrichtungen ist bereits mehrfach hingewiesen worden. Wir haben gesehen, wie durch sie Irrtümer beim Messen sowie das ganze Anreißen ausgeschaltet werden können. Ebenso wichtig sind Vorrichtungen zur Erleichterung und Verkürzung der Arbeiten. Bei Kleinteilen kommt daher mehr und mehr der elektrische Schraubenzieher in Anwendung. Spannvorrichtungen soll man, wenn irgend möglich, so konstruieren, daß der Arbeiter das nächste Stück bereits aufspannt, während das erste in Arbeit ist. Dauert die Bearbeitung nur wenige Sekunden, so käme ja eine Bedienung mehrerer Maschinen nicht in Frage.

Fließende Fertigung. Dem Idealzustand, einer kontinuierlichen Fertigung von Massenteilen kommt ein besonderes System, die fließende Fertigung oder auch Fließarbeit, am nächsten. Als Wesentliches an ihr wird die örtlich fortschreitende, zeitlich bestimmte und lückenlose Folge der Arbeitsgänge angesehen. Wie bei vielen anderen Dingen muß auch hier betont werden, daß der Gedanke der Fließarbeit nicht erst in den letzten Jahren aus Amerika gekommen ist; in einigen Industriezweigen ist sie schon lange bekannt gewesen, lediglich ihre planmäßige Anwendung auf jede Massenfabrikation, auch im Maschinenbau, ist neueren Datums. Wurden früher die Werkstücke dorthin geschafft, wo mehr oder weniger infolge Zufalls die passendste Maschine stand, so stellt man jetzt die Maschinen so, daß ihre Reihenfolge den einzelnen Arbeitsprozessen entspricht. Dauert in dieser Linie eine Bearbeitung doppelt so lange wie die übrigen, so muß man hierfür zwei Maschinen vorsehen. Durch geeignete Maßnahmen sucht man nun zu erreichen, daß die Teile, ohne zu lagern, von einem Arbeiter zum andern kommen. Man muß aber auch Arbeitsprozesse wie Lackieren und Trocknen von Apparaten, mit in diese Kette einschließen, so daß vom Rohstoff bis zum geprüften und versandfertigen Erzeugnis eine ständige Bearbeitung und Fortbewegung zur nächsten Stelle stattfindet.

Die Maßnahmen zur Förderung der Werkstücke an die nächste Maschine oder den nächsten Arbeiter zur Montage können sehr verschieden sein, teils mit, teils ohne motorischen Antrieb. Im letzten Fall wird jedes Teil von Hand auf Rinnen oder Wägelchen weitergeschoben oder sein Eigengewicht ausgenutzt (schräge Rutsche). Bei mechanischem Antrieb eines in sich geschlossenen Bandes, das über Rollen läuft, werden oft dort, wo ein Arbeiter ist, die Stücke durch schräg gestellte Bretter vom Band abgestreift („Weichen"). Wo die Bewegungsfreiheit nicht geschmälert werden darf, treten an Stelle platzbeanspruchender Bänder Förderketten, die an der Decke hängen („Conveyer"). Sie haben den Vorteil, daß sie auch leicht über Höfe in andere

Hallen und Gebäude geführt werden können. In Sonderfällen konstruiert man sich die Förderrichtung, die gerade am günstigsten erscheint, denn eine Übertragung gegebener Verhältnisse auf andere Erzeugnisse ist kaum möglich. Jede Fabrik muß sich ihrem besonderen Erzeugnis anpassen. So kann man überall neue sinnreiche Konstruktionen vorfinden, die teils Abarten der beschriebenen Formen oder neue sind (z. B. Drehtische).

Bei der Montage von leichteren Werkstücken zu Apparaten oder kleinen Maschinen können oft die Teile während des Anziehens der Schrauben oder Muttern auf dem Band bleiben, was sich dann mit geringer Geschwindigkeit fortbewegt. So einfach diese Einrichtungen hier oder bei Besichtigungen erscheinen (Praktikanten werden kaum bei solchen Werkstätten beschäftigt werden), so schwierig ist es doch im einzelnen, für ihren einwandfreien Betrieb zu sorgen, denn auf tausend und mehr Dinge ist dabei Rücksicht zu nehmen (kurze Griffwege, bequeme Stellung des Arbeiters, gegebenenfalls Sitzmöglichkeit usw.).

Die Anwendung der fließenden Fertigung bleibt immer auf solche Erzeugnisse beschränkt, die laufend in sehr großen Mengen gebraucht werden und nicht ständigen Konstruktionsänderungen unterworfen sind. Denn jede Umstellung kostet dabei sehr viel Geld und Verdruß. Das muß sich auch der Praktikant ständig vor Augen halten, ehe er ein Werk vielleicht für veraltet hält, das diese Verfahren nicht hat.

VII. Literaturübersicht

Während der praktischen Ausbildung ist naturgemäß nicht allzuviel Zeit zum Studium von Büchern übrig. Das Meiste soll der Praktikant in dieser Zeit durch eigene Wahrnehmung, durch fleißiges Beobachten der Dinge, die ihn umgeben, und durch die Erfahrung seiner persönlichen Betätigung in sich aufnehmen. Gleichwohl gibt es eine Fülle von Tatsachen, die zum Verständnis erforderlich sind, aber in dem Umfang dieses Buches nicht behandelt werden konnten. Es ist ja verschiedentlich im Text bereits auf Bücher hingewiesen, die als Ergänzung der hier gegebenen Anregungen die technologischen Einzelheiten vermitteln sollen.

Die angespannte Wirtschaftslage erschwert dem einzelnen leider sehr die Anschaffung guter Bücher. In erster Linie sind billige und knappe Werke berücksichtigt; durch Sammelbezug kann häufig noch beträchtlich gespart werden.

Für den Studenten spielt, zumal bei seinen meist knappen Mitteln, die Benutzung von Bibliotheken eine große Rolle. Angaben über Umfang der Buchbestände, Dienstzeiten und Entleihbedingungen findet man in dem „Bibliothekenführer“ von Niemann (Verlag Kiepert-Charlottenburg, RM. —,50), der die Berliner Bibliotheken behandelt. Immerhin braucht man zum Studium gewisse grundlegende Bücher und manche Nachschlagewerke; ohne Anschaffungen dürfte wohl niemand auskommen können.

Neben den unten verzeichneten Werken seien hier vom Deutschen Ausschuß für Technisches Schulwesen (Berlin W 35, Potsdamer Str. 119 b) die „Falsch- und Richtig“-Blätter empfohlen, ferner die Merkblätter über Dreher, Gießereitechnik, Maschinenschlosser, Warm- und Ziehwerkzeuge (einzeln RM. —,10 ... —,25); endlich die Lehrgangsbücher und Anlerngänge für Former, Maschinenschlosser, Schmiede, Bohrer und Fräser (einzeln etwa RM. 2,— ... 6,—). Hierüber sendet der Datsch Praktikanten, die sich näher zu unterrichten wünschen, gern besondere Verzeichnisse.

Gut ist es, frühzeitig mit dem regelmäßigen Lesen einiger technischer Zeitschriften zu beginnen. Wenn die darin enthaltenen wissenschaftlichen Aufsätze auch zunächst unverständlich erscheinen, so enthalten die Hefte doch viele wertvolle Anregungen und Hinweise. Auf diese Weise wächst der Praktikant am leichtesten in die Gedankenwelt des Berufes hinein, zu dessen Ausübung er bei der praktischen Ausbildung Grundlagen von entscheidender Wichtigkeit legt. Der Verein Deutscher Ingenieure sowie der Elektrotechnische Verein zu Berlin gestatten Studierenden, die das Vorexamen bestanden haben, den Beitritt bereits als sogenannte Jungmitglieder. Man erhält dann die betreffende Zeitschrift zum halben Preis und kann an allen Vorträgen teilnehmen. Hier sei auch auf die Wichtigkeit guter Sprachkenntnisse hingewiesen: auf die beim späteren Studium mitunter sehr nützlichen englisch-amerikanischen Zeitschriften und auf die „Sprachblätter“ des Datsch.

Mit der Gruppe „Literatur für die ersten Studiensemester“ dürfte manchem Studenten ein willkommener Hinweis gegeben sein, zumal häufig über die Preise der Bücher Unkenntnis besteht. Auf Vollständigkeit macht die Aufzählung keinen Anspruch, ebensowenig sollen alle genannten Bücher als unbedingt erforderlich hingestellt sein. Die Preise beziehen sich, wenn mehrere Ausgaben im Handel sind, im allgemeinen auf das geheftete Exemplar.

Die Schriften zur allerersten Unterrichtung sind vor denen, die erst in zweiter Linie nötig sind, durch ein vorgesetztes * ausgezeichnet. Die Nummern beziehen sich auf die entsprechenden Hinweise im Text, z. B. L 22.

Abkürzungen: Datsch: Deutscher Ausschuß für Technisches Schulwesen, Berlin W 35, Potsdamer Str. 119 b. WB-Heft: Werkstattbücher, Heft. AWF: Ausschuß für wirtschaftliche Fertigung.

Die praktische Arbeit.

*1 Die Ausbildung für den technischen Beruf in der mechan. Industrie. Teubner, Neuauflage in Vorbereitung.

*2 Die praktische Unterweisung der Hochschulstudierenden. Datsch. RM. —,10.
*3 Laudien, Die praktische Arbeit. Durch Datsch. RM. 2,20.
*4 Werkarbeitsbuch. Datsch, —,80.
*5 Anleitung zum Zeichnen im Werkarbeitsbuch. Datsch, RM. 1,40. Werkarbeitsbuch und Anleitung zusammen RM. 2,—.

Einführung in die Technik; Berufsberatung.
*6 v. Hanffstengel, Technisches Denken und Schaffen. Julius Springer 1927. RM. 6,90.
7 Fröhlich, Die mittleren technischen Berufe. Hobbing 29. RM. 1,20.

Werkstattkunde.
*8 Stolzenberg, Maschinenbau I und II. Teubner. RM. 9,— u. 14,—.
9 Steinbrings, Der praktische Maschinenbauer. Moritz-Stuttgart 27. RM. 13,50.
10 Arbeitsgemeinsch. deutscher Betriebsing., Werkzeugmaschinenblätter 1 ... 40. Beuth-Verlag. Einzeln RM. —,30, Mappe RM. 9,—.
11 Aufstellung der Werkzeugmaschinen (AWF 3). Beuth-Verlag. RM. —,25.
12 Behandlung der Werkzeugmaschinen (AWF 4). Beuth-Verlag. RM. —,25.
13 Löwer, Modelltischlerei. Julius Springer, WB-Hefte 14, 17. Je RM. 2,—.
14 Schweißguth, Freiformschmiede. Julius Springer, WB-Heft 11/12. Je RM. 2,—.
15 Schweißguth, Gesenkschmiede. Julius Springer, WB-Heft 31. RM. 2.—.
16 Dinnebier, Bohren. Julius Springer, WB-Heft 15. RM. 2,—.
17 Dinnebier, Reiben und Senken. Julius Springer, WB-Heft 16. RM. 2,—.
18 Müller, Gewindeschneiden. Julius Springer, WB-Heft 1. RM. 2,—.
19 Zieting, Die Fräser. Julius Springer, WB-Heft 22. RM. 2,—.
20 Knoll, Räumen. Julius Springer, WB-Heft 26. RM. 2,—.
21 Pockrandt, Teilkopfarbeiten. Julius Springer, WB-Heft 6. RM. 2,—.
22 Grünhagen, Vorrichtungsbau. Julius Springer, WB-Heft 33. RM. 2,—.
23 Sachse-Kelle-Gothe-Kreil, Einrichten von Automaten. Julius Springer, WB-Heft 21, 27, 23. Je RM. 2,—.
24 Schimpke, Die neueren Schweißverfahren. Julius Springer, WB-Heft 13. RM. 2,—.
25 Gasschmelzschweißung. Datsch. RM. 1,70.
26 Elektrische Schweißung. Datsch. RM. 1,35.
27 Burstyn, Das Löten. Julius Springer, WB-Heft 28. RM. 2,—.
28 Löten und Lote (AWF 207). Beuth-Verlag. RM. 1,50.
29 Buxbaum, Das Schleifen der Metalle. Julius Springer, WB-Heft 5. RM. 2,—.
30 Die Schleifscheibe (AWF 201). Beuth-Verlag. RM. —,75.
31 Simon, Härten und Vergüten. Julius Springer, WB-Heft 7/8. Je RM. 2,—.
32 Kühlen und Schmieren (AWF 205). Beuth-Verlag. RM. 6,—.
33 Korrosion und Rostschutz. Beuth-Heft 6. Beuth-Verlag. RM. 1,—.

Technologie der Werkstoffe.
34 Werkstoffhandbuch Stahl und Eisen. Stahleisen-Verlag. RM. 24,—.
35 Werkstoffhandbuch Nichteisenmetalle. Beuth-Verlag. RM. 24,—.
36 Daeves, Eisenkohlenstoffdiagramm (Bericht 42 des Werkstoffausschusses d. Vereins deutsch. Eisenhüttenleute). Stahleisen-Verlag, 26.
37 Riebensahm-Traeger, Werkstoffprüfung. Julius Springer, WB-Heft 34. RM. 2,—.
38 Schwarz, Eisenhüttenkunde. Göschen Nr. 152/153. Je RM. 1,50.

39 Holverscheid, Walzwerke. Göschen Nr. 580. RM. 1,50.

40 Mehrtens, Das Gußeisen. Julius Springer, WB-Heft 19. RM. 2,—.

41 Irresberger, Kupolofenbetrieb. Julius Springer, WB-Heft 10. RM. 2,—.

42 Kothny, Stahl- und Temperguß. Julius Springer, WB-Heft 24. RM. 2,—.

43 Sellin, Ziehtechnik in der Blechbearbeitung. Julius Springer, WB-Heft 25. RM. 2.—.

44 Schimpke, Technologie der Maschinenbaustoffe. Hirzel. RM. 15,—.

45 Sachsenberg, Mechanische Technologie der Metalle in Frage und Antwort. Julius Springer, 24. RM. 6,—.

Konstruktion.

46 Leuckert-Hiller, Maschinenbau und graphische Darstellung. Julius Springer, 22. RM. 1,80.

47 Leuckert-Hiller, Für den Konstruktionstisch. Julius Springer, 27. RM. 3,60.

48 Krupp-Gruson, Konstruktionsblätter. Durch Datsch. RM. 1,—.

49 Konstruktionsregeln für Stahlformguß (AWF 20). Beuth-Verlag. RM. —,30.

50 Konstruktionsregeln für Grauguß (AWF 34). Beuth-Verlag. RM. —,25.

51 Kothny, Gesunder Guß. Julius Springer, WB-Heft 30. RM. 2,—.

52 Werkstattgerechtes Konstruieren, Gießen. Beuth-Verlag. RM. 5,—.

53 Zweckmäßige Schmiernuten (AWF 202). Beuth-Verlag. RM. 1.—.

54 Spritzguß (AWF 206). Beuth-Verlag. RM. 1,50.

Maschinenelemente.

55 Leuckert-Hiller, Keil, Schraube, Niet. Julius Springer, 25. RM. 4,50.

56 Barth, Maschinenelemente. Göschen Nr. 3. RM. 1,50.

57 Laudien, Die Maschinenelemente I. u. II. Jänecke. Je RM. 8,50.

58 Laudien, Maschinenteile. Jänecke. RM. 5,40.

59 Rötscher, Die Maschinenelemente. Julius Springer. I. Bd. RM. 41,—, II. Bd. RM. 48,—.

Technisches Zeichnen.

*60 Anleitung zum normgerechten Zeichnen für das Werkarbeitsbuch. Datsch. RM. 1,40.

61 Volk, Maschinenzeichnen des Konstrukteurs. Julius Springer, 26. RM. 3,—.

62 Volk, Skizzieren von Maschinenteilen in Perspektive. Julius Springer, 23. RM. 1,—.

*63 Schräge Blockschrift, Übungsheft 6064. Durch Datsch. RM. —,50. — Merkblatt. Datsch. RM. —,10.

64 Riedler, Maschinenzeichnen (mit Konstruktionswinken). Julius Springer, 23. RM. 9,—.

Normung (zur Einführung).

65 Zimmermann-Brinkmann, Die Dinormen (eine Einführung). Datsch. RM. 3,—.

66 Stahl- und Eisennormen. Beuth-Heft 1. Beuth-Verlag. RM. 1,25.

67 Dinbuch 2, Gewinde. Beuth-Verlag. RM. 4,25.

68 Dinbuch 3, Schrauben, Muttern, Zubehör. Beuth-Verlag. RM. 5,—.

69 Dinbuch 4, Passungen. Beuth-Verlag. RM. 5,50.

70 Dinbuch 6, Transmission. Beuth-Verlag. RM. 4.50.

*71 Dinbuch 8, Zeichnungen. Beuth-Verlag. RM. 2,75.

72 Dinbuch 11, Keile. Beuth-Verlag. RM. 3,—.

Einzelne Normen (zum Nachschlagen).

73 Dintaschenbuch 1, Grundnormen. Beuth-Verlag. RM. 5,25.

74 Dintaschenbuch 2, Schaltzeichen u. Schaltbilder. Beuth-Verlag. RM. 2,—.

75 Dintaschenbuch 4, Werkstoffnormen. Beuth-Verlag. RM. 3,50.

76 Dintaschenbuch 6, Werkzeuge. Beuth-Verlag. RM. 4,—.

77 Dintaschenbuch 7, Elektrische Maschinen, Transform. und Apparate. Beuth-Verlag. RM. 3,25.

78 Dintaschenbuch 9, Normalprofile. Beuth-Verlag. RM. 2,25.

79 Dintaschenbuch 10, I. Schrauben und Muttern. Beuth-Verlag. RM. 6,75.

80 Dintaschenbuch 10, II, Zubehör, Niete, Bolzen, Stifte. Beuth-Verlag. RM. 3,50.

81 Dintaschenbuch 12, Maschinenelemente u. Betriebsnormen. Beuth-Verlag. RM. 4,50.

Nachschlagebücher, Tabellenwerke.

82 Schuchardt und Schütte, Technisches Hilfsbuch. Julius Springer, 28. RM. 8,—.

83 Hütte, Des Ingenieurs Taschenbuch. Ernst u. Sohn. I. Bd. RM. 13,20. II. Bd. RM. 14,70. III. Bd. RM. 15,60. IV. Bd. RM. 15,—.

84 Hütte, Taschenbuch für Betriebsingenieure. Ernst u. Sohn. RM. 32,—.

85 Dubbel, Taschenbuch für den Maschinenbau. I/II. Julius Springer, 29. RM. 26,—.

Literatur für die ersten Studiensemester.

86 Rothe, Höhere Mathematik. Teubner. I: RM. 5,—; II: RM. 6,40.

87 Junker, Höhere Analysis. Göschen Nr. 87/88. Je RM. 1,50.

88 Grünbaum-Lindt, Das physikalische Praktikum des Nichtphysikers. Thieme, Leipzig. RM. 5,—.

89 Heyn-Bauer, Metallographie. Göschen Nr. 432/433. Je RM. 1,50.

90 v. Hanffstengel, 100 Versuche aus der Mechanik. Julius Springer, 25. RM. 3,30.

91 Hermann, Einführung in die Starkstromtechnik. Göschen Nr. 196, 197, 198, 657. Je RM. 1,50.

Zeitschriften.

Zeitschrift des Vereins deutscher Ingenieure. VdI-Verlag. 52 Hefte. Jährlich RM. 40,—.

VdI-Nachrichten. VdI-Verlag. 52 Hefte. Jährlich RM. 18,—.

Maschinenbau. VdI-Verlag. 24 Hefte. Jährlich RM. 30,—.

Werkstattstechnik. Julius Springer. 24 Hefte. Jährlich RM. 24.—. (Für Studierende zum halben Preis!)

Technik und Wirtschaft. VdI-Verlag. 12 Hefte. Jährlich RM. 12,—.

Elektrotechnische Zeitschrift (ETZ). Durch Julius Springer. 52 Hefte. Jährlich RM. 40,—.

Power, McGraw-Hill Publishing Co., 10 the Ave. 36 the Street New York, V. St. v. Amerika. 52 Hefte. Jährlich einschl. Porto etwa 11 Dollar.

Taschenbuch für den Maschinenbau. Bearbeitet von zahlreichen Fachleuten. Herausgegeben von Professor **Heinrich Dubbel,** Ingenieur, Berlin. Fünfte, völlig umgearbeitete Auflage. In zwei Bänden. Mit 2800 Textfiguren. X, 1756 Seiten. 1929. Zusammen gebunden RM 26.—

Freytags Hilfsbuch für den Maschinenbau für Maschineningenieure sowie für den Unterricht an technischen Lehranstalten. Unter Mitarbeit von Fachleuten herausgegeben von Professor **P. Gerlach.** Achte Auflage. Erscheint im Frühjahr 1930.

Mechanische Technologie für Maschinentechniker. (Spanlose Formung.) Von Dr.-Ing. **Willy Pockrandt,** z. Zt. komm. Oberstudiendirektor bei der Staatlichen Maschinenbau- und Hüttenschule Gleiwitz. Mit 263 Textabbildungen. VII, 292 Seiten. 1929. RM 13.—; gebunden RM 14.50

Vorlesungen über Maschinenelemente. Von Professor Dipl.-Ing. **M. ten Bosch,** Zürich.
I. Heft: **Festigkeitslehre.** Mit 104 Textabbildungen. IV, 72 Seiten. 1929. RM 6.—
III. Heft: **Wellen und Lager.** Mit 141 Textabbildungen. II, 86 Seiten. 1929. RM 6.60
IV. Heft: **Reib- und Rädertriebe.** Mit 196 Textabb. II, 97 Seiten. 1929. RM 7.80
In Vorbereitung befinden sich: II. Heft: Allgemeine Gesichtspunkte und Verbindungen. V. Heft: Elemente der Kolbenmaschinen, Rohrleitungen.

Maschinenelemente. Leitfaden zur Berechnung und Konstruktion für Technische Mittelschulen, Gewerbe- und Werkmeisterschulen sowie zum Gebrauche in der Praxis. Von Ingenieur **Hugo Krause.** Vierte, vermehrte Auflage. Mit 392 Textfiguren. XII, 324 Seiten. 1922. Gebunden RM 8.—

Der praktische Maschinenzeichner. Leitfaden für die Ausführung moderner maschinentechnischer Zeichnungen. Von Betriebsingenieur **W. Apel** und Konstruktionsingenieur **A. Fröhlich.** Zweite, verbesserte Auflage. Mit 117 Abbildungen im Text und 18 Normblättern. IV, 51 Seiten. 1927. RM 2.25

A. zur Megede, Wie fertigt man technische Zeichnungen? Leitfaden zur Herstellung technischer Zeichnungen für Schule und Praxis, mit besonderer Berücksichtigung des Bauzeichnens, des Maschinenzeichnens und des topographischen Zeichnens. Achte Auflage. Neu bearbeitet und erweitert von Regierungsbaumeister **M. Weßlau.** Mit 5 Abbildungen im Text und 4 lithographischen Tafeln. VI, 110 Seiten. 1926. Gebunden RM 4.80

Freies Skizzieren ohne und nach Modell für Maschinenbauer. Ein Lehr- und Aufgabenbuch für den Unterricht. Von Studienrat **Karl Keiser,** Leipzig. Vierte, erweiterte Auflage. Mit 22 Einzelabbildungen und 24 Abbildungsgruppen. IV, 72 Seiten. 1929. RM 2.80

Technische Thermodynamik. Von Professor Dipl.-Ing. **W. Schüle.**
Erster Band: **Die für den Maschinenbau wichtigsten Lehren nebst technischen Anwendungen.** Vierte, neubearbeitete Auflage. Berichtigter Neudruck. Mit 225 Textfiguren und 7 Tafeln. X, 559 Seiten. 1923. Gebunden RM 18.—
Zweiter Band: **Höhere Thermodynamik** mit Einschluß der chemischen Zustandsänderungen nebst ausgewählten Abschnitten aus dem Gesamtgebiet der technischen Anwendungen. Vierte, erweiterte Auflage. Mit 228 Textfiguren und 5 Tafeln. XVIII, 509 Seiten. 1923. Gebunden RM 18.—

Der praktische Maschinenbauer. Ein Lehrbuch für Lehrlinge und

Gehilfen, ein Nachschlagebuch für den Meister. Herausgegeben von Dipl.-Ing. **H. Winkel.**

Erster Band: **Werkstattausbildung.** Von August Laufer, Meister der Württemb. Staatseisenbahn. Mit 100 Textfiguren. VI, 208 Seiten. 1921.

Gebunden RM 6.—

Zweiter Band: **Die wissenschaftliche Ausbildung.**

1. Teil: Mathematik und Naturwissenschaft. Bearbeitet von R. Kramm, K. Ruegg und H. Winkel. Mit 369 Textfiguren. VIII, 380 Seiten. 1923. Gebunden RM 7.—

2. Teil: Fachzeichnen, Maschinenteile, Technologie. Bearbeitet von W. Bender, H. Frey, K. Gotthold und H. Guttwein. Mit 887 Textfiguren. IX, 411 Seiten. 1923. Gebunden RM 8.—

Dritter Band: **Maschinenlehre.** Kraftmaschinen, Elektrotechnik, Werkstattförderwesen. Bearbeitet von H. Frey, W. Gruhl und R. Hänchen. Mit 390 Textfiguren. VIII, 316 Seiten. 1925. Gebunden RM 12.—

Lehrbuch der technischen Mechanik. Von Professor M. Grübler,

Dresden.

Erster Band: **Bewegungslehre.** Zweite, verbesserte Auflage. Mit 144 Textfiguren. VII, 143 Seiten. 1921. RM 4.20

Zweiter Band: **Statik der starren Körper.** Zweite, berichtigte Auflage. (Neudruck.) Mit 222 Textfiguren. X, 280 Seiten. 1922. RM 7.50

Dritter Band: **Dynamik starrer Körper.** Mit 77 Textfiguren. VI, 157 Seiten. 1921. RM 4.20

Aufgaben aus der technischen Mechanik. Von Professor Fer-

dinand Wittenbauer † in Graz.

Erster Band: **Allgemeiner Teil.** 896 Aufgaben nebst Lösungen. Sechste, vollständig umgearbeitete Auflage herausgegeben von Professor Dr.-Ing. **Theodor Pöschl,** Karlsruhe. Mit 601 Textabbildungen. VIII, 356 Seiten. 1929.

RM 14.20; gebunden RM 15.60

Zweiter Band: **Festigkeitslehre.** 611 Aufgaben nebst Lösungen und einer Formelsammlung. Dritte, verbesserte Auflage. Mit 505 Textfiguren. VIII, 400 Seiten. 1918. Unveränderter Neudruck 1922. Gebunden RM 8.—

Dritter Band: **Flüssigkeiten und Gase.** 634 Aufgaben nebst Lösungen und einer Formelsammlung. Dritte, vermehrte und verbesserte Auflage. Mit 433 Textfiguren. VIII, 390 Seiten. 1921. Unveränderter Neudruck 1922.

Gebunden RM 8.—

Kurzer Leitfaden der Elektrotechnik in allgemeinverständlicher

Darstellung für Unterricht und Praxis. Von **Rudolf Krause.** Fünfte, erweiterte Auflage neubearbeitet von **W. Vieweger,** Ingenieur. Mit 413 Abbildungen. VIII, 275 Seiten. 1929. RM 10.—; gebunden RM 11.50

Kurzes Lehrbuch der Elektrotechnik. Von Professor Dr. Adolf

Thomälen. Zehnte, stark umgearbeitete Auflage. Mit 581 Textbildern. VIII, 359 Seiten. 1929. Gebunden RM 14.50